职业道德与法治

李存留　邹世平　敖　建　主编
王华平　主审

电子工业出版社
Publishing House of Electronics Industry
北京·BEIJING

内容简介

本书是按照教育部有关中等职业教育国家规划教材的要求,依据《中等职业学校思想政治课程标准》的规定,结合当前中等职业学校学生的具体情况编写而成的。它由"依法治国,以德治国""践行和弘扬新时代公民道德""恪守职业道德""宪法""民法总则与民事诉讼""婚姻家庭与继承""刑法与刑事诉讼"等七部分组成。为了提高学生的学习积极性,增强学生对知识的掌握和运用能力,文中插入了大量的教学案例、图片和课堂讨论,并配有课后"思考与练习"。学生通过对这些知识的了解和掌握,有助于养成良好的品德,增强法律意识,提高辨别是非的能力,使自己在生活、学习和工作中依法办事,从而在校做个好学生,步入社会做个"三观正"的好公民,走上工作岗位做个合格的劳动者。

本书可作为中等职业学校的公共课教材,也可作为一般读者了解相关知识的参考书。

图书在版编目(CIP)数据

职业道德与法治 / 李存留,邹世平,敖建主编. — 北京:电子工业出版社,2023.3

ISBN 978-7-121-45185-0

Ⅰ. ①职… Ⅱ. ①李… ②邹… ③敖… Ⅲ. ①职业道德—教材 ②法律—中国—教材 Ⅳ. ①B822.9 ②D920.5

中国国家版本馆 CIP 数据核字(2023)第 038762 号

责任编辑:石会敏   特约编辑:申 玲

印   刷:涿州市京南印刷厂

装   订:涿州市京南印刷厂

出版发行:电子工业出版社

         北京市海淀区万寿路 173 信箱   邮编:100036

开   本:787×1092 1/16 印张:12.75 字数:326.4 千字

版   次:2023 年 3 月第 1 版

印   次:2024 年 1 月第 5 次印刷

定   价:39.00 元

凡所购买电子工业出版社图书有缺损问题,请向购买书店调换。若书店售缺,请与本社发行部联系,联系及邮购电话:(010)88254888,88258888。

质量投诉请发邮件至 zlts@phei.com.cn,盗版侵权举报请发邮件至 dbqq@phei.com.cn。

本书咨询联系方式:shhm@phei.com.cn。

编 委 会

前　言

法安天下，德润人心。

古往今来，法治是治国理政不可或缺的重要手段，但是，法治也不是万能的，治国理政仅靠法治是不够的。中共中央总书记习近平在主持中央政治局集体学习时强调，法律是准绳，任何时候都必须遵循；道德是基石，任何时候都不能忽视。法律是成文的道德，道德是内心的法律。在新的历史条件下，我们要把依法治国基本方略、依法执政基本方式落实好，把法治中国建设好，必须坚持依法治国和以德治国相结合，使法治和德治在国家治理中相互补充、相互促进、相得益彰，推进国家治理体系和治理能力现代化。

对于中等职业学校（简称"中职"）的学生来讲，他们正处于由学生向社会人员转型的关键时期。即将步入社会的他们，对社会的"游戏规则"知之甚少，甚至无知。而从心理方面来看，他们又正处于所谓的"叛逆期"，思想活跃，不守规矩。这时，如果能够提高他们的职业道德素质和法制素养，对他们进行职业道德和法治教育，对于帮助他们理解全面依法治国的总目标和基本要求，了解职业道德和法律规范，增强职业道德和法治意识，养成爱岗敬业、依法办事的思维方式和行为习惯，有着十分重要的意义。

思想政治教育对学生健康成长和学校工作具有重要的导向、动力和保证作用。中职的思想政治教育要以马克思列宁主义、毛泽东思想、邓小平理论、"三个代表"重要思想、科学发展观、习近平新时代中国特色社会主义思想为指导，全面贯彻党的教育方针，紧密联系实现"两个一百年"奋斗目标和中国梦的实际，遵循学生身心发展的特点和规律，按照培育和践行社会主义核心价值观的要求，坚持以人为本、德育为先、能力为重、全面发展，努力培养"德、智、体、美、劳"全面发展的社会主义建设者和接班人。如何搞好中职的思想教育，怎样让学生了解法治与德治的重要性和关联性，怎样教育好这些孩子，一直是教育界研究和探讨的课题。自然，如何编写适合当前中职学生的教材也成了教育界研究和探讨的课题。

几年前，学校一批老师组成了教材编写组，挑选部分带有普遍性的、对中职学生现在和将来随时都用得着的内容，编写了一本《法律基础教程》，基本满足了学校教学的需要。但是，近几年来，随着国家形势的进一步变化发展，党和国家对思想政治教育提出了新的要求，原有教材出现了明显的局限性。因此，教材编写组决定对原有教材进行改编，删除旧的内容，增加新的内容。根据时代特点，本次改编的教材，删掉了原教材中关于"治安管理处罚法""劳动法律制度"等内容，新增了"依法治国、以德治国""践行和弘扬新时代公民道德""恪守职业道德"等内容。通过改编，使教材更符合党和国家的要求，更符合中职学生的特点。

在编写该书的过程中，我们针对中职学生的特点和认知规律，尽量运用浅显易懂的语句介绍各部分的知识，精选内容、分散难点、降低学习门槛；同时引入大量的教学案例，利用引导性提问、课堂讨论、阅读资料等方式帮助学生深刻领会法律知识、道德知识。这是一本体现教学改革的试探性教材，如果能够起到抛砖引玉的作用，我们将感到莫大的欣慰；这也是一本付出了我们心血的教材，如果你能喜欢上它，我们表示衷心的感谢。当然，由于我们水平的限制和时间的限制，其中的不足之处在所难免，敬请各位读者在使用过程中给我们提出宝贵意见，我们一定会珍视它，在下次修改的时候，我们尽可能地做得更好、更完善。

目　录

第一章　依法治国，以德治国

 学习目标

　　了解道德的含义、特点、功能及作用，了解法律的含义、特点、功能及作用，了解依法治国、以德治国的含义，体认中华民族的优良道德传统，理解坚持依法治国和以德治国相结合的重要意义。

 导入案例

　　孔子在鲁国当大司寇的时候，掌管刑狱。一次，有父子二人来打官司。孔子将那对父子一同关进监狱，过了三个月，既不审理，也不判决。后来，做父亲的请求不要审判，孔子便将他俩都放了。

　　季孙听说此事后，很不高兴地说："这个大司寇欺骗了我，过去他告诉我，要治理好国家，一定要把孝道摆在第一位。如今，我们要杀一个不守孝道的儿子，来教育老百姓都要对父母尽孝，这样不是很好吗？而大司寇却又把他放了，这是为什么？"

　　冉有把季孙的话告诉了孔子，孔子长长地叹了一口气说："唉！上层领导不用孝道来教化老百姓，却用孝道的标准来判决官司，滥杀无辜，这是不符合情理的。三军打了败仗，是不能用杀士兵的方法来解决的；刑事案件不断发生，是不能用严酷的刑罚来制止的。为什么呢？上层的教化没有起到作用，罪责不在老百姓一方。法令松弛却动辄严厉处罚，这是对老百姓的残害；横征暴敛而没有时节，这是对老百姓的残暴；不加以教化而苛求老百姓遵守礼法，这是对老百姓的虐待。如果施政中没有这三种弊端，才是可以施行刑罚的时候。"

　　想一想：这个故事给了我们什么启示？

第一节　感悟道德的力量

一、道德的含义、特点、功能及作用

（一）道德的含义

　　道德是人类特有的，调整人与人、人与社会以及人与自然之间关系的行为准则和规范；是人们共同生活的行为准则和规范；是主要通过社会舆论、风俗习惯和人们的内心信念来维系的，对人们的行为进行善恶评价的准则和规范。

　　道德不仅存在于人们的意识之中，而且通过人们的生产、生活实践体现出来。

（二）道德的特点

　　道德作为一种特殊的社会意识形态，与政治、法律等其他社会意识形态相比，主要具有以下几个方面的特点。

1. 道德具有时代性

道德的内容因时代不同而有所变化。古代人的道德观念与现代人的道德观念有所不同，一代人与另一代人之间的道德观念也有所不同。这是因为：一方面，社会生产的发展，会促使原有的道德文化和人们的道德观念发生变化；另一方面，外来文化的冲击，也会促使原有的道德文化和人们的道德观念发生变化。

2. 道德具有阶级性

道德是由一定的社会经济关系决定的。在阶级社会里，由于各个阶级在一定的社会经济结构中所处的地位不同、所获得的利益不同，其道德观念自然有所不同。因此，道德具有鲜明的阶级性，不同的阶级有不同的道德观念。例如，无产阶级道德就是为了维护无产阶级的利益而逐渐约定俗成的行为规范，如团结互助、大公无私等，无产阶级道德的基本原则是集体主义，它的核心是全心全意为人民服务的精神；资产阶级道德就是为了维护资产阶级的利益而逐渐约定俗成的行为规范，如自私自利、金钱万能等，资产阶级道德的基本原则是极端个人主义和利己主义。

3. 道德调节具有自律性

道德和法律是社会的两大行为规范。法律通过国家强制力保证其实施，通过国家政权机构以强制执行的方式来调节人们的相互关系。如果有人违反了法律，会有司法机关强制其承担相应的法律责任。道德主要通过社会舆论、风俗习惯和人们的内心信念来维系人们的相互关系，通过说服、教育、劝阻、示范等方式来调节人们的相互关系。如果有人违反了道德，不会有哪个具体的人或者机构强制其承担责任，但他内心的不安和社会舆论的压力会让他为自己的行为付出相应的代价。个人能否按道德要求去做，关键在于个人的内心信念，在于个人的道德自律。

4. 道德调节具有广泛性

人类社会的各个时期、各个领域，都存在着人与人、人与社会以及人与自然之间的关系，都需要道德来调节。从时间来看，道德与人类社会共始终，并随着人类社会经济关系的变化而不断变化；从空间来看，道德涉及人类社会的政治、经济、军事、法律、艺术等一切领域，涉及人类社会的物质生活和精神生活的方方面面。可以这样说，凡是有人的地方，就有道德在其中发挥作用。道德调节具有的几乎无所不在的广泛性，是法律等其他社会意识形态难以企及的。

（三）道德的功能及作用

1. 道德的功能

道德的功能是指道德作为社会意识的特殊形态对于社会发展所具有的功效和能力。道德的功能是多方面的，有认识功能、调节功能、教育功能、评价功能、导向功能、激励功能、辩护功能、沟通功能等，其中最重要的功能有认识功能和调节功能。

第一，道德的认识功能。道德的认识功能是指道德反映社会现实，特别是反映社会经济关系的功效与能力。道德借助于道德观念、道德准则、道德理想等形式，教导人们正确认识社会道德生活的规律和原则，正确认识自己对社会、他人、家庭应尽的责任和义务，引导人们的道德选择、道德行为追求至善的方向，从而正确选择自己的生活道路和规范自己的行为，积极创造完美的社会关系，塑造完美的道德品质。

第二，道德的调节功能。道德的调节功能是指道德通过评价等方式，指导和纠正人们的行为和实践活动，协调人与人、人与社会以及人与自然之间关系的功效与能力。调节功能是道德最主要的功能。道德调节的主要方式是道德评价。人生活在社会之中，总会与他人发生这样或者那样的关系，因此，不可避免地会产生各种矛盾，这就需要通过社会舆论、风俗习惯和人们的内心信念等特有的方式，指导和调节人们的行为，促使人与人之间、人与社会之间以及人与自然之间的关系臻于完善与和谐。由于道德调节的主体是社会的一切成员，而不是由专门的组织和人员来完成的，这就使得道德调节成为一种经常性、普遍性、灵活性和深刻性的调节。在社会生活中，道德调节并不是孤立进行的，它和其他调节手段处于紧密的相互联系中，共同发挥着调节作用。

2. 道德的作用

第一，道德促进社会发展。道德对于社会发展的促进作用，主要是通过对经济关系的重大影响来实现的。新的道德以自己特有的方式表明，维护旧的经济关系是恶的、非正义的，支持新的经济关系取代旧的经济关系才是善的、正义的。它通过内心信念和社会舆论来唤醒人们为建立和发展新的经济关系而斗争。

第二，道德稳定社会秩序。道德从道义上论证产生它的经济基础的合理性和正义性，使社会形成共同的思想观念、基本的行为准则和道德评价标准，成为大多数社会成员行为自律的准绳，从而在社会成员同心同德的基础上，实现社会局面的安定团结和社会秩序的稳定。

第三，道德协调人际关系。道德作为调节人们行为的一种社会规范，通过教育、示范、激励、指导、沟通和社会舆论评价，为人们提供"应当"和"不应当"的模式与标准，以此来规范、约束、协调个人与他人、个人与社会的关系和交往中的行为，调节人们的行为目标，使人们化解矛盾、相互理解、增进团结。

第四，道德完善自我人格。道德为人们提供了真、善、美的标准，使人们的人格发展有了内心信念和努力方向，对消除人格的内在冲突有重要意义。它可以使人们在选择道德行为之后，在人格上感到更多的满足和愉快，避免因不当选择而产生不安和愧疚。

二、中华民族优良道德传统

中华民族在长达五千多年的历史发展中，创造了灿烂的文化，形成了源远流长的优良道德传统。

中华民族优良道德传统，是指中华民族在长期历史发展中流传下来的、具有影响力的、可以继承的、并得到不断创新发展的、有益于下一代的优良道德遗产。一般来说，中华民族优良道德传统是以古代儒家伦理道德为主要内容，并包括墨家、道家、法家等传统道德思想的精华；是在长期的历史过程中，与儒、墨、道、法各家伦理思想以及佛学中的心性之说，相互影响、相互吸收而形成的。它主要包括以下几个方面的内容。

(一)注重整体利益、国家利益和民族利益

中华民族优良道德传统的核心和一贯思想，就是强调为社会、为国家、为民族、为人民的整体主义思想。我国历史上曾出现过许多爱国爱民、为民族社会舍小家顾大家的杰出人物，他们创造了无数可歌可泣的丰功伟绩，至今为人们所传颂。《诗经》提出"夙夜在公"的道德要求，认为日日夜夜勤于公务，是一种高尚的道德品质；《尚书》提出"以公灭私，民其允怀"的思想，认为朝廷官员应当以公心灭除自己的私欲，从而取信于民；西汉贾谊在《治安策》中提出"国而忘家，公而忘私"的思想；宋代范仲淹在《岳阳楼记》中提出"先天下之忧而忧，后天下之乐而乐"的

思想；宋末文天祥在国家生死存亡之际，亲历危难，吟出了"人生自古谁无死，留取丹心照汗青"的千古绝唱；明末顾炎武则以天下为己任，高呼"天下兴亡，匹夫有责"；清代林则徐主张"苟利国家生死以，岂因祸福避趋之"。

（二）注重"大义"，强调"义以为上""先义后利"

"义"是指正义或者道德的要求，其中，最大的"义"是国家利益和民族利益。"利"是指个人利益。在中华民族优良道德传统中，正确地处理好"利"和"义"的关系，是"志士仁人"所推崇的终极追求。众多思想家、政治家一直把"为国利民""兴天下之利，除天下之害"作为一生追求的最高境界。孔子曰："志士仁人，无求生以害仁，有杀身以成仁。"孟子曰："生，亦我所欲也；义，亦我所欲也。二者不可得兼，舍生而取义者也。"在处理个人与他人、与群体、与社会的关系时，他们注重整体利益、国家利益和民族利益高于个人利益，坚持"义以为上""先义后利"。在考虑个人利益时，他们强调不伤害社会和他人利益，坚持"见得思义""义，然后取""不义而富且贵，于我如浮云"。

（三）推崇"仁爱"精神，崇尚人际和谐，爱好和平

"仁"是儒家学说的核心思想，而"仁"思想最突出的则是"爱人"。"爱人"就是爱自己、爱他人、爱社会；"爱人"就是尊重人、理解人、关心人、爱护人、帮助人。"仁爱"的典型代表是孔子。孔子强调"己所不欲，勿施于人"，"己欲立而立人，己欲达而达人"。孔子认为，人与人相处，要设身处地地为对方考虑，凡是我不愿意别人施加于我的一切事情，我都应自觉地不施加于别人，以免别人受到伤害；我希望达成的事情，也要允许和帮助别人达成。墨子提出了"兼相爱，交相利"的思想。墨子认为，人与人之间的矛盾和纠纷，都是由于"亏人而自利"的利己思想引起的，因此，人应当"爱人若爱其身"，而爱人和被人爱是相互联系的，"爱人者，人必从而爱之；利人者，人必从而利之"。孟子强调"老吾老，以及人之老；幼吾幼，以及人之幼；天下可运于掌"，"亲亲而仁民，仁民而爱物"。孟子认为，君王要治理好国家，应该由敬爱自己的老人，推及到敬爱别人的老人；应该由呵护自己的孩子，推及到呵护别人的孩子；应该由关爱自己的亲人，推及到爱惜民众；应该由爱惜民众，推及到博爱万物。"仁爱"精神，备受中华民族推崇，对我国社会发展以及后世带来了极大影响。

从"仁爱"精神出发，我国古人主张"和为贵"，提出了"亲仁善邻，国之宝也"的思想，强调社会和谐，讲求和睦相处，倡导团结互助，追求天人和谐、人际和谐、身心和谐。

几千年来，中国人始终与人为善，推己及人，建立了和谐友爱的人际关系；中华各民族始终互相交融，和衷共济，形成了团结和睦的大家庭；中华民族始终亲仁善邻，协和万邦，与世界其他民族在平等相待、互相尊重的基础上发展友好合作关系。推崇"仁爱"精神，崇尚人际和谐，爱好和平，是中华民族的优良传统和高尚品德。

（四）倡导言行一致，强调恪守诚信

在中国古人看来，诚是指一种真实无妄、表里如一的品格。诚既是天道的本然，也是道德的根本，故"养心莫善于诚"。信是指一种诚实不欺、遵守诺言的品格。孔子不仅提出"人而无信，不知其可也"的思想，而且认为"民无信不立"。荀子则进一步将信推行于选贤治国，使信不仅是朋友伦理、交际伦理的规范，而且推广至一切伦理皆应以信为本。中国道德传统认为，诚信的要求是多方面的，但最基本的要求是以诚为本，取信于人，"与朋友交，言而有信"，"为人思诚，信以行义"，"信近于义，言可复也"。诚信之德在于言必信，行必果，言行一致，表里如一，讲究信用，遵守诺言。

(五)"自强不息"的刚健精神与"厚德载物"的宽阔胸襟

中华传统文化数千年的流变，化育成了中国人的人格精神，表现为相互联系又相对而生的两个方面：一是"自强不息"，二是"厚德载物"。《易经》最早提出"自强不息"学说，"刚健而不陷，其义不困穷矣""天行健，君子以自强不息"。"自强不息"表现为人的主动性、能动性和刚强不屈的性格，奋发图强的斗争精神。"自强不息"的思想，历来为历代思想家所推崇，成为人们激励斗志、克服困难的精神支柱。"厚德载物"既是道德传统孕育的人文情怀，也是实现自强不息的途径。《易经》指出："地势坤，君子以厚德载物。"《易经》认为，君子应当像大地一样，以博大的胸怀孕育、承载和容纳万物，从而使自己成为博大精深的圣人。"厚德载物"的内容表现为两个方面：其一，以喜悦的情怀容纳别人，善待别人，善待人生；凡事多从好处看，在生活中发现美，发现对人类、对自己有益的东西；与人相处，多发现共同点，求同存异，共同发展。其二，以谦逊的态度，发现自己的不足，学习别人的长处，取长补短，克服自己的缺陷，不断地充实自己，从而使自己日益壮大起来。

(六)强调修身自律，重视道德践履

中国历史上的儒、墨、道、法各家都认为，道德是人之为人的根本，在塑造理想人格的过程中，最主要的就是奋发向上、切磋践履、修身养性。孔子曰："仁远乎哉？我欲仁，斯仁至矣""有能一日用其力于仁矣乎？我未见力不足者"。孔子认为，"仁"这种道德品质和道德境界，对人们来说，并不是遥不可及的，人们应当"吾日三省吾身"。荀子认为，"道虽迩，不行不至；事虽小，不为不成"。墨家也非常重视"修身"，强调"察色修身"和"以身戴行"。

此外，中华民族优良道德传统的重要内容还有廉洁自律、宽厚待人、艰苦朴素、勤劳节俭、孝老爱亲、尊师敬业、见义勇为等。在长期的历史发展中，中华民族优良道德传统已经深入全民族的思维方式、价值观念、行为方式和风俗习惯之中。中华民族虽然历经无数磨难与困苦，但始终能屹立于世界民族之林，应当说，是与中华民族优秀传统文化特别是优良道德传统的作用分不开的。

三、继承和弘扬中华民族优良道德传统的重大意义

传统是一个民族世代积累下来的相对稳定的历史经验，虽然其中有保守落后的成分，但其精华部分，往往凝聚着一个民族的智慧和力量。

一个民族需要传统。传统使我们获得了有别于其他民族的特殊品性，构成了我们的文化记忆，使我们成为自己而不是旁人。传统把我们民族久远的历史连接起来，使我们知道自己从何而来，又将去向何处。只有民族共同延续和尊奉的传统，才能使我们感知生命的意义，获得人格的尊严。拥有自己的传统，并为自己的传统而自豪，是一个民族得以延续、得以生长的根。

中华民族优良道德传统是中华民族生生不息的文化基因，深深植根于每个中国人的内心世界，潜移默化地影响着我们的言行方式，孕育了中华民族的宝贵精神品格，培育了中国人民的崇高价值追求，代表着中华民族独特的精神标识，为中华民族生生不息、发展壮大提供了丰厚滋养。

第一，继承和弘扬中华民族优良道德传统是社会主义现代化建设的客观需要。

世界各国现代化的实践充分说明，现代化的模式可以多种多样，但都不能脱离自身的民族性。中国的现代化进程，如果离开对中华民族优良道德传统的继承和弘扬，就会失去历史的基础而难以更好地推进。只有继承和弘扬中华民族优良道德传统，才能充分激发整个民族的潜能，为社会主义现代化建设提供精神动力。

第二，继承和弘扬中华民族优良道德传统是加强社会主义道德建设的内在要求。

建设中国特色社会主义道德，必须继承和弘扬中华民族优良道德传统。继承和弘扬中华民族优良道德传统，能够提高民族自尊心和民族自信心，增强民族自豪感和民族责任感；能够使社会主义道德体系具有更丰富的内容，更能成为广大群众所喜闻乐见的民族形式；能够使人际关系更加和谐，促进经济社会更好地发展；能够使爱国主义、集体主义和社会主义思想更加深入人心，形成适应时代发展、具有中国特色的社会主义价值观和伦理道德规范。

第三，继承和弘扬中华民族优良道德传统是个人健康成长的重要条件。

中华民族优良道德传统是中华民族的根，也是每一个中国人的根，是中华民族身份认同的重要标志。继承和弘扬中华民族优良道德传统，有利于中华民族共有精神家园的构建，也有利于我们每个人的道德修养。

第二节　走进法律，做遵纪守法的人

一、法律的含义、特点及作用

（一）法律的含义

法律是指国家按照统治阶级的利益制定或者认可的、由国家强制力保证其实施的、以规定当事人权利和义务为内容的、具有普遍约束力的行为规范的总和。

（二）法律的特点

与社会的其他行为规范相比，法律具有以下三个方面的主要特点。

第一，法律是由国家制定或者认可的行为规范。这是法律来源上的重要特点。所谓国家制定或者认可，是指创制法律的两种方式。国家制定是指由有权制定法律的国家机关按照一定的程序创制法律。国家制定形成的法律是成文法。国家认可是指国家承认和赋予某些习惯、判例、法理具有法律效力。国家认可形成的法律是习惯法。

第二，法律是由国家强制力保证实施的行为规范，具有强制性。法律是一种国家意志，法律所规定的权利和义务由专门的国家机关以强制力保证实施。国家强制力包括军队、警察、法庭、监狱等权力机关，这些机关的执法活动使法律实施得到直接保障。当然，并非法律的每一个实施过程都必须借助于国家强制力，国家强制力常常是"备而不用"。但是，如果法律失去了国家强制力，就无异于"一纸空文"。

第三，法律是对全体社会成员具有普遍约束力的行为规范。这是指法律在国家权力所及的范围内，对全体社会成员一律有效，人人必须遵守；不允许有法律之外的特殊，即要求"法律面前人人平等"，一旦触犯法律，便会受到相应的惩罚。

法治主题班会

（三）法律的作用

法律的作用是指法律对人们的行为和社会生活的影响，是法律的本质和目的在社会运行中的表现。法律的作用可以分为规范作用和社会作用两类。法律的这两类作用之间的关系，是一种手段和目的的关系，法律的规范作用是手段，法律的社会作用是目的。

1. 法律的规范作用

法律的规范作用是基于法律的规范性特性来进行分析的，是法律自身表现出来的、对人们的行为或者社会关系的可能性影响。因此，在法理学上，也有人把法律的规范作用称为"法律的功能"。根据其作用的具体对象、主体范围和方式的不同，法律的规范作用可以分为指引作用、评价作用、预测作用、强制作用和教育作用。

(1)指引作用。法律的指引作用是指法律通过规定主体在法律上的权利和义务以及违反这些规定的制裁，指引人们依法可以这样做、必须这样做或者不得这样做，从而对行为者的行为产生影响。

(2)评价作用。法律的评价作用是指法律为评价人们的行为提供了标准，让人们用这些标准来判断和衡量该行为是否违法、违什么法、违法的程度如何、应该接受怎样的处罚等，从而影响人们的价值观念，达到引导人们行为的作用。法律的评价作用既可以评价他人的行为，也可以评价本人的行为。

(3)预测作用。法律的预测作用是指当事人根据法律的规定可以预先估计对方当事人如何行为以及行为的法律后果，从而对自己的行为做出合理的安排。一般而言，它分为两种情况：①对如何行为的预测。即当事人根据法律的规定可以预见对方当事人将如何行为，自己将如何采取相应的行为。②对行为后果的预测。即当事人根据法律的规定可以预见自己的行为是合法的或者是非法的，是有效的或者是无效的，是应当受到国家肯定、鼓励、保护、奖励的还是应当受到法律撤销、否定、制裁的。

(4)教育作用。法律的教育作用是指通过法律的实施对人们今后的行为产生影响，起到教育和警戒作用。法律的教育作用主要通过以下方式来实现：①反面教育。即通过对违法行为实施制裁，对包括违法者本人在内的一般人均起到警示和警诫的作用。②正面教育。即通过对合法行为加以保护、赞许或者奖励，对一般人的行为起到表率、示范作用。

(5)强制作用。法律的强制作用是指法律运用国家强制力，对各种违法行为实施制裁和惩罚的作用。法律的强制作用是任何法律都不可或缺的一种重要作用，是法律的其他作用的保证。如果没有强制作用，法律的指引作用就会降低，评价作用就会在很大程度上失去意义，预测作用就会产生疑问，教育作用的实效就会受到影响。总之，法律失去强制作用，也就失去了法律的本性。

2. 法律的社会作用

法律的社会作用是基于法律的本质、目的和实效来进行分析的，是法律为实现一定的社会目的而发挥的作用。从马克思主义法学来看，在阶级对立的社会中，法律的社会作用主要表现在以下两个方面。

(1)法律在维护阶级统治方面的作用。法律的阶级统治作用是指法律在经济统治、政治统治、思想统治等方面的作用。在阶级对立的社会中，社会的基本矛盾是对立阶级之间的矛盾。为了维护自己的统治，掌握政权的阶级(统治阶级)必然把阶级矛盾控制在一定的范围内。他们利用国家政权制定和实施法律，调整自己与被统治阶级之间、与同盟者之间的关系以及自己阶级内部之间的关系，使自己在社会生活中的统治地位合法化，使阶级矛盾保持在统治阶级的根本利益所允许的范围之内，建立有利于统治阶级的社会关系和社会秩序。

(2)法律在执行社会公共事务方面的作用。社会公共事务是相对于纯粹的政治活动而言的一类社会活动。其特征是：这些事务的直接目的不表现为维护政治统治，在客观上对全社会的一切成员有利，具有"公益性"。其具体表现是：

① 维护人类社会的基本生活条件，包括维护最低限度的社会治安，保障社会成员的基本人身安全，保障食品卫生、生态平衡、环境与资源合理利用、交通安全等。

② 维护生产和交换条件，即通过制定和实施法律来维护生产管理、保障基本劳动条件、调节各种交易行为等。

③ 促进公共设施建设，组织社会化大生产，即通过一系列法律来规划、组织如兴修水利、修筑道路桥梁、开办工业、发展农业生产等之类的活动，并对这些活动实行管理。

④ 确认和执行技术规范，包括执行工艺和使用机器设备的标准，规定产品、服务质量和标准，对高度危险品(易燃品、易爆品、枪支弹药等)和危险作业(高空作业、高压作业、机动作业等)的控制和管理，对消费者权益的保护等。

二、中国特色社会主义法律体系

法律体系是指一个国家的全部现行法律规范，分类组合为不同的法律部门而形成的有机联系的统一整体。

中国特色社会主义法律体系，是指立足我国国情和实际，集中体现党和人民意志，适应改革开放和社会主义现代化建设需要，以宪法为核心，由部门齐全、层次分明、结构协调、体例科学的法律及其配套法规所构成，保障我国沿着中国特色社会主义道路前进的各项法律制度的有机统一整体。这个法律体系由宪法统领下的宪法相关法、民法商法、行政法、经济法、社会法、刑法、诉讼与非诉讼程序法七个法律部门构成，包括法律，行政法规，地方性法规、自治条例和单行条例三个不同层级。

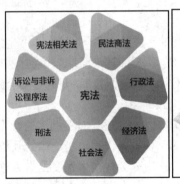
法律体系

法律层级

(一)法律部门

法律部门是根据一定的标准和原则，按照法律规范自身的不同性质，调整社会关系的不同领域和不同方法等所划分的同类法律规范的总和。我国的法律部门是调整同一类社会关系的法律规范的总和。它包括宪法相关法、民法商法、行政法、经济法、社会法、刑法、诉讼与非诉讼程序法，涵盖了我国需要法律规制和调整的各个社会关系领域。它主要调整的社会关系和所包含的相关法律如下表所示。

法律部门区别表

法律部门	主要调整的社会关系	社会关系举例	相关的法律举例
宪法相关法	国家生活中最基本的社会关系	国家与公民之间的关系、国家与其他社会主体之间的关系、国家机关之间的关系、国内各民族之间的关系等	《全国人民代表大会组织法》《全国人民代表大会和地方各级人民代表大会选举法》《国务院组织法》《国籍法》《民族区域自治法》等

法律部门	主要调整的社会关系	社会关系举例	相关的法律举例
民法商法	平等主体之间的人身关系和财产关系	财产关系、婚姻关系、商品交换关系、合同关系等	《民法典》《保险法》《公司法》《证券法》《海商法》等
行政法	行政机关与行政相对人之间因行政管理活动而发生的社会关系	行政管理关系、行政法制监督关系、行政救济关系、内部行政关系等	《行政许可法》《治安管理处罚法》《公务员法》《职业教育法》《环境保护法》等
经济法	因国家从社会整体利益出发对经济实行干预、管理或者调控所产生的社会经济关系	宏观经济调控关系、市场主体调控关系、市场运行调控关系、社会分配调控关系等	《公司法》《个人投资法》《税法》《房地产法》《证券法》等
社会法	因劳动权利、救助待业者等而产生的各种社会关系	劳动关系、社会保障、社会福利、特殊群体权益保障等	《劳动法》《就业促进法》《职业病防治法》《未成年人保护法》《残疾人保障法》等
刑法	国家与犯罪分子之间因犯罪行为而产生的、受刑法规范调整的权利和义务关系	一切受到严重危害的社会关系	《刑法》
诉讼与非诉讼程序法	因诉讼活动和非诉讼活动而产生的社会关系	因民事纠纷、行政纠纷产生的社会关系等	《民事诉讼法》《刑事诉讼法》《行政诉讼法》《人民调解法》《仲裁法》等

(二)法律层级

法律层级是指每一部规范性法律文本在法律体系中的纵向等级。下位阶的法律必须服从上位阶的法律，所有的法律必须服从最高位阶的法律。按照《中华人民共和国宪法》(以下简称《宪法》)和《中华人民共和国立法法》(以下简称《立法法》)规定的立法体制，我国法律体系中的法律规范分为三个不同层级，它们从高到低依次是法律，行政法规，地方性法规、自治条例和单行条例。宪法具有最高的法律效力，一切法律、行政法规、地方性法规、自治条例和单行条例等都不得与宪法相抵触。它们的主要特征如下表所示。

法律层级的主要特征

法律规范	适用范围	制定主体	作用
法律	全国	全国人民代表大会及其常务委员会	调整国家、社会和公民生活中的重大事项
行政法规	全国	国务院	执行法律的规定，履行行政管理职权
地方性法规、自治条例和单行条例	地方	省、自治区、直辖市和设区的市、自治州、自治县的人民代表大会及其常务委员会	执行法律、行政法规的规定；处理本行政区域的地方性事务

三、全面依法治国的必要性和重要性

(一)依法治国的含义、总目标和基本要求

依法治国，就是广大人民群众在中国共产党的领导下，依照宪法和法律来治理国家，而不是依照个人意志来治理国家；要求国家的政治、经济及社会各方面的活动通通依照宪法和法律进行，而不受任何个人意志的干预、阻碍和破坏。

法律是治国重器，法治是国家治理体系和治理能力的重要依托。要推动我国经济社会持续健康发展，不断开拓中国特色社会主义事业更加广阔的发展前景，必须全面推进依法治国。

全面依法治国的总目标是：建设中国特色社会主义法治体系，建设社会主义法治国家。

全面推进依法治国的基本要求是：科学立法，严格执法，公正司法，全民守法。科学立法就是要尊重和体现社会发展的客观规律，不断提高法律的质量。严格执法就是要执法机关在执法过程中严格依法办事。公正司法就是要在司法活动的过程和结果中坚持和体现公平正义。全民守法

是指所有社会成员普遍尊重和信仰法律，依法行使权利和履行义务。科学立法是依法治国的前提，严格执法是依法治国的关键，公正司法是依法治国的防线，全民守法是依法治国的基础，四者密切联系，相辅相成，缺一不可。

(二) 全面依法治国的必要性和重要性

(1) 全面依法治国是坚持和发展中国特色社会主义的本质要求和重要保障。

全面依法治国事关我们党执政兴国，事关人民幸福安康，事关党和国家的事业发展。

新中国成立初期，我们党在废除旧法的同时，积极运用新民主主义革命时期根据地法制建设的成功经验，抓紧建设社会主义法治，初步奠定了社会主义法治的基础。后来，社会主义法治建设走过一段弯路，付出了沉重代价。进入改革开放历史新时期，我们党把依法治国确定为党领导人民治理国家的基本方略，把依法执政确定为党治国理政的基本方式，推动依法治国取得了重大成就。

党的十八大以来，我们党对社会主义法治的理论认识和实践探索达到了新的历史高度。以习近平同志为核心的党中央对全面依法治国高度重视，从关系党和国家长治久安的战略高度来定位法治、布局法治、厉行法治，把全面依法治国放在党和国家事业发展全局中来谋划、来推进，社会主义法治国家建设取得了历史性成就。党的十八届四中全会做出了全面推进依法治国的顶层设计，制定了路线图、施工图，在我国社会主义法治史上具有里程碑意义。党的十九大对新时代全面推进依法治国提出了新任务，描绘了到 2035 年基本建成法治国家、法治政府、法治社会的宏伟蓝图。

经验和教训使我们党深刻认识到，法治是治国理政不可或缺的重要手段。习近平总书记反复强调："法治兴则国家兴，法治衰则国家乱。什么时候重视法治、法治昌明，什么时候就国泰民安；什么时候忽视法治、法治松弛，什么时候就国乱民怨。"在我们这样一个大国，要实现经济发展、政治清明、文化昌盛、社会公正、生态良好，必须把全面依法治国坚持好、贯彻好、落实好。

(2) 全面依法治国是中国共产党执政方式的重大转变，有利于加强和改善党的领导。

中国共产党是执政党，是中国特色社会主义事业的领导核心。中国共产党领导人民通过国家权力机关制定宪法和法律，把党的主张变为国家意志，实现党的主张、国家法律和人民意志的高度统一。中国共产党经过多年探索，把全面依法治国确定为领导人民治理国家的基本方略，把依法执政确定为治国理政的基本方式，从制度和法律上保证了党的基本路线和基本方针的贯彻执行，保证了党始终发挥总揽全局、协调各方的领导核心作用。这是中国共产党执政方式的重大转变和重大发展，有利于加强和改善党的领导，同时也是中国共产党更加成熟的表现。

(3) 全面依法治国是发展社会主义民主、实现人民当家做主的根本保证。

《宪法》第二条规定："中华人民共和国的一切权力属于人民。人民行使国家权力的机关是全国人民代表大会和地方各级人民代表大会。人民依照法律规定，通过各种途径和形式，管理国家事务，管理经济和文化事业，管理社会事务。"人民是依法治国的主体和力量源泉。我国社会主义制度保证了人民当家做主的主体地位，也保证了人民在全面推进依法治国中的主体地位。通过全面推进依法治国，把广大人民享有的各项民主权利以及国家政治、经济、文化和社会生活各个方面的民主生活、民主结构、民主形式和民主程序等，用健全的法律加以确认和规范；把体现人民利益、反映人民愿望、维护人民权益、增进人民福祉落实到依法治国全过程，使法律及其实施充分体现人民意志。只有这样，才能从根本上确保人民的民主权利不受破坏和损害，才能从根本上确保人民当家做主得到真正实现。

（4）全面依法治国是发展社会主义市场经济和扩大对外开放的客观需要。

市场经济就其本质来说是法制经济。一个发展比较成熟的市场经济，必然要求并具有比较完备的法治。要切实使市场在我国资源配置中起决定性作用，进一步推动经济社会发展，必须全面推进依法治国，完善社会主义法治体系，形成良好的法治环境，实现权利平等、机会平等、规则平等和法律面前人人平等。要通过科学立法，实现初始环节资源配置的分配正义；要通过严格执法和公正司法，实现法律的执行正义和矫正正义功能。总之，在发展社会主义市场经济的过程中，市场经营活动的正常运行，需要发挥法律的引导和规范作用。在国际经济交往活动中，也需要按照国际惯例和国与国之间商定的规则办事。从这个意义来说，只有全面推进依法治国，才能适应我国进一步扩大对外开放、全面提升开放型经济水平的需要。

（5）全面依法治国是社会文明进步的显著标志，是国家长治久安的重要保障。

法治是人类智慧的结晶，是人类的一项伟大发明。从人类社会历史进程来看，从封建专制国家，到资产阶级民主法治国家，体现了人类社会的文明进步。中国的社会主义现代化建设，应当吸收一切人类文明的优秀成果，全面推进依法治国，建设社会主义法治国家，这是我国社会文明进步的显著标志。社会主义法制是社会主义物质文明建设的有力保障，也是社会主义精神文明在国家和社会生活中的重要体现。全面推行依法治国，是中国迈向富强民主文明和谐美丽的社会主义现代化强国的必然选择。

社会稳定、安定团结是我国各项事业顺利发展的前提。稳定压倒一切。当前，我国改革发展的稳定形势总体是好的，但发展不平衡不充分的一些突出问题尚未解决，人民内部矛盾和其他社会矛盾凸显，党风政风也存在一些不容忽视的问题，其中大量矛盾和问题与有法不依、执法不严、违法不究相关。人民群众对法治的要求越来越高，依法治国在党和国家工作全局中的地位更加突出、作用更加重大。全面依法治国，既是立足于解决我国改革发展稳定中的矛盾和问题的现实考量，也是着眼于长远的战略谋划。必须全面推进依法治国，密织法律之网、强化法治之力，为党和国家的事业发展提供根本性、全局性、长期性的制度保障，确保我国社会在深刻变革中既生机勃勃又井然有序。

第三节　法安天下，德润人心

一、法律与道德的关系

法律出自国家而道德来自社会，它们分别属于调整一定社会关系的两种不同行为规范，两者互相区别。但法律与道德都是对一定社会经济基础的反映，都属于上层建筑的组成部分，在社会治理中，它们如车之两轮、鸟之两翼，都是维护社会秩序、规范人们思想和行为的重要手段，两者又互相联系、互相补充。

（一）法律与道德的区别

第一，产生时间和历史条件不同。道德是随着人类社会的出现、随着人类的自然生活而逐渐产生的。法律则是在人类社会发展到一定的历史阶段后，随着私有制的出现、随着阶级和国家的出现，在原始社会末期才产生的。在时间上，道德具有先在性，它的产生早于法律，是法律产生、形成、发展、运作和实现的基础。

第二，表现形式不同。道德出于人们社会生活的日积月累，不需要专门的人员或者机构制定、认可和解释，表现为人们约定俗成、共同遵守的行为规则；它主要存在于社会舆论、风俗习惯和人们的内心信念之中，通过人们的言行表现出来。法律则不同，它是国家制定或者认可的一种行为规范，既有特定的制定程序，又有特定的表现形式，如宪法、民法、刑法等确定性和规范性的形式。

第三，调节手段不同。道德调节主要建立在道德评价和人们的伦理认同基础上，道德通过社会舆论的批评、谴责或者人们的自我反省促成人们遵守；道德调节虽然也通过道德评价等方式产生外部约束作用，但更强调人们内在的自律性。法律调节主要建立在有组织的国家强制力基础上，法律对违法行为规定了强制制裁措施，当人们违法时，国家机关就对违法者实施强制制裁；法律调节虽然也需要人们的自觉遵守，但更强调社会外在的他律性。

第四，调节范围不同。道德不仅对人们的内在思想动机起调节作用，而且对人们的外部行为起调节作用；它存在于人类生活的方方面面，涉及人类活动的所有领域；它重在事前预防。法律只调节人们的外部行为即意志的外在表现，并且只对触犯法律规范的人起作用；它重在事后惩罚。一般来说，法律调节的社会关系，也是道德调节的社会关系；但反过来说，道德调节的社会关系，却不一定是法律调节的社会关系。所以，道德调节的范围比法律调节的范围更广泛，犯法必"失德"，"失德"不一定犯法。

第五，制裁方式和后果不同。法律制裁是通过国家强制力保证实施的，必须依据一定的法律规范和严格的法定程序来进行，具有法定性、严密性、强制性等特征；法律制裁总是会使人们失去一定的财产或者人身权益，人们能直接感受到犯法的后果，规制效果是显性的、直接的、立竿见影。道德制裁则仅通过社会舆论的压力和自我的良心谴责对人们的思想和行为产生一定的触动来进行，具有模糊性、随意性、自愿性等特征；道德制裁并不一定会立即使人们失去现实的利益，人们一般也不会立即感受到"失德"或者"缺德"的直接后果，规制效果是隐性的、间接的、滞后的。所以，德治比法治更难。

(二)法律与道德的联系

第一，道德是法律的基础。

首先，道德是法律创制的理论基础。道德理念、原则和要求是法律理念、原则和要求产生、形成和发展的前提。没有道德理念、原则和要求的更新和发展，没有道德理念、原则和要求不断转化为法律理念、原则和要求，就没有法律理念、原则和要求的更新和发展，就不可能形成法律大厦的坚实地基。

其次，道德是法律运行的社会基础。法治的运行离不开道德信念的支持。人们的道德水平越高，守法的程度就越高，选择法律所认可的合法行为的程度就越高。在具体的法律运行过程中，执法者和守法者的道德信念和道德水平的高低，尤其是执法者如法官、律师、检察官、警察的道德信念和道德水平的状态，直接影响法律的实施和实现。

最后，道德是法律评判的伦理基础。道德为法律的正当性及其程度提供评判标准并做出评价，以保持法律发展的伦理方向。道德是衡量良法与恶法的标准，在法律制定、修改或者废除的过程中，道德发挥着重要的指导作用。就如一部维护统治阶级利益而损害大众利益的恶法，是无法获得社会的普遍尊重和自觉遵守的。

第二，法律是道德的保障。

首先，通过法律的制定，立法者将对社会重要的道德纳入法律的范畴，赋予道德以法律的强制力，进一步强化、维护和实现道德规范的要求。由于法律的强制力远比道德的强制力更为有力，因此它能够更有效地促使人们自觉地遵守道德的信念、原则和要求，从而在更广泛的范围内维护社会秩序，推动道德的更新与进步，促进精神文明的发展。通过"引德入法"的方式，真正实现自律与他律的结合。

其次，通过法律实施，使法律成为道德传播的有效手段。道德可分为两类：第一类是社会有序化要求的道德，即社会要维系下去所必不可少的"最低限度的道德"，如不得暴力伤害他人、不得用欺诈手段谋取利益、不得危害公共安全等；第二类是有助于提高生活质量、增进人与人之间紧密关系的道德，如博爱、无私等。法律的实施，本身就是一个惩恶扬善的过程，不但有助于人们法律意识的形成，而且有助于人们道德的培养。因为法律作为一种国家评价，对于提倡什么、反对什么，有一个统一的标准；而法律的评价标准与大多数公民的道德评价标准是一致的或者接近的，所以法律的实施对社会道德的形成和普及起到了重要的保障作用。

第三，道德是法律的补充。

任何国家的法律都会存在某种程度的不足。这是因为：

首先，人们的有些行为不适合用法律来调整。

其次，人们的有些行为虽然可以用法律来调整，但是由于立法滞后而出现了无法可依的现象。

由于道德发挥作用的领域比法律更加广泛，因此它能够调节许多法律效力所不及的问题，弥补法律的漏洞，对法律起到重要的补充作用。

二、治国方式的重大转变

(一)国家的发展历程

中国是世界上历史最悠久的国家之一。中国各族人民共同创造了光辉灿烂的文化，缔造了华夏文明，取得了辉煌的成就。

1840 年鸦片战争以后，封建的中国逐渐变成了半殖民地半封建社会。为了国家独立、民族解放和民主自由，中国人民进行了前仆后继的英勇斗争。

1911 年，孙中山先生领导的辛亥革命，废除了封建帝制，创立了中华民国。但是，中国人民反对帝国主义和封建主义的历史任务还没有完成。

1949 年，以毛泽东主席为领袖的中国共产党，领导中国各族人民，推翻了帝国主义、封建主义和官僚资本主义的统治，取得了新民主主义革命的伟大胜利，建立了中华人民共和国。从此，中国人民掌握了国家的权力，成为国家的主人。

中华人民共和国成立以后，我国逐步实现了由新民主主义到社会主义的过渡。完成了生产资料私有制的社会主义改造，消灭了人剥削人的制度，确立了社会主义制度。工人阶级领导的、以工农联盟为基础的人民民主专政(实质上的无产阶级专政)得到巩固和发展。

在中国共产党的领导下，我国社会主义事业取得了显著成就，但我国仍将长期处于社会主义初级阶段。国家的根本任务是，沿着中国特色社会主义道路，集中力量进行社会主义现代化建设。中国各族人民将继续在中国共产党领导下，在马克思列宁主义、毛泽东思想、邓小平理论、"三个代表"重要思想、科学发展观、习近平新时代中国特色社会主义思想指引下，坚持人民民主专政，坚持社会主义道路，坚持改革开放，发展社会主义市场经济，发展社会主义民主，健全社会主义法治，贯彻新发展理念，推动物质文明、政治文明、精神文明、社会文明、生态文明协调发展，把我国建设成为富强、民主、文明、和谐、美丽的社会主义现代化强国，实现中华民族伟大复兴。

(二)治国方式的重大转变

1. 新中国法治建设的主要进程

从历史上看，治理国家的方式主要有人治和法治两种。

人治又称"贤人政治"，是指一个人或者少数人因历史原因掌握了社会公共权力，以军事、经济、政治、法律、文化、伦理等物质手段和精神手段，对占社会绝大多数的其他成员进行等级统治的社会体制。人治把治理国家的希望完全寄托在圣人或者领袖人物身上，国家长治久安和兴旺发达的关键不在于有完善的法律制度，而在于有贤明的国家领导人。由于权力的绝对集中，使得个人权威可以凌驾于法律之上。

法治与人治是对立的。法治即根据法律来治理，是指国家权力的行使和社会成员的活动普遍处于一种良好而完备的法律规则系统要求的状态。法治要求法律具有至高无上的权威，任何组织和个人都不能凌驾于法律之上，都要严格依法办事。

中华民族在长达五千多年的历史进程中，人治是最主要的治国方式，中国历史基本上就是"人治历史"，人们习惯了靠权力和人情来管理社会。但是，人治存在的弊端与法治的巨大优越性，在现代社会日益凸显出来，法治已经成为必然。

在新民主主义革命时期，毛泽东同志针对国民党的独裁统治，提出了实行新民主主义宪政的口号，包含了实行民主的法治要求。1949 年，《中国人民政治协商会议共同纲领》颁布，开启了我国法治建设的新纪元。1954 年，我国第一部宪法颁布，初步奠定了我国法治建设的基础。1966 年开始的一段特殊时间，使前期的中国法治建设遭到破坏。1978 年，党的十一届三中全会强调要"发展社会主义民主，健全社会主义法制"，实际上揭开了依法治国的序幕。1982 年，我国现行宪法颁布，奠定了依法治国的基础。1996 年 2 月，在中央举办的法制讲座上，江泽民同志在题为《依法治国保障国家长治久安》的讲话中，首次正式提出将"依法治国"作为管理国家事务的基本方略。1997 年，党的十五大报告第一次把"依法治国，建设社会主义法治国家"作为治国的基本方略，郑重地提了出来。1999 年，第九届全国人大第二次会议通过了《中华人民共和国宪法修正案》，把"中华人民共和国实行依法治国，建设社会主义法治国家"载入宪法。2011 年，全国人大常委会委员长吴邦国向十一届全国人大四次会议做报告时正式宣布，中国特色社会主义法律体系已经形成。2014 年，党的十八届四中全会专题研究全面依法治国问题，确立了全面依法治国的总目标，对推进全面依法治国做了细致而又全面的谋划。2017 年，党的十九大将全面依法治国纳入了习近平新时代中国特色社会主义思想，并对全面依法治国做了更加全面的部署。2018 年，中共中央根据《深化党和国家机构改革方案》，组建了中央全面依法治国委员会，由习近平总书记担任委员会主任，负责全面依法治国的顶层设计、总体布局、统筹协调、整体推进、督促落实，为全面依法治国的推进提供了坚强的领导核心，指明了前进的方向。

2. 新中国道德建设的主要进程

我们党和国家历来重视道德建设，以德治国也是我国的基本治国方略。

以德治国，就是以马列主义、毛泽东思想、邓小平理论、"三个代表"重要思想、习近平新时代中国特色社会主义思想为指导，以为人民服务为核心，以集体主义为原则，以爱祖国、爱人民、爱劳动、爱科学、爱社会主义为基本要求，以社会公德、职业道德、家庭美德、个人品德为着力点，建立与社会主义市场经济相适应、与社会主义法律体系相配套的社会主义思想体系，并使之成为全体人民普遍认同和自觉遵守的行为规范。

1949 年 9 月，中国人民政治协商会议第一届全体会议通过的《中国人民政治协商会议共同纲领》第四十二条规定："提倡爱祖国、爱人民、爱劳动，爱科学、爱护公共财物为中华人民共和国全体国民的公德。"

1982 年 12 月，第五届全国人民代表大会第五次会议通过的《中华人民共和国宪法》第二十四条规定:"国家提倡爱祖国、爱人民、爱劳动、爱科学、爱社会主义的公德,在人民中进行爱国主义、集体主义和国际主义、共产主义的教育,进行辩证唯物主义和历史唯物主义的教育,反对资本主义的、封建主义的和其他的腐朽思想。"

改革开放初期,邓小平同志提出了"两手抓"政策,强调在发展社会主义经济与政治的同时,不能放松精神文明建设,只有两者兼备才是中国特色社会主义的表现。邓小平同志提出的"两手抓"这一科学命题,为我国社会主义道德建设奠定了良好的基础、提供了新的思路。

1986年,党的十二届六中全会通过了《中共中央关于社会主义精神文明建设指导方针的决议》,阐明了社会主义精神文明的战略地位、根本任务和基本指导方针,正式提出了"思想道德建设"这一命题。

2001年1月,在全国宣传部长会议上,江泽民同志首次明确提出了"以德治国"的基本治国方略,他说:"我们在建设有中国特色社会主义,发展社会主义市场经济的过程中,要坚持不懈地加强社会主义法制建设,依法治国,同时也要坚持不懈地加强社会主义道德建设,以德治国。"把依法治国与以德治国紧密结合起来的治国方略,是江泽民同志的重要思想之一,也是中国特色社会主义理论成果的重要表现之一。

2001年9月,为弘扬民族精神和时代精神,形成良好的社会道德风尚,促进物质文明与精神文明协调发展,全面推进建设有中国特色社会主义伟大事业,中共中央印发《公民道德建设实施纲要》。

2006年3月,胡锦涛同志在参加全国政协十届四次会议民盟、民进界委员联组讨论时,提出了以"八荣八耻"为主要内容的社会主义荣辱观,继承和发展了我们党关于社会主义思想道德建设褒荣贬耻、我国古代的"知耻"文化传统,同时又赋予了新的时代内涵,深化了我们党对社会主义道德建设规律的认识,为我国公民道德建设树起了新的标杆,对加强社会主义思想道德建设产生了积极的影响。

2006年10月,党的十六届六中全会第一次明确提出了"建设社会主义核心价值体系"的重大命题和战略任务,明确提出了社会主义核心价值体系的内容,并指出社会主义核心价值观是社会主义核心价值体系的内核。

2012年11月,党的十八大明确提出"三个倡导",即"倡导富强、民主、文明、和谐,倡导自由、平等、公正、法治,倡导爱国、敬业、诚信、友善,积极培育社会主义核心价值观。"这是涵盖国家、社会、个人层面的社会主义核心价值观,是对社会主义核心价值观的最新概括,形成了社会主义道德建设的思想。

2017年10月,习近平总书记在党的十九大报告中指出,要培育和践行社会主义核心价值观。要以培养担当民族复兴大任的时代新人为着眼点,强化教育引导、实践养成、制度保障,发挥社会主义核心价值观对国民教育、精神文明创建、精神文化产品创作生产传播的引领作用,把社会主义核心价值观融入社会发展各方面,转化为人们的情感认同和行为习惯。坚持全民行动、干部带头,从家庭做起,从娃娃抓起。深入挖掘中华优秀传统文化蕴含的思想观念、人文精神、道德规范,结合时代要求继承与创新,让中华文化展现出永久魅力和时代风采。

2018年3月,第十三届全国人民代表大会第一次会议通过《中华人民共和国宪法修正案》,将"国家提倡爱祖国、爱人民、爱劳动、爱科学、爱社会主义的公德"修改为"国家倡导社会主义核心价值观,提倡爱祖国、爱人民、爱劳动、爱科学、爱社会主义的公德"。

2019年10月,中共中央、国务院印发《新时代公民道德建设实施纲要》,对新时代的公民道德建设提出了总体要求和重点任务,并对深化道德教育引导、抓好网络空间道德建设等方面的工作做了具体安排。

(三)坚持依法治国和以德治国相结合

法律与道德各自的优势与局限是鲜明的,它们各自在国家治理中的地位和作用也是不一样的。法律既具有规范要求的明确性、惩治的强制性、协同力的平等性与普遍性等优势,也具有制定与修改的迟滞性、条文的封闭性、惩治的滞后性、实施的高成本性等劣势。同样,道德虽具有调节的广泛性、约束的内在性、运行的低成本性等优势,但也具有弱规范性、弱强制性、评价标准的多元性等劣势。这就说明,无论是法律还是道德,在规范社会行为、协调社会利益关系方面都不是万能的,都不能独立担当维护社会秩序的重任,需要合作互济,即调整范围宽窄互补、规范要求高低互补、制约程度刚柔互补、约束方式自律与他律互补、干预方式滞后性与预防性互补。

习近平总书记指出,中国特色社会主义法治道路的一个鲜明特点,就是"坚持依法治国和以德治国相结合,强调法治和德治两手抓、两手都要硬。这既是历史经验的总结,也是对治国理政规律的深刻把握"。党的十八届四中全会提出,"坚持依法治国和以德治国相结合"是实现全面推进依法治国总目标必须坚持的重要原则,对推进新时代中国特色社会主义法治建设具有重要意义。

(1)依法治国和以德治国相结合,要求现代德治运行的社会基础是法治社会。

道德与法律是人类交往与合作得以共存共处不可或缺的行为规范体系,自国家产生后,它们始终都是国家治理的两种重要方式。古代中国有着丰厚的德治思想,并形成了独特的德治传统。如荀子坚持"礼刑合用""明德慎罚,国家既治四海平"。董仲舒主张德本刑末,提出"教,政之本也;狱,政之末也"。传统儒家既推崇道德的教化作用,也没有排除刑罚的抑恶功能,这种将道德教化与刑罚措施相结合的观念和做法,奠定了古代中国治国理政的基本理念和方式。但传统德治实施的社会基础是人治社会,现代德治实施的社会基础是法治社会,二者运行的社会基础不同,权和法的地位不同。人治社会是人的统治,人(帝王)说了算,皇权不受法律制约,法律制度是治民的工具。法治社会是法的统治,人依法而为,任何个人和组织都要受到法律的制约,无人处于法之外,无人居于法之上。进言之,传统德治所倡导的德政和德教,是为政者权力无法律制约,仅靠道德自律向善,往往难以形成稳定的行为预期。现代德治是在法律对公权力进行约束以及法律面前人人平等的法治框架下,即在确保法律对公权力制约的前提下强调为政者的道德修养、品德情操与社会道德教化。

党的十八大以来,我们党把全面依法治国纳入"四个全面"战略布局,党的十八届四中全会对全面依法治国做出专题部署,推动法治建设驶入快车道。习近平总书记指出:"党领导人民制定宪法法律,党领导人民实施宪法法律,党自身必须在宪法法律范围内活动。"《中共中央关于全面推进依法治国若干重大问题的决定》指出:"任何组织和个人都必须尊重宪法法律权威,都必须在宪法法律范围内活动,都必须依照宪法法律行使权力或权利、履行职责或义务,都不得有超越宪法法律的特权。必须维护国家法制统一、尊严、权威,切实保证宪法法律有效实施,绝不允许任何人以任何借口任何形式以言代法、以权压法、徇私枉法。"一言以蔽之,在法律面前,包括执政党在内的任何组织和个人都没有逾越法律的特权,不存在凌驾于法律之上的特殊个体或者组织。全面推进依法治国、建设社会主义法治国家,为依法治国和以德治国相结合奠定了坚实的社会基础。

📖 **知识窗**

"四个全面"战略布局是以习近平同志为核心的党中央治国理政的总体框架和实践指南。"四个全面",即全面建设社会主义现代化国家、全面深化改革、全面依法治国、全面从严治党。

案例：有部电影，名叫《被告山杠爷》。山杠爷是一个偏远山村的当家人，深得村民的拥戴。他有一套治村的村规，用孝敬老人、善待他人等道德规范来约束村里人，使落后山村成为有名的模范村。当村民不遵守村规时，山杠爷会采取特别的措施。比如，为催在外打工的明喜回家种责任田，山杠爷命令私拆明喜写给妻子的信，以证实他的地址；王禄不按时交公粮，又拒绝受罚，被山杠爷派民兵关押；腊正带头反对摊款摊劳力修水库，被山杠爷当众打了耳光，还被停止了党员登记……更严重的甚至闹出了人命案。山杠爷的行为，情有可原，法无可恕！

想一想：(1)山杠爷采取这些措施的目的是什么？(2)出发点好，事情就一定办得好吗？(3)治理村庄应该依据什么？(4)山杠爷的教训给了我们什么训示？

(2)依法治国和以德治国相结合，要求法律具有良善性质。

法治和德治相结合，不单是实现道德与法律功能上的互补，更强调道德对法理念、法灵魂的价值统摄性，要求在法律的立改废释中，坚持价值引领原则，使社会主义法律法规反映和体现社会主流价值，从源头上减少或者避免合乎法定程序但与善性相悖的立法的产生。习近平总书记明确指出，"法律法规要树立鲜明道德导向，弘扬美德义行，立法、执法、司法都要体现社会主义道德要求，都要把社会主义核心价值观贯穿其中，使社会主义法治成为良法善治"。法律不能离开或者背离道德是现代法治社会的一个重要特征，即法治与德治不能分离。法治在广义上是"法的统治"，但"法治"的本质是"良法善治"。法律制度不是现代社会特有的产物，自古有之。而新时代中国特色社会主义法治建设，不仅在于社会主义法律制度的健全完备和有效实施，更在于坚持法治和德治相结合的原则，制定出体现人民利益、反映人民愿望、维护人民权益、增进人民福祉的良善法律。为了提高立法质量，保障法律的良善性质，必须推进科学立法、民主立法、依法立法，以良法促进发展、保障善治。

良法虽是法治的本质要求，但它不是法律的天然本性，因为立法质量总会受到主客观多种因素的影响。如立法者由于理性能力的有限性以及社会利益关系和矛盾的复杂性所产生的认识和概括能力的局限等，致使有的法律法规未能全面反映客观规律和人民意愿，针对性、可操作性不强。有些实在法，由于个别条款不能随社会利益关系的变化而及时修订或者废止，就会导致一些法律法规渐渐失去维护社会公平正义的良善性质而成为恶行的孵化器。因此，要制定出合乎正义精神和良善道德的高质量法律，需要多种条件的保障。需要立法者自身有德，能够秉持正义原则，不为个人或者集团特殊利益所羁绊；需要立法者有专业素养，能够遵循立法程序与立法规律，科学立法；要求立法者有人民情怀，能够洞察社会各种利益关系，制定出反映人民普遍利益与意志的法律法规。所以，我国法治建设的一项重要任务，就是制定能够满足人民对美好生活的需要、促进人的全面发展、有利于实现共同富裕的良法，既惩治恶行又保护人民的合法权益。应秉持正义的法理念以及合乎良善道德要求的法原则，及时制定与修订相关法律法规，以克服不完善性和偏私性。"立善法于天下，则天下治；立善法于一国，则一国治。"真正好的法治是良法的治理，而法治和德治相结合是良法善治的基础。

(3)依法治国和以德治国相结合，要求法律和道德协同发力。

习近平总书记指出："法治和德治不可分离、不可偏废，国家治理需要法律和道德协同发力。"依法治国和以德治国相结合，要着力于发挥好法律和道德各自的独特功能与作用，取长补短而达至相辅相成、相得益彰，最终实现法律和道德同频共振的社会善治。"德润心，法治行，心主行。"国家对社会利益关系的有效协调，需要法律和道德无缝衔接、内外兼治、刚柔相济，以促进社会成员既有德心又有法行。

习近平总书记指出："法安天下，德润人心。法律有效实施有赖于道德支持，道德践行也离不开法律约束。"显而易见，法治和德治相结合，根本问题在于寻求法律和道德如何有机结合而实现融通互补，以避免在现实生活中出现法律和道德的冲突。一旦法律规定与道德倡导的原则和精神相悖，就会模糊社会成员的道德价值标准，瓦解社会成员的道德信念，削弱社会成员的道德意志，引发道德混乱，加剧道德冲突。对于社会上一些违背道德的恶行，一旦道德自身难以遏制，法律就要及时给予严厉惩处，以实现"矫正性公正"，否则，恶行就会产生消极示范作用。这无不表明，在文化多样、价值多元的现代社会中，只有在法治框架下才能讲好德治。与此同时，加强法治建设，也不能忽视道德的教化作用，要把道德要求贯彻到立法、执法、司法、守法等各个环节，实现法律和道德相辅相成、法治和德治相得益彰。

思考与练习

一、选择题

1. 道德的特点有（　　）。
   - A. 不具有强制性
   - B. 比法律的调节范围更加广泛
   - C. 在阶级社会中具有鲜明的阶级性
   - D. 无产阶级道德与资产阶级道德不同，无产阶级道德的基本原则是集体主义，它的核心是全心全意为人民服务的精神

2. 个人能否按道德要求去做，关键在于（　　）。
   - A. 内心信念　　B. 社会舆论　　C. 传统方式　　D. 评价方式

3. 道德的功能是指道德作为社会意识的特殊形态对于社会发展所具有的功效和能力，其中最重要的功能是（　　）。
   - A. 导向功能　　B. 认识功能　　C. 调节功能　　D. 辩护功能

4. 发展社会主义民主，实现人民当家做主的根本保证是（　　）。
   - A. 党的领导　　B. 依法治国　　C. 多党合作　　D. 民主决策

5. 社会文明进步的显著标志，国家长治久安的重要保障是（　　）。
   - A. 依法治国　　B. 以德治国　　C. "一国两制"　　D. 严格执法

6. 法律与道德的区别在于（　　）。
   - A. 法律产生于阶级社会，道德比法律古老长久
   - B. 法律是国家机关制定或认可的，具有强制性，道德依靠社会舆论、信念
   - C. 法律具有阶级性，道德没有阶级性
   - D. 法律只适用于违法行为，道德应用于一切不道德行为

7. 道德和法律是建立和维护社会秩序的两种基本手段，下列关于道德与法律的表述正确的有（　　）。
   - A. 道德和法律所追求的目标是一致的，都是通过规范人们的行为来维护公共生活中的秩序，实现经济社会的稳定和发展
   - B. 道德和法律发挥作用的方式是一致的
   - C. 道德发挥作用的领域更加广泛，它能够调节许多法律效力所不及的问题，是法律的补充
   - D. 个体道德素质和整个社会道德水准的提高，为法律的实施创造了条件

8. 下面关于依法治国与以德治国的关系的说法中正确的是（   ）。

    A. 依法治国比以德治国更为重要

    B. 以德治国比依法治国更为重要

    C. 德治是目的，法治是手段

    D. 依法治国和以德治国要相结合

二、判断题

1. 道德是通过人对自己的行为做出自觉自愿的自我制裁来实现的，因而与法律相比，道德不具有约束力。   （   ）

2. 人应当做欲望的主人，而不应当做欲望的奴隶。修养，就是人用理智去控制自己的欲望，以求得个人的最大利益和快乐。道德，就是人在理性命令下生活。   （   ）

3. 强调遵守道德，强调遵纪守法，就会妨碍公民行使自由权利。   （   ）

4. 法律是道德的保障，道德是法律的基础。   （   ）

5. 我国法律和社会主义道德互相配合、互相促进、互相补充。凡法律所禁止的行为，都是社会主义道德所谴责的行为；有许多法律上的义务，同时就是社会主义道德的要求。我们积极实施法律所提倡和鼓励的行为，有利于弘扬社会主义道德，促进社会主义精神文明建设。   （   ）

6. 爱祖国、爱人民、爱劳动，爱科学、爱社会主义是公民道德建设的基本要求。   （   ）

三、简答题

1. 中华民族优良道德传统主要包括哪几个方面的内容？

2. 请简要说明法律的含义、特点及作用。

3. 全面推进依法治国的总目标和基本要求是什么？

4. 简述全面依法治国的必要性和重要性。

第二章　践行和弘扬新时代公民道德

 学习目标

　　了解新时代公民道德建设的核心、原则和基本要求，掌握生活中的基本道德规范。理解社会公德、职业道德、家庭美德、个人品德的内涵，把握新时代公民道德建设的重点任务，在自己的生活中，积极促进道德实践养成，弘扬社会主义道德规范。

 导入案例

　　2021 年 11 月 5 日上午，中共中央总书记、国家主席、中央军委主席习近平在人民大会堂亲切会见第八届全国道德模范及提名奖获得者。会上，68 名同志被授予第八届全国道德模范荣誉称号，254 名同志被授予第八届全国道德模范提名奖。

　　自 2007 年以来，中央宣传部、中央文明办、全国总工会、共青团中央、全国妇联、中央军委政治工作部举办全国道德模范的评选表彰活动。全国道德模范平均每两年评选一次，分为"助人为乐""见义勇为""诚实守信""敬业奉献""孝老爱亲"五个类型。在全国道德模范评选表彰活动中，各地各部门通过群众推选、投票等形式发动最广泛的群众参与，评选出来的道德模范，可谓真正代表群众心中的道德追求，代表我国公民道德建设的正确方向。他们是道德的践行者、精神的引领者、时代的奋斗者，他们的先进事迹和高尚品质，生动诠释了社会主义核心价值观的丰富内涵，集中体现了思想道德建设的丰硕成果，充分彰显了奋斗新时代、奋进新征程的精神风貌，具有鲜明的典型性、示范性和引领力、感召力。他们的种种美德和善行，感染和教育着人们，如一阵阵强劲的暖风，扶正世道人心。

　　想一想：(1)我国为什么要这么高规格地举办全国道德模范的评选表彰活动？(2)结合第八届道德模范的先进事迹，谈谈你的理由。

第一节　加强新时代公民道德建设

　　"国无德不兴，人无德不立。"我们党和国家历来重视公民道德建设。2001 年 9 月 20 日，中共中央印发了《公民道德建设实施纲要》；2019 年 10 月 27 日，中共中央、国务院印发了《新时代公民道德建设实施纲要》。

　　从我国的历史和现实的国情出发，新时代公民道德建设的主要内容是：以为人民服务为核心，以集体主义为原则，以爱祖国、爱人民、爱劳动、爱科学、爱社会主义为基本要求，以社会公德、职业道德、家庭美德、个人品德建设为着力点。在新时代公民道德建设中，应当把这些主要内容具体化、规范化，使之成为全体公民普遍认同和自觉遵守的行为准则。

一、加强新时代公民道德建设的必要性和重要性

　　中华文明源远流长，孕育了中华民族的宝贵精神品格，培育了中国人民的崇高价值追求。中

国共产党领导人民在革命、建设和改革历史进程中，坚持马克思主义对人类美好社会的理想，继承和发扬中华传统美德，创造并形成了引领中国社会发展进步的社会主义道德体系。坚持和发展中国特色社会主义，需要物质文明和精神文明全面发展、人民物质生活和精神生活水平全面提升。中国特色社会主义进入新时代，加强公民道德建设、提高全社会道德水平，是全面建成小康社会、全面建设社会主义现代化强国的战略任务，是适应社会主要矛盾变化、满足人民对美好生活向往的迫切需要，是促进社会全面进步、人全面发展的必然要求。

2001年，党中央颁布《公民道德建设实施纲要》，对在社会主义市场经济条件下加强公民道德建设提供了重要指导，有力促进了社会主义精神文明建设。党的十八大以来，以习近平同志为核心的党中央高度重视公民道德建设，立根塑魂、正本清源，做出一系列重要部署，推动思想道德建设取得显著成效。中国特色社会主义和中国梦深入人心，践行社会主义核心价值观、传承中华优秀传统文化的自觉性不断提升，爱国主义、集体主义、社会主义思想广为弘扬，崇尚英雄、尊重模范、学习先进成为风尚，民族自信心、自豪感大大增强，人民思想觉悟、道德水准、文明素养不断提高，道德领域呈现积极健康向上的良好态势。

同时也要看到，在国际国内形势深刻变化、我国经济社会深刻变革的大背景下，由于市场经济规则、政策法规、社会治理还不够健全，受不良思想文化侵蚀和网络有害信息影响，道德领域依然存在不少问题。一些地方、一些领域不同程度地存在道德失范现象，拜金主义、享乐主义、极端个人主义仍然比较突出；一些社会成员的道德观念模糊甚至缺失，是非、善恶、美丑不分，见利忘义、唯利是图、损人利己、损公肥私；造假欺诈、不讲信用的现象久治不绝，突破公序良俗底线、妨害人民幸福生活、伤害国家尊严和民族感情的事件时有发生。这些问题必须引起全党、全社会的高度重视，我们必须采取有力措施切实解决这些问题。

加强公民道德建设是一项长期而紧迫、艰巨而复杂的任务，要适应新时代新要求，坚持目标导向和问题导向相统一，进一步加大工作力度，把握规律、积极创新，持之以恒、久久为功，推动全民道德素质和社会文明程度达到一个新高度。

> **案例：**因出演《山河令》而一夜走红的演员张某瀚被网友曝出曾经在乃木神社参加友人婚礼，更被挖出曾在2018年去往靖国神社参观，并在社交平台发布与靖国神社的合影照片。随后，张某瀚虽然在其个人微博发布道歉声明，称"为曾经无知的自己而羞愧，更要对之前不当行为深刻地道歉"，但其触碰历史伤痕，伤害国人感情的做法遭到全网抵制。《人民日报》、新华社、中央电视台、共青团中央等官媒先后发声痛批张某瀚的无知，表示其身为公众人物，对历史常识如此匮乏，对民族苦难浑然不觉，太不应该。"事关民族大义，不容任何试探，更不容有任何挑战。若明知故犯，就得付出沉重代价。"
>
> 张某瀚也为他的不当行为付出了惨痛代价——二十多个品牌相继终止与他的合作关系；个人以及工作室的国内社交账号被封，超话关闭，被全网抵制封杀。
>
> **议一议：**(1)在信息时代，造成明星道德失范对社会主义道德建设冲击的原因有哪些？(2)明星道德失范，除了"封杀"，我们还应该做些什么？

二、新时代公民道德建设的核心、原则及基本要求

(一)新时代公民道德建设的核心

为什么人的问题是做人的根本问题，也是区分无产阶级人生观、价值观与资产阶级人生观、价值观的根本标准。无产阶级的使命不仅仅是为了解放自己，而是为了解放全人类。无产阶级政党的根本宗旨是为人民服务，因此，我国新时代公民道德建设的核心就是为人民服务。

"为人民服务"是毛泽东同志高度概括并具有鲜明的中国化特点的马克思主义道德观,是无产阶级道德观的核心和精神实质。毛泽东同志概括的为人民服务具有三个深刻含义:一是我们所做的一切都是为人民谋利益;二是我们的一切言行都以是否符合人民的利益为标准;三是我们始终和人民一道艰苦奋斗。在过去的革命战争时期,它是中国共产党人革命活动的宗旨。随着社会的发展,不同时期的任务虽不同,但为人民服务的宗旨始终不变。

　　为人民服务作为公民道德建设的核心,是社会主义道德区别和优越于其他社会形态道德的显著标志。社会主义道德是建立在社会主义经济基础之上,是从人民的完整利益中引申出来的,它反映人民的根本利益;社会主义道德是由无产阶级运动的性质所决定的,无产阶级运动是为绝大多数人谋利益的运动;社会主义道德是唯物史观的必然结论,只有人民才是创造历史的真正动力。

　　为人民服务不仅是对共产党员和领导干部的要求,也是对广大群众的要求。每个公民不论社会分工如何、能力大小,都要在本职岗位,通过不同形式做到为人民服务。

　　坚持为人民服务,首先要树立为人民服务的价值取向。这是人生首要的、根本的问题,也是无产阶级人生价值观与剥削阶级人生价值观的根本区别。在无产阶级看来,人生的真正意义在于奉献,在于为社会、为他人多做贡献。这是大前提,也是做人的根本问题,这个问题解决了,做人的其他问题才有可能正确解决。比如对待利益、荣誉、金钱、地位、苦乐、幸福、生死等,只要不是从个人利益出发,而是从人民的利益出发,就会找到正确的答案,就容易正确对待、正确处理。

　　其次,要有为人民服务的本领,提高为人民服务的能力。为人民服务水平的高低、贡献的大小,不仅与每个人的人生价值观相联系,也与每个人的知识、素质为基础的能力相联系。我们只有努力学习科学文化知识,提高自己的知识水平和业务素质,才有可能更好地为人民服务,为祖国、为社会、为人民做出较大的贡献。有的人不注意努力学习和锻炼,自己的能力素质提不高,志大才疏,就不可能做出太大的贡献。在科学技术日新月异、飞速发展、"知识爆炸"的今天,加强学习有着特别重要的意义。一个人掌握的科学技术越多,他的能力就可能越强,也越有可能做出惊人的贡献。

　　再次,要积极从事为人民服务的实践。人们认识世界的目的在于改造世界,掌握知识和提高能力的目的在于实践。一个人有了为人民服务的思想,又有了为人民服务的本领,这还不够,还必须积极投入为人民服务的社会实践中去,在实践中使为人民服务成为现实。能力靠实践来显现,价值靠实践来创造,成果靠实践来获得,贡献靠实践来完成,如果一个人消极、懒惰,大事做不来,小事又不做,那么他的愿望将是空的,能力将是废的,价值也只是潜在的。毛泽东十分重视理论联系实际,动员人们积极实践,他说,如果有了正确的理论,只是把它束之高阁,并不执行,那么这种理论再好也是没有意义的。

　　最后,要正确处理个人利益与人民利益的关系。在社会主义初级阶段,合理、合法、合乎政策地追求个人利益是道德允许的,但基本前提是保证国家、集体和人民的利益。社会主义国家代表着人民的根本利益,社会主义集体代表着人民的特殊利益,国家利益和集体利益都是人民的利益。个人利益不能凌驾于人民利益之上,当个人利益与人民利益发生矛盾时,要以人民的利益为重,勇敢地牺牲个人利益。同时,要同一切危害人民利益的思想和行为做斗争。

　　在新的形势下,必须继续大张旗鼓地倡导为人民服务的道德观,把为人民服务的思想贯穿于各种具体道德规范之中。要引导人们正确处理个人与社会、竞争与协作、先富与共富、经济效益与社会效益等关系,提倡尊重人、理解人、关心人,发扬社会主义人道主义精神,为人民为社会多做好事,反对拜金主义、享乐主义和极端个人主义,形成体现社会主义制度优越性、促进社会主义市场经济健康有序发展的良好道德风尚。

1944年9月5日，中共中央警卫团的一名叫张思德的战士在陕北安塞山中烧炭时，因炭窑崩塌而不幸牺牲。9月8日，中央直属机关专门为纪念张思德召开了追悼会，毛泽东在追悼会上说：“我们这个队伍完全是为着解放人民的，是彻底地为人民的利益工作的”“人固有一死，或重于泰山，或轻于鸿毛”“为人民利益而死，就比泰山还重；替法西斯卖力，替剥削人民和压迫人民的人去死，就比鸿毛还轻”“为人民的利益坚持好的，为人民的利益改正错的”。这就是著名的《为人民服务》演讲中讲道的。为人民服务是中国共产党的唯一宗旨，是社会主义时期道德建设的核心。

（二）新时代公民道德建设的原则

集体主义作为我国公民道德建设的原则，是社会主义经济、政治和文化建设的必然要求。在社会主义社会，人民当家作主，国家利益、集体利益和个人利益根本上的一致，使集体主义成为调节三者利益关系的重要原则。

集体主义的内容归纳起来具体体现在以下三个方面：

第一，国家利益、集体利益高于个人利益。当个人利益与国家利益和集体利益发生矛盾时，提倡个人利益服从集体利益、局部利益服从整体利益、当前利益服从长远利益，反对小团体主义、本位主义和损公肥私、损人利己，主张把个人的理想与奋斗融入广大人民的共同理想和奋斗之中。任何个人都存在于社会关系之中，个人利益的这种社会性本质决定了国家利益和集体利益高于个人利益。

第二，重视和保障个人的正当利益。集体主义强调国家利益和集体利益高于个人利益，但同时也强调重视和保障个人的正当利益。社会主义集体主义促进和保障个人正当利益的实现，使个人的才能、价值得到充分发挥，这不但与集体主义不矛盾，而且是集体主义思想的应有之义。只有在集体中，个人才能获得全面发展；只有在集体中，才可能有个人自由。那种把集体主义看作是对“个人的压制”、是对“个性的束缚”的思想，是与集体主义的本意相违背的。事实上，正是集体主义对培养人们的健全人格、鲜明个性和创新精神提供了道义保障。对于集体主义来说，只有个人的价值、尊严得到实现，个人的正当利益得到保证，集体才能有更强大的生命力和凝聚力。

第三，坚持集体主义原则，弘扬集体主义精神。这就要求正确处理个人利益与集体利益、眼前利益与长远利益、局部利益与整体利益之间的关系，树立社会主义利益观，自觉地克服和抵制个人主义。

新时期要旗帜鲜明地坚持集体主义，反对个人主义。在我国社会主义现代化建设的新的历史时期，要坚持集体主义的价值取向，总的要求是：心中有他人，心中有集体，心中有国家。只有这样，才能在实际生活中坚持集体主义。在我国多种经济成分和多种分配方式并存的条件下，个人主义有所滋长，并成为不正之风的思想根源之一。在个人主义思潮的影响下，有极少数人否定人的社会性，主张个人本位、个人绝对自由，结果走上了邪路。为了个人的健康成长，为了社会主义经济健康有序地发展，我们必须旗帜鲜明地坚持集体主义，反对个人主义。

个人主义随着生产资料私有制的出现而产生，并随着私有制的发展而发展。资本主义制度是生产资料私有制的最后的最完备的社会形态，个人主义在资产阶级身上发展到了高峰。近代资产阶级革命时期的思想家，把个人主义普遍化为永恒不变的人性，并使之成为道德的基本内容和判断善恶的主要标准，以此作为反对封建道德和宗教禁欲主义的思想武器。

个人主义是一种强调个人自由、个人利益，强调自我支配的政治、伦理学说和社会哲学。从本质上说，它是一种从个人至上出发，以个人为中心来看待世界、社会和人际关系的世界观。

个人主义的主要表现形式有：(1)自由、平等、人权是个人的政治诉求；(2)民主法治是对个人的尊重；(3)宪政是个人的制度保障；(4)市场经济是对个人经济追求的承认与规范；(5)文学艺术是个性的表现或者表达，即个人体验、情感、意志、理想等的表现或者表达；(6)科学是个人的求知活动，其目的是为了满足个人的好奇心；(7)生活方式是个人对幸福的追求。

(三)新时代公民道德建设的基本要求

爱祖国、爱人民、爱劳动、爱科学、爱社会主义是我国人民在长期历史中形成的最普通的社会习惯，是被中国社会公开承认的起码的道德规范，是我国社会主义公民道德建设的基本要求。

爱祖国、爱人民、爱劳动、爱科学、爱社会主义作为公民道德建设的基本要求，是每个公民都应当承担的法律义务和道德责任。因此，要把这些基本要求与具体道德规范融为一体，贯穿公民道德建设的全过程。引导人们发扬爱国主义精神，提高民族自尊心、自信心和自豪感，以热爱祖国、报效人民为最大光荣，以损害祖国利益、民族尊严为最大耻辱，提倡学习科学知识、科学思想、科学精神、科学方法，艰苦创业、勤奋工作，反对封建迷信、好逸恶劳，积极投身于建设有中国特色社会主义的伟大事业。

第二节　美德照亮人生

 导入案例

重庆南川的马福元，出生仅3天母亲就离家出走，12岁时父亲病逝，一贫如洗的家里只剩下他和78岁的爷爷相依为命。17岁的马福元好不容易考上了学杂费、食宿费全免的"宏志班"，80多岁的爷爷却意外摔伤，从此卧病在床。马福元背起爷爷去上学，用微薄的生活费在学校附近租了一间木棚房，一边读书一边照顾爷爷。由于房间很潮湿，爷爷的风湿病一受寒就会发作，因此几乎每天晚上，马福元都要为爷爷暖被窝。一次，邻居阿姨给他几个鸡蛋，他担心爷爷不吃，就把鸡蛋蒸成鸡蛋羹悄悄地埋在爷爷饭里给爷爷吃，自己却一棵白菜吃上两三天。读书期间，为给爷爷治病，他一直坚持在学校食堂打工。

马福元没有因为照顾爷爷耽误学习，他成绩优异、表现突出。2006年3月，还在读高三的马福元，获得了由团中央、全国学联评选的中国中学生正泰品学奖特别奖，在200多名候选人中得票最高。其实，马福元对这些都不那么在意，他甚至很少看报纸和网络对他的报道。他说："作为学生，我希望自己在一个平静的学习环境中，扎扎实实地搞好学习，以优异的成绩和过硬的本领回报社会，特别是无数给予我太多关爱的人。这既是我最大的心愿，也是爷爷对我的期盼。"

想一想： 马福元具有哪些优良道德品质？这些优良道德品质对他的人生发展会有什么影响？

党的十九大强调，要加强思想道德建设，深入实施公民道德建设工程，推进社会公德、职业道德、家庭美德、个人品德建设，激励人们向上向善、孝老爱亲，忠于祖国、忠于人民，千古话题，历久弥新。"知荣辱，有道德"不仅是人生发展、生活和谐的重要条件，也是全面建设社会主义现代化国家的内在要求。

公民基本道德规范包含了中华传统美德，以及我们党领导人民在长期革命斗争和社会实践中所形成的优良道德传统，体现了改革开放和发展社会主义市场经济的时代特点，弘扬了时代精神，是人们在为人处世过程中应该遵循的起码的道德准则，是公民道德规范中最低层次的道德规范。

《公民道德建设实施纲要》明确指出：在全民族牢固树立建设有中国特色社会主义的共同理想和正确的世界观、人生观、价值观，在全社会大力倡导"爱国守法、明礼诚信、团结友善、勤俭自强、敬业奉献"的基本道德规范，努力提高公民道德素质，促进人的全面发展，培养一代又一代有理想、有道德、有文化、有纪律的社会主义公民。

（一）爱国守法

爱国守法是社会主义道德体系中最基本的规范，反映了公民个人与国家、社会的关系。

爱国要求公民热爱国家、建设国家、保卫国家，维护国家尊严，保守国家机密，敢于同一切危害国家利益和安全的行为做斗争，把对国家的义务和责任看成自己的职责。爱国作为一种道德责任，就是要求公民发扬爱国主义精神，为维护民族自尊心、自信心和自豪感，为维护和争取祖国的独立、统一、富强和荣誉而奉献。

守法要求公民增强法律意识，增强法治观念，依法维护社会公共利益和集体利益，依法保护个人合法的正当利益，自觉履行宪法和法律规定的各项义务，积极承担应尽的社会责任。守法作为一种道德责任，就是要求公民不仅有知法、懂法、遵法的法律意识，还要把法律意识转化为自觉依法行使权利、履行义务的法律行为，使自己的言行合乎法律的规范。

守法之所以和爱国并列为基本道德规范的第一条，是因为二者同为道德的底线，是每个公民必备的最重要的道德品质和最起码的道德水准。爱国守法虽然是道德的底线，却是崇高而又重要的。公民无论其社会地位、政治立场和思想信仰等有何不同，都不妨碍其成为爱国者和守法者。

 道德故事

为国守岛

位于我国江苏省连云港附近的黄海海域有一座小岛，名为开山岛，它的面积仅有 0.013 平方千米，只比一个足球场稍大一点。这里远离海岸，面向太平洋，一年中会多次被台风和暴风雨袭击。在地理位置上，它位于灌河河口位置，比邻军事要塞连云港，前方是茫茫大海，是我国东部海域边疆的重要基地。开山岛虽小，却关乎国防安危，如此重要的战略海岛，势必要有人来守护！

1986 年 7 月，26 岁的王继才经过群众推荐和组织考察，成为开山岛第五任"岛主"，他的妻子王仕花随后也加入其中。为国守边本是一件高尚荣耀的使命，但是面对恶劣的环境，很多人选择了退却。荒芜的海岛上野草丛生，周围都是广阔无垠的海水，岛上生活物资匮乏，生活环境堪称恶劣。除了工作环境的枯燥乏味，心理上的贫瘠与寂寞才是最折磨人的。开山岛被当地人俗称"水牢"，是一所名副其实的"监狱"，与世隔绝的生活导致前几任"岛主"知难而退。

"家就是岛，岛就是国。开山岛虽小，却是祖国东门，你不守我不守，谁守？"正是因为这

份信念，王继才在"水牢"一般的孤岛，一待便是 32 年。长期的艰苦生活让王继才的身体状况渐渐变差。2018 年，他不得不回到灌云县城住院治疗，但是由于病情过于严重，2018 年 7 月 27 日，这位英雄在为国守边 32 年后，永远闭上了眼睛，享年 58 岁。面对众人嘲笑，这位普通的哨兵用他的一生完美诠释了什么叫为国守土、至死方休，他用自己的一生践行了这句话。

2019 年，王继才被授予"人民楷模"的荣誉称号，他的妻子也成为哨所的名誉所长。这些都是他们用无怨无悔的坚守和付出，在平凡的岗位上书写的不平凡的人生华章。

(二)明礼诚信

明礼诚信是指导公民在家庭生活、社会交往和职业工作中如何待人的道德规范。它要求我们，无论在何种场合，从事什么样的活动，都应该重礼节、讲礼貌、举止文明、诚实守信、诚心待人、诚信处事。

明礼就是对礼的正确理解和运用。礼，包括礼貌、礼节、礼仪。礼貌是指人们在待人接物上应具有的品行和态度，包括言谈举止、仪容风度等方面。礼貌的基础是相互尊重，基本要求是待人诚恳、谦恭、和善、有分寸。在社会主义社会，礼貌体现了互相尊重、友好合作的新型关系。礼节是指礼貌的规范形式，是关于对待他人的外在表现的行为规则的总和，如表示欢迎、感谢、道歉、尊敬、祝贺、问候之类的各种惯用表达方式。礼仪是指人们为了表达某些专门礼节所使用的仪式，其目的在于表达祝贺或者敬意，寄托或者凝聚人们的感情，激发人们的社会情感，鼓舞人们的斗志等。

诚信包括诚和信两个方面。诚主要是讲诚实、诚恳。信主要是讲信用、信任。诚信是指忠诚老实、诚恳待人，以信用取信于人，对他人给予信任。

"不诚，则无礼；无礼，则不诚。"明礼是人的行为的外在表现，诚信是人的内心状态。明礼只有表现了人内心诚信的本质，才不会流于虚伪的形式或者繁文缛节。诚信只有通过礼仪、礼让的形式，才能够最恰当、最真实地表现出来。

(三)团结友善

团结友善是指导公民在集体生活和工作中如何与其他成员相处的道德规范。团结友善要求我们与他人团结合作、友好相处、互相帮助，为达目标而共同奋斗。

团结是指为了实现共同的利益和目标，人们在思想和行动上相互一致、相互统一、相互关心的社会关系和道德规范。它与"分裂"相对立。团结有广泛的社会内涵，包括家庭团结、民族团结、集体团结、党内团结、军民团结、人民团结等。在社会主义条件下，人民的根本利益一致，在中国共产党领导下实现了全国各族人民空前的大团结。任何分裂行为，任何妨碍团结的言行，都是不利于人民利益的。在改革开放的大业中，更应珍视安定团结的局面，齐心协力地为建设有中国特色的社会主义而团结奋斗。

友善是指人与人之间平等相待、相互友好、相互帮助、共同进步的道德行为。它体现的行为(相互帮助、支持等)和情感表达(相互同情、理解等)是人类生活不能或缺的，尤其是在一个人处境危难时，显得尤为重要。它能给人以温暖和重新振作的勇气，对人们的工作和生活起到积极的促进作用。

团结友善对于建立美好和谐的新型社会主义道德风尚有着重要作用。

（四）勤俭自强

勤俭自强是指导公民如何对待生活、对待自身的道德规范。它要求我们自觉保持勤劳节俭、艰苦朴素的生活作风和自强不息、开拓创新、健康向上的精神风貌。

勤俭即勤劳节俭，是表示个人道德品质的用语，是中华传统美德。它主要表现为热爱劳动，努力创造物质和精神财富，朴素节约，珍惜劳动成果。在社会主义初级阶段，勤俭美德的内涵进一步丰富，体现了社会主义的道德要求，并成为艰苦奋斗创业精神的一个重要内容。在建设社会主义现代化的进程中，我们要进一步发扬艰苦奋斗的精神，提倡勤俭的美德，对发展经济、开源节流以及提高全民族的道德水平有着重要的意义。

自强是指人对自己的能力和行为所具有的自信和进取意识，是一种积极向上的道德要求。自强是战胜困难、取得胜利的重要精神力量。中华民族奉行自强不息的优良传统，它激励着一代又一代的中华儿女不懈努力奋斗，从而维系着中华民族的生生不息。

（五）敬业奉献

敬业奉献是指导公民如何对待工作的道德规范。敬业奉献要求我们对待工作要忠于职守、精益求精、克己奉公，为国家、为社会、为他人做出一定的贡献。

敬业是指用一种恭敬、严肃的态度对待自己的工作，认真负责，一心一意，任劳任怨，精益求精。敬业总是和爱岗联系在一起的。爱岗是敬业的前提，敬业是爱岗情感的进一步升华，是对职业责任、职业荣誉的进一步深刻理解和认识。一个不爱岗的人很难做到敬业，一个不敬业的人，很难说是真正的爱岗。

奉献就是一心为他人、为人民、为社会、为国家、为民族做贡献。有这种境界的人，从事工作的目的，不是为了个人的名利，也不是为了家庭的名利，而是为了有益于他人、人民、社会、国家和民族。奉献是在自始至终贯穿着敬业等优良职业道德品质长期积累的基础上产生的。在我们社会，像雷锋、孔繁森等同志，之所以受到社会尊敬，就是因为他们在各自的工作岗位上默默地为社会做出无私的奉献。

 道德故事

用生命守护生命

2019 年年底，一场突如其来的不明原因肺炎疫情在湖北武汉肆虐开来。12 月 29 日，首批患者转入武汉市金银潭医院，这家传染病专科医院一时间成为"离炮火最近的战场"。

面对人类未知病毒，时任金银潭医院院长的张定宇感到了前所未有的挑战。医院门口排着渴望生命的长队，医院内医疗物资告急，连轴转的医护人员也都累得精疲力竭。"还要继续收病人吗？"张定宇的心里做着激烈的斗争。

"多收治一个病人，就是多帮助一个家庭。"他下定决心，"作为一名共产党员、医院院长、一名医生，无论哪个身份，在这危急时刻，都没理由后退半步，必须坚决冲上去！"

这一冲便很难停下来。迅速隔离病患，开辟专门病区，完成清洁消毒，紧急调配设备、物资、人员……那段时间，张定宇每天都要忙到凌晨，好几个夜晚，凌晨两点刚躺下，四五点又起来继续工作。

就在他日夜忙碌在抗疫一线时，同为医务人员的妻子程琳确诊，在另一家医院的重症监护病

房治疗。铮铮铁汉因没顾得上妻子的安危，眼泪忍不住往下淌："很内疚，我也许是好医生，但不是好丈夫。"

在与病毒较量的同时，张定宇还要与自己身体的病痛斗争。早在2018年，他确诊患上渐冻症，双腿萎缩。高强度的工作让他的身体亮起了红灯，他踩着高低不平的脚步、拖着"渐冻"之躯在医院来回穿梭，有几次差一点摔倒。

"搞快点，搞快点，这个事情一哈（一下）都等不得，马上就搞！"即便腿脚不利索，张定宇还是忍着疼痛靠前指挥。在这场抗疫之中，他率领金银潭医院600多名医护，在援鄂医疗队的帮助下，救治2800余名患者，其中不少为重症、危重症患者。

"身体状况都这样了，为何还这么拼？"面对别人的不理解，张定宇回应："我必须跑得更快，才能跑赢时间，把重要的事情做完。"

因为在疫情防控中的突出贡献，2020年9月，在全国抗击新冠肺炎疫情表彰大会上，张定宇被授予"人民英雄"勋章；2021年2月，身患绝症坚守抗疫一线的他入选"感动中国2020年度人物"。

二、良好道德促进家庭幸福和人生发展

（一）和谐社会里的社会公德

社会公德是指人类在长期社会生活实践中逐渐积累起来的、为社会公共生活所必需的、最简单的、最起码的公共生活准则。它是全体公民在社会交往和公共生活中应该遵循的行为准则，涵盖了人与人、人与社会、人与自然之间的关系。在现代社会，公共生活领域不断扩大，人们相互交往日益频繁，社会公德不仅在维护公众利益、公共秩序，保持社会稳定方面的作用更加突出，而且成为公民个人道德修养和社会文明程度的重要表现。

《新时代公民道德建设实施纲要》明确指出："推动践行以文明礼貌、助人为乐、爱护公物、保护环境、遵纪守法为主要内容的社会公德，鼓励人们在社会上做一个好公民。"

1. 文明礼貌

文明礼貌是人类为维系社会正常生活而要求人们共同遵守的最起码的道德规范。它是人们在长期共同生活和相互交往中逐渐形成，并以风俗、习惯和传统等方式固定下来的。文明礼貌是道德对人们行为举止的一种基本要求，是人类社会发展程度和进步程度的一种象征，是精神文明的具体表现之一。

要做到文明礼貌，具体的要求非常宽泛，但最基本的、最典型的做法和要求，是切实养成使用文明礼貌"十字用语"的良好习惯，即在社会交往中养成使用"请、您好、谢谢、对不起、再见"的良好习惯。

2. 助人为乐

助人为乐是指正直善良的人怀着道德义务感，主动给他人以无私的帮助，并从中感到愉快的一种道德行为和道德情感。助人为乐是社会主义人道主义的反映，是一个有道德、高尚的人的标志。

助人为快乐之本，要做到助人为乐，首先，要树立正确的快乐观，把为他人谋福利当作自己的义务和快乐；其次，要树立正确的处事观，遇事要设身处地地为他人着想。

3. 爱护公物

爱护公物是指爱护属于全社会的财物。这对于满足人们的物质和文化生活的需要起着重要作

用。公物即公共财物，是国家、集体或者社会共同拥有的物质条件。公物是一定范围内的全体社会成员赖以生存的共同的物质基础，公物的缺失或者损毁意味着社会成员不能很好地学习、工作和生活。爱护公物不仅是为了他人，也是为了自己权益的满足。

爱护公物，就我们学生来讲，应该达到以下几个方面的要求。一是爱护公物，从我做起，即自觉约束自己，不要因为别人损害公物的不良行为迷失自我而"别人这样，我也这样"，要有自己的坚守。二是爱护公物，从小事做起。例如，随手关灯，节约每一度电；拧紧水龙头，节约每一滴水等。三是爱护公物，从身边做起，即首先爱护自己身边的公物。例如，不在墙壁上蹬踏留痕；不在课桌上乱涂乱画；不让扶手护栏满身是伤等。四是爱护公物，马上做起，即爱护公物不需要计划和准备，更不能只停留在口头上和思想中，时时刻刻都要有爱护公物的思想和行动。同学们要互相监督、互相提醒，共同养成爱护公物的好习惯。

4. 保护环境

保护环境是指人类为解决现实的或者潜在的环境问题，协调人类与环境的关系，保障经济社会的持续发展而采取的各种行动的总称。保护环境既指保护自然环境，也指保护我们生活的人文环境。它是维护人类共同利益和长远利益的体现。

保护环境是每一个人的共同责任，就我们学生来讲，就是要树立环保意识，养成良好的环保习惯。一是自觉节约资源，如不浪费水，不浪费饭菜，少使用一次性用品等；二是自觉保护环境并抵制破坏或者污染环境的行为，如爱护动植物、花草树木，不买泡沫饭盒以及白色污染物品，抵制白色污染，不随手乱扔垃圾；三是自觉参加环保活动，参加环保宣传，参加清洁卫生、植树造林、绿化美化等活动。

5. 遵纪守法

遵纪守法是指每个社会成员都要遵守纪律和法律。遵纪守法是每个公民应尽的义务，是社会公德中最基本的要求，是建设中国特色社会主义和谐社会的基石。一个国家即使经济实力再强，如果没有健全的法制，没有遵纪守法的国民，仍不能算是一个真正文明、强大的国家。

遵纪守法，就我们学生来讲，就是要做到遵守学校纪律和法律规定，使自己成为合格公民和人才。一是知纪识法、守纪守法；二是抵制各种不良行为，敢于同各种不良行为做斗争。

(二)幸福生活中的家庭美德

家庭美德是指人们在家庭生活中调整家庭成员间关系、处理家庭问题时所遵循的高尚的道德规范，是每个公民在家庭生活中应该遵循的行为准则。它涵盖了夫妻、长幼、邻里之间的关系。家庭生活与社会生活有着密切的联系，正确对待和处理家庭问题，共同培养和发展夫妻爱情、长幼亲情、邻里友情，不仅关系到每个家庭的美满幸福，也有利于社会的安定和谐。

《新时代公民道德建设实施纲要》明确指出："推动践行以尊老爱幼、男女平等、夫妻和睦、勤俭持家、邻里互助为主要内容的家庭美德，鼓励人们在家庭里做一个好成员。"

1. 尊老爱幼

尊老爱幼是中华传统美德，它不仅是每个公民必须遵守的道德准则，也是每个公民应尽的社会责任和法律义务。尊老的基本要求是赡养，赡养是指子女在经济上为父母、长辈提供必需的生活用品和费用的行为，即承担一定的经济责任。赡养老年父母、长辈，是子女必须承担的法定义务。尊老的最高要求是孝敬，即孝顺父母，尊敬亲长，它是子女、晚辈对父母、长辈发自内心的尊重和关爱，孝敬主要强调精神上的抚慰和满足。爱幼是指父母、长辈对子女、晚辈的抚养，简单地说，抚养就是保护并教养。目前，爱幼普遍存在对子女爱护过度的现象，对子女一味娇宠溺爱，特别是独生子女，好似"小皇帝"，家长无原则地迎合、满足孩子的要求，使子女形成任性、放纵、骄横、自私、冷淡、孤僻、怕失败、怕挫折等不健康的心理素质。

2. 男女平等

男女平等是指男女两性在政治、经济、文化、社会和家庭等各个方面，享有同等的权利，负有同等的义务。在家庭生活的各个方面，女子和男子要人格独立、地位平等。要摒弃"重男轻女"的传统思想，使家庭中的男女享有教育、就业以及财产等方面的同等权利。特别是在生育观上，要真正做到"生男生女都一样"。

3. 夫妻和睦

夫妻和睦是指夫妻之间互敬、互爱、互信、互帮、互谅、互让、互慰、互勉的良好关系。夫妻是家庭的核心，夫妻伦理关系的协调是家庭美德建设的关键。夫妻之间最基本的道德要求是互敬互爱。在处理具体事情时，双方要坦率真诚、宽容大度、相互尊重、相互谅解。在实际生活中，夫妻双方在互相适应对方的同时，要经常寻找夫妻双方都感兴趣、都愿为之努力的共同点，使两人有共同的生活目标，使家庭生活生动、活跃，充满活力和乐趣，避免婚姻枯燥、乏味，特别是"婚姻危机"的出现。

4. 勤俭持家

勤俭持家是指家庭的经济生活应遵循量力而行、量入为出、勤俭节约、适度消费的原则。勤俭持家就是要树立具有现代文明的消费观。一是不盲目攀比，不追求高消费。我们在坚持量入为出原则的基础上，根据现代生活消费的特点，适度的"超前消费"也不为过，但是，切忌盲目攀比，追求不合实际的高消费。二是适当增加精神消费的比重。在物质条件得到基本满足之后，应该及时调整消费结构，把精神消费提到重要地位，把一部分资金用于购买书籍、家庭成员继续教育上，以丰富家庭文化生活。单纯考虑物质上的满足容易引起精神上的空虚。

5. 邻里互助

邻里互助是指邻里之间相互团结，相互关心，相互帮助。它体现了中华民族讲友谊、重情感、安居乐业的人文情怀和传统美德。俗话说："远亲不如近邻。"邻里间的相互关心、相互帮助，不仅有助于我们克服困难，还能为我们营造一个良好的生活环境。我们要消除"各人自扫门前雪，莫管他人瓦上霜"的旧观念，打破邻里之间的物理隔墙，主动关心他人、帮助他人，视邻里的事情如自己的事情，视邻里的困难为自己的困难，从小事做起，积极主动地为邻居做好事。

 道德故事

"重庆好人"宋毓碧

家住重庆合川区合阳城街道凉亭子社区的宋毓碧是一名共产党员，她从 2011 年开始担任凉亭子社区居民小组长。她是家里的"顶梁柱"，无微不至地照顾患病的丈夫和公公；她是居民公认的"热心肠"，只要有人需要帮助，她都会伸出援手。2016 年，热心助人的她被评为"重庆好人"，并获得中国好人(提名奖)荣誉；2021 年，她被评为合川区"好邻居"。

在家庭成员眼里，宋毓碧是家庭幸福的"主心骨"。2008年，宋毓碧的丈夫在贵州务工时，因脑瘤引起脑出血昏倒在地，接到消息的宋毓碧匆忙奔赴贵州，经过整整一周不眠不休的照顾，终于将丈夫从鬼门关拉了回来。随后，宋毓碧把丈夫接回合川治疗。虽然后续的治疗费用高昂，治疗效果也没有确切的保证，有人劝她放弃算了，但宋毓碧说："他是我的丈夫，我们是一家人，一家人不能轻言放弃，哪怕只有一线希望，我也要坚持。"她常常翻看中医书籍为丈夫炖制养生汤品，自学按摩手法为丈夫活络筋脉，日复一日，从未间断。经过5年的悉心治疗和照料，丈夫的身体痊愈。为丈夫复查的西南医院脑外科医生都说，宋毓碧丈夫能恢复得这么好，简直是奇迹。

在社区老人的眼里，宋毓碧是家长里短的"好帮手"。较场路50号楼院，空巢老人比较多，宋毓碧十年如一日，帮助附近居民缴水电气费和购买医保。为了方便院里的空巢老人们联系，她把自己的电话号码写在便签纸上，贴在每一位老人的家里。她跑了好几次派出所，帮助王永秀老人迁户口；89岁的汤文玉老人因脚部残疾丧失了劳动能力，宋毓碧就常常为她煮饭；85岁的王云生老人在外摔倒，是宋毓碧叫车将老人接回家中，并一直照顾老人，直至康复；87岁的范中碧老人因住院情绪低落，宋毓碧就到医院陪老人聊天，鼓励老人乐观面对生活。

她还积极参加各类志愿服务，多次协助清洗农贸市场；疫情期间，她仔细排查外来人员，为居民送防疫物资，组织动员居民按时接种疫苗；她组织较场路50号楼院居民定期举办百家宴活动，时常开展郊游、爬山等文体活动，构建了和谐融洽的邻里关系。

（三）人生道路上的个人品德

个人品德是通过社会道德教育和个人自觉的道德修养所形成的稳定的心理状态和行为习惯。它是个体对某种道德要求认同和践履的结果，集中体现了道德认知、道德情感、道德意志、道德信念和道德行为的内在统一。

《新时代公民道德建设实施纲要》明确指出："推动践行以爱国奉献、明礼遵规、勤劳善良、宽厚正直、自强自律为主要内容的个人品德，鼓励人们在日常生活中养成好品行。"

1. 个人品德修养是其他三个道德的基础

只有加强个人品德修养，才能形成良好的社会公德。社会公德是全体公民在社会交往和公共生活中必须共同遵守的准则，是社会普遍公认的最基本的行为规范。社会是由单个人组成的，个人品德的高低，决定了社会公德彰显的高度。要提高社会公德，就必须先提高社会成员的个人品德。社会公德的核心内容是尊重人、关心人、理解人，互相友爱、济贫扶困，体现的是人与人之间的关系，而人的个人品德正是在人与人交往的过程中体现出来的。"德不孤，必有邻"，个人品德修养的提升，在尊重别人、关心别人、理解别人的同时，也必然获得别人的尊重、关心和理解，从而推动社会公德前行。

只有加强个人品德修养，才会有良好的职业道德。职业道德是调节从业人员之间关系以及集体与社会各方面关系的行为准则，是评价从业人员职业行为的善恶、荣辱的标准，对从业人员有特殊的约束力。个人品德是职业道德的基础。每一名从业人员都代表着其所属职业的形象，其个人品德的好坏，直接影响社会对其职业道德的评价。

当然，也只有加强个人品德修养，才会有良好的家庭美德。

2. 个人品德修养是治国立身之本

自古至今，中国都十分重视个人品德修养，并将其提到治国安邦、立身处世的高度。

《四书》是中国传统文化之宝典，是两千多年来人们行为规范之"圣经"。其首篇《大学》开宗明义："大学之道，在明明德，在亲民，在止于至善。"指出治国安邦平天下的道理，在于净化自己的德行，在于用这种德行使民众自新，在于使人们达到善的最高境界。"古之欲明明德于天下者，先治其国；欲治其国者，先齐其家；欲齐其家者，先修其身。""自天子以至于庶人，壹是皆以修身为本。其本乱而末治者，否矣。其所厚者薄而其所薄者厚，未之有也！"这些观点，特别强调了个人品德修养的重要性和源泉性。在当代社会，上至领导干部，下至平民百姓，每个人都必须加强个人品德修养。

第三节　推进新时代公民道德建设

 导入案例

2019 年 9 月 16 日上午，湖南农业大学(简称湖南农大)为 2019 级本科新生举行开学典礼。当中国工程院院士、世界杂交水稻之父袁隆平抵达会场时，该校上万名学子变身"粉丝"，夹道欢迎，用热烈的掌声和欢呼声表达对科学家偶像的热爱，校园"秒变"大型追星现场。

校园"追星"盛况前所未见，湖南农大的师生们参与了这次盛况。事后，当记者采访的时候他们还激动不已。

黄晨(湖南农大化学与材料科学学院 19 级新生)：开学典礼上，当袁隆平院士从东田径场主席台进场的时候，几千名大学生拿出了手机，只为记录下这令人心潮澎湃的时刻。这个场面极其壮观，像极了"追星"现场。

田云鹤(湖南农大农学院 18 级学生)：我记得，当时主会场人山人海，不少同学都从寝室、自习室、图书馆纷纷赶来迎接袁隆平爷爷。

岳志强(芙蓉区道德模范、湖南农大保安队长)：这么多年来，我参与维护学校秩序，还是第一次见到如此隆重的欢迎场面。当时，我要求校保安队一名年轻队员值班，他回答说，今天必须请假，因为要去看袁隆平院士，这是他重要的愿望。我就感觉到，现在大学生追星的方向和人生的观念发生了重大变化。

冯缘(湖南农大工学院 17 级学生)：当时，我离袁爷爷只有半米远，我终于见到了教科书上的人物。之前，我在浏阳实习了 4 个多月，每天在田间地头来往，面朝黄土背朝天，感觉十分辛苦，这次见到"从田间地头走出来的大科学家"，很受鼓舞。

李姣(湖南农大团委老师)：我也是袁隆平院士的一名"铁粉"。19 年前，我还是农大的一名大一新生，就在校园里巧遇过袁院士。他当时勉励我们要好好学习的场景，仍历历在目。

想一想：(1)为何袁隆平院士在校园能享受"巨星"待遇？(2)学生从追娱乐之星到追科技之星的变化反映了新时代思想道德建设的哪些变化？

一、坚持马克思主义道德观、社会主义道德观

马克思主义认为，道德是一种社会意识形态，是人们共同生活及其行为的准则和规范。不同的时代有不同的道德观念，没有任何一种道德体系和道德观念是永恒不变的。社会发展到某个程度，也就需要与之相适应的道德体系和道德观念。中国共产党领导人民在革命、建设和改革的历史进程中，坚持马克思主义对人类美好社会的理想，继承、发扬中华传统美德，形成了引领中国社会发展进步的社会主义道德体系，为中国特色社会主义事业发展提供了强大的精神动力。

社会主义道德植根于社会主义经济基础，与社会主义的经济、政治、文化状况相适应。社会主义是共产主义的初级阶段，社会主义道德本质上从属于共产主义道德体系，是共产主义道德在社会主义历史阶段的具体体现。它以社会主义的集体主义为道德原则，以实现共产主义为道德理想，由各方面的道德规范构成，包括公民道德、社会公德、职业道德等，这些规范有机地结合在一起，构成了社会主义道德的内容体系。

《新时代公民道德建设实施纲要》强调指出，我国公民道德建设，必须"坚持马克思主义道德观、社会主义道德观，倡导共产主义道德，以为人民服务为核心，以集体主义为原则，以爱祖国、爱人民、爱劳动、爱科学、爱社会主义为基本要求，始终保持公民道德建设的社会主义方向。"

二、新时代公民道德建设的重点任务

中国特色社会主义进入新时代，党和国家对公民道德建设提出了新的更高要求，也部署了新时代公民道德建设的重点任务。根据党中央、国务院在 2019 年印发实施的《新时代公民道德建设实施纲要》，新时代公民道德建设的重点任务主要有以下几个方面。

(一)筑牢理想信念之基

理想信念是共产党人的精神支柱和政治灵魂，初心使命是党的性质宗旨、理想信念、奋斗目标的集中体现，两者是内在一致的。我们党从诞生之日起，就把马克思主义鲜明地写在自己的旗帜上，把实现共产主义确立为最高理想，把为中国人民谋幸福、为中华民族谋复兴作为自己的初心使命，并一以贯之地体现到党的全部奋斗中。一百年来，我们党之所以历经沧桑而风华正茂、饱经磨难而生机勃勃，书写出中华民族几千年历史上最恢宏的史诗，靠的就是广大共产党人对理想信念的坚定追求和对初心使命的执着坚守。

人民有信仰，国家有力量，民族有希望。信仰信念指引人生方向，引领道德追求。要坚持不懈地用习近平新时代中国特色社会主义思想武装全党、教育人民，引导人们把握丰富内涵、精神实质、实践要求，打牢信仰信念的思想理论根基。在全社会广泛开展理想信念教育，深化社会主义和共产主义宣传教育，深化中国特色社会主义和中国梦宣传教育，引导人们不断增强道路自信、理论自信、制度自信、文化自信，把共产主义远大理想与中国特色社会主义共同理想统一起来，把实现个人理想融入实现国家富强、民族振兴、人民幸福的伟大梦想之中。

(二)培育和践行社会主义核心价值观

社会主义核心价值观是社会主义核心价值体系的内核，体现社会主义根本性质和基本特征，反映社会主义核心价值体系的丰富内涵和实践要求，是社会主义核心价值体系的高度凝练和集中表达。

习近平总书记指出："一个国家的文化软实力，从根本上说，取决于其核心价值观的生命力、凝聚力、感召力。"所以，积极培育和践行社会主义核心价值观，对于巩固马克思主义在意识形态领域的指导地位，对于巩固全党、全国人民团结奋斗的共同思想基础，对于促进人的全面发展、引领社会全面进步，对于集聚全面建成小康社会、实现中华民族伟大复兴中国梦的强大正能量，具有重要的现实意义和深远的历史意义。

培育和践行社会主义核心价值观，首先，要持续深化社会主义核心价值观宣传教育，增进认知认同、树立鲜明导向、强化示范带动，引导人们把社会主义核心价值观作为明德修身、立德树人的遵循根本。其次，坚持贯穿结合融入、落细落小落实，把社会主义核心价值观要求融入日常生活，使之成为人们日用而不觉的道德规范和行为准则。最后，坚持德法兼治，以道德滋养法治精神，以法治体现道德理念，全面贯彻实施宪法，推动社会主义核心价值观融入法治建设，将社会主义核心价值观的要求全面体现到中国特色社会主义法律体系中，体现到法律法规立改废释、公共政策制定修订、社会治理改进完善中，为弘扬主流价值提供良好的社会环境和制度保障。

知识窗

社会主义核心价值观的基本内容

社会主义核心价值观的基本内容是：富强、民主、文明、和谐，自由、平等、公正、法治，爱国、敬业、诚信、友善。

富强、民主、文明、和谐——国家层面的价值目标：这是我国社会主义现代化国家的建设目标，也是从价值目标层面对社会主义核心价值观基本理念的凝练，体现民族风格和中国气派，在社会主义核心价值观中居于最高层次，对其他层次的价值理念具有统领作用。它回答的是我国社会主义"国家应该是什么样子"和"建设什么样的国家"的问题。

富强：是指国家经济发达，人民富裕。它是国富民强、国家繁荣昌盛、人民幸福安康的物质基础。

民主：是指政治制度优越，民主权利广泛，人民当家做主。我们追求的民主是人民民主，实质和核心是人民当家做主。

文明：是指人民具有高度的文化素养和思想道德水平。它是社会主义现代化国家文化建设的应有状态，是实现中华民族伟大复兴的重要支撑。

和谐：是指人民安居乐业，相互平等友爱，社会运转顺畅。它是中国传统文化的基本理念，国家在社会建设领域的价值诉求。

自由、平等、公正、法治——社会层面的价值取向：这是从社会层面对社会主义核心价值观基本理念的凝练，反映了中国特色社会主义的基本属性，是我们党矢志不渝、长期实践的核心价值理念。它回答的是我国的社会主义"社会应该是什么样子"和"构建什么样的社会"的问题。

自由：是指人的意志自由、存在和发展自由。我们人类发展的最终目标就是实现人的自由全面发展。但自由不是个体任意的自由，而是遵循社会制度和规范下的自由。它要求我们每个人都要理性规约自我，遵守社会契约，这样大家才能都享有自由。

平等：是指公民在法律面前一律平等，尊重和保障人权。平等是人与人之间关系的基本要求，是人对人的一种态度，是人类的终极理想。

公正：是指社会公平与正义。公平要求权利与义务一致，付出与收获对等；正义要求我们要欲望服从理性，强与弱相济。它以人的解放、自由平等权利获得为前提，并且只有在制度规范下才能实现。

法治：是指通过法制建设来维护和保障公民的根本权益。它是治国理政的基本方式，依法治国是社会主义民主政治的基本要求。

爱国、敬业、诚信、友善——公民个人层面的价值准则：这是公民基本道德规范，是从个人层面对社会主义核心价值观基本理念的凝练。它覆盖社会道德生活的各个领域，是公民必须恪守的基本道德准则，也是评价公民道德行为选择的基本价值标准。它回答的是社会主义中国"公民应该是什么样子"和"培育什么样的公民"的问题。

爱国：是指人们以振兴中华为己任，促进民族团结，维护祖国统一，自觉报效祖国。它是个人对祖国的深厚感情，是调节个人与祖国关系的行为准则。

敬业：是指公民忠于职守，克己奉公，服务人民，服务社会。它要求人们专心致力于学业或者工作。

诚信：是指公民诚实守信，诚实劳动，信守承诺，诚恳待人。它要求人们诚实不欺，讲求信用，强调人与人之间应该真诚相待，言而有信。

友善：是指公民互相尊重、互相关心、互相帮助，和睦友好，形成社会主义新型人际关系。只有做个友善的人，才能赢得更多的朋友，取得更大的成功。

（三）传承中华传统美德

中华传统美德是中华文化精髓，是道德建设的不竭源泉。

传承中华传统美德要以礼敬自豪的态度对待中华优秀传统文化，充分发掘文化经典、历史遗存、文物古迹承载的丰厚道德资源，弘扬古圣先贤、民族英雄、志士仁人的嘉言懿行，让中华文化基因更好植根于人们的思想意识和道德观念。深入阐发中华优秀传统文化蕴含的讲仁爱、重民本、守诚信、崇正义、尚和合、求大同等思想理念，深入挖掘自强不息、敬业乐群、扶正扬善、扶危济困、见义勇为、孝老爱亲等传统美德，并结合新的时代条件和实践要求继承创新，充分彰显其时代价值和永恒魅力，使之与现代文化、现实生活相融相通，成为全体人民精神生活、道德实践的鲜明标识。

（四）弘扬民族精神和时代精神

以爱国主义为核心的民族精神和以改革创新为核心的时代精神，是中华民族生生不息、发展壮大的坚实精神支撑和强大道德力量。

弘扬民族精神和时代精神，要深化改革开放史、新中国历史、中国共产党历史、中华民族近代史、中华文明史教育，弘扬中国人民伟大创造精神、伟大奋斗精神、伟大团结精神、伟大梦想精神，倡导一切有利于团结统一、爱好和平、勤劳勇敢、自强不息的思想和观念，构筑中华民族共有精神家园。

弘扬民族精神和时代精神，要继承和发扬党领导人民创造的优良传统，传承红色基因，赓续精神谱系。

弘扬民族精神和时代精神，要紧紧围绕全面深化改革开放、深入推进社会主义现代化建设，大力倡导解放思想、实事求是、与时俱进、求真务实的理念，倡导"幸福源自奋斗""成功在于奉献""平凡孕育伟大"的理念，弘扬改革开放精神、劳动精神、劳模精神、工匠精神、优秀企业家精神、科学家精神，使全体人民保持昂扬向上、奋发有为的精神状态。

三、推动道德实践养成

《新时代公民道德建设实施纲要》指出，新时代公民道德建设要"持续强化教育引导、实践养成、制度保障"，并把"推动道德实践养成"单列为第四部分，明确了道德实践养成的诸多载体途径。公民道德建设的过程，是教育与实践相结合的过程。道德建设只有植根于人民的生活实践，通过实践的各种途径载体和不同的方式方法，才能使道德内化于心、外化于行，才能使追求有道德的生活成为社会风气。

（一）广泛开展弘扬时代新风行动

良好的社会风尚是社会文明程度的重要标志，涵育着公民的美德善行，推动着社会和谐有序地运转。

在开展弘扬时代新风行动中，我们要紧密结合社会发展实际，广泛开展文明出行、文明交通、文明旅游、文明就餐、文明观赛等活动，引导人们自觉遵守社会交往、公共场所中的文明规范，着眼完善社会治理、规范社会秩序，推动街道社区、交通设施、医疗场所、景区景点、文体场馆等的精细管理、规范运营，优化公共空间、提升服务水平，为人们增强公共意识、规则意识创造良好环境。

阅读延伸

树时代新风从就餐做起

倡导就餐光盘行动，守住"节俭匀"。小餐桌，大文明。从"吃不饱"到吃得好，是辛勤的劳动人民一步一个脚印创造出来的奇迹。当"吃饭"不再是一个问题，"餐饮浪费"便成了问题。尽管我国粮食生产连年丰收，但我们始终要对粮食安全有危机意识，更不能丢掉中华民族勤俭节约的传统美德。"谁知盘中餐，粒粒皆辛苦"，应时时刻刻珍惜来之不易的"一粥一饭、一菜一茶"，将"光盘"进行到底。时刻牢记光盘行动的宗旨：餐厅不多点，食堂不多打，厨房不多做。倡导厉行节约，拒绝"舌尖上的浪费"。

推广公筷公勺分餐，拿起"分餐筷"。"一双公筷，健康常在"，主动使用公筷公勺，践行分餐制，养成文明就餐良好习惯，能够有效避免"病从口入"，降低病毒传播风险。

践行文明用餐，展现新风尚。自觉遵守公共道德规范，安静就餐，不喧闹；讲究用餐卫生，残渣入盘，不乱吐；购买后的饭菜，不因个人喜好要求退换；不随地吐痰，不随意造成用餐环境污染。

倡导科学饮食，守住健康身体。树立科学的饮食养生新理念，合理搭配一日三餐荤素，从寻常食物中吃出健康和营养。

（二）深化群众性创建活动

各类群众性创建活动是人民群众自我教育、自我提高的生动实践。在群众性精神文明创建活动中，要突出道德要求，充实道德内容，将社会公德、职业道德、家庭美德、个人品德建设贯穿创建全过程。

积极加强文明创建活动，深化群众性创建活动。各级党委政府、各行各业、不同系统在城市、村镇、单位、家庭、学校等文明创建活动中，要注意与社会文明程度、人员道德水平、严格的道德标准、向上向善追求等内容结合起来，把公民道德建设摆在更加重要的位置，推动人们在为家庭谋幸福、为他人送温暖、为社会做贡献的过程中提高道德境界、培育文明风尚。

文明城市、文明村镇创建坚持为民利民惠民，突出文明和谐、宜居宜业，不断提升基层社会治理水平和群众文明素质。文明单位创建立足行业特色、职业特点，突出职业操守、培育职业精神、树立行业新风，引导从业者精益求精、追求卓越，为社会提供优质产品和服务。文明家庭创建要聚焦家庭美德，弘扬优良家风。文明校园创建要聚焦立德树人，培养德智体美劳全面发展的社会主义建设者和接班人。

（三）持续推进诚信建设

诚信是社会和谐的基石和重要特征。诚实守信是人类千百年传承下来的优良道德品质。诚信既是个人道德的基石，又是社会正常运行不可或缺的条件。诚信缺失的个人将失去他人的认可，诚信缺失的社会将失去人与人之间正常关系的支撑。

在持续推进诚信建设中，要继承和发扬中华民族重信守诺的传统美德，弘扬与社会主义市场经济相适应的诚信理念、诚信文化、契约精神，推动各行业各领域制定诚信公约，加快个人诚信、政务诚信、商务诚信、社会诚信和司法公信建设，构建覆盖全社会的征信体系，健全守信联合激励和失信联合惩戒机制，开展诚信缺失突出问题专项治理，提高全社会诚信水平。重视学术、科研诚信建设，严肃查处违背学术科研诚信要求的行为。深入开展"诚信建设万里行""诚信兴商宣传月"等活动，评选发布"诚信之星"，宣传推介诚信先进集体，激励人们更好地讲诚实、守信用。

阅读延伸

全面严查，老赖的"好日子"到头了

在现代社会，信用体系就像一只看不见的手，严格地约束着人们的行为，也维护着社会的和谐运转，但维护信用体系并不容易，离不开对违法背信行为的制裁。

为了维护社会公平正义，树立司法公信和权威，近年来，我国加快了失信惩戒机制的推进，出手严查老赖。

在当今社会，大多数家庭都会背负一定的债务。根据相关数据显示，我国大约有50%以上的家庭存在债务，并且负债额度还比较高。

然而，在债务偿还的问题上，每个人的应对方案却不一样。有的人积极面对，想方设法地主动还清债务，但也有的人却选择了用逃避的方法去面对，抱着侥幸心理能拖则拖，甚至百般抵赖，拒绝偿还。这一部分人，我们把他们称之为"老赖"，虽然他们具有偿还能力，但却拒不履行承诺，毫无信用可言。

针对这种情况，国家采取了相应措施，除把他们列入失信名单外，还对他们规定了其他限制，部分限制还会牵连配偶和子女。

(1)限制高消费。老赖不能在星级以上的酒店、宾馆、夜总会、高尔夫球场等场所进行消费，也不允许购买不动产或者新建、扩建、高档装修房屋，更不能外出旅游、度假。

(2)限制出行。只要被列入失信名单，老赖就会被限制购买高铁票、飞机票等，水陆空出行均会受到阻碍。

(3)即便夫妻另一半不存在信用问题，但如果其中一方是老赖，名下的房屋就会被人民法院拍卖用来抵偿债务。

(4)不能进行任何贷款。如果老赖想向银行申请贷款和信用卡，其审批将不能通过，而且银行账户也可以被银行直接冻结。

(5)最重要的是子女也会受到牵连。如果老赖的子女想参加公务员、军校、航空院校等考试，可能无法通过政审，升学和工作将会受到严重影响。

除上述措施外，根据我国刑法规定，如果有偿还能力但却通过恶劣手段不配合执行，拖延时间，最终导致执法过程无法进行，债权人的利益严重受损，人民法院可以对老赖进行适当的刑罚处罚。

(四)深入推进学雷锋志愿服务

学雷锋和志愿服务是践行社会主义道德的重要途径。

深入推进学雷锋志愿服务，要弘扬雷锋精神和奉献、友爱、互助、进步的志愿精神，围绕重大活

动、扶贫救灾、敬老救孤、恤病助残、法律援助、文化支教、环境保护、健康指导等，广泛开展学雷锋和志愿服务活动，引导人们把学雷锋和志愿服务作为生活方式、生活习惯。推动志愿服务组织发展，完善激励褒奖制度，推进学雷锋志愿服务制度化常态化，使"我为人人、人人为我"蔚然成风。

雷锋精神

雷锋(1940年12月18日—1962年8月15日)，原名雷正兴，出生于湖南长沙，中国人民解放军战士，共产主义战士。1954年加入中国少年先锋队，1960年参加中国人民解放军，同年11月加入中国共产党。1961年5月，雷锋作为所在部队候选人，被选为辽宁省抚顺市第四届人民代表大会代表。1962年2月19日，雷锋以特邀代表身份，出席沈阳军区首届共产主义青年团代表会议，并被选为主席团成员在大会上发言。1962年8月15日，雷锋因公殉职，年仅22岁。2019年9月25日，雷锋被评选为"最美奋斗者"。

雷锋精神，是以雷锋的名字命名，以雷锋的精神为基本内涵，在实践中不断丰富和发展着的革命精神。雷锋精神是为共产主义而奋斗的无私奉献精神，是忠于党、忠于人民、舍己为公、大公无私的奉献精神，是立足本职、在平凡的工作中创造出不平凡业绩的"螺丝钉精神"，是苦干实干、不计报酬、争做贡献的艰苦奋斗精神。归根结底，雷锋精神就是全心全意为人民服务的精神。

2013年3月6日，中共中央总书记、中共中央军委主席习近平参加十二届全国人大一次会议辽宁代表团的审议，他强调，雷锋精神的核心是信念的能量、大爱的胸怀、忘我的精神、进取的锐气，这也正是我们民族精神的最好写照，他们都是我们民族的脊梁。

(五)广泛开展移风易俗行动

我国历来是一个注重乡土风情的国家，亲戚邻里之间有人情来往的习俗，这种风情习俗在农村尤为盛行。随着经济社会的发展，农业渐渐强起来，农村日益美起来，农民逐渐富起来，但一些封建迷信、陈规陋习现象还比较普遍，大操大办、厚葬薄养、人情攀比还不同程度存在，既浪费社会财富，又损害社会风尚。

广泛开展移风易俗行动，就是要摒弃各种陈规陋习，净化社会风气，倡导喜事新办、厚养薄葬、节俭养德、文明理事的社会新风，逐步实现"婚丧事宜规范化、民间习俗文明化、移风易俗常态化"，让乡风民风美起来、人居环境亮起来、文化生活新起来，助力脱贫攻坚和乡村振兴战略，推动社会主义核心价值观在老百姓心里落地生根。

开展移风易俗行动，要求我们要围绕实施乡村振兴战略，培育文明乡风、淳朴民风，倡导科学文明的生活方式，挖掘创新乡土文化，不断焕发乡村文明新气象。充分发挥村规民约、道德评议会、红白理事会等作用，破除铺张浪费、薄养厚葬、人情攀比等不良习俗。要提倡科学精神，普及科学知识，抵制迷信和腐朽落后文化，防范极端宗教思想和非法宗教势力渗透。

(六)充分发挥礼仪礼节的教化作用

礼仪礼节是道德素养的体现，也是道德实践的载体。

为了充分发挥礼仪礼节的教化作用，我们应通过制定国家礼仪规程，完善党和国家功勋荣誉表彰制度，规范开展升国旗、奏唱国歌、入党入团入队等仪式，强化仪式感、参与感、现代感，增强人们对党和

国家、对组织集体的认同感和归属感。充分利用重要传统节日、重大节庆和纪念日，组织开展群众性主题实践活动，丰富道德体验，增进道德情感。研究制定继承中华优秀传统、适应现代文明要求的社会礼仪、服装服饰、文明用语规范，引导人们重礼节、讲礼貌。

（七）积极践行绿色生产生活方式

绿色发展、生态道德是现代文明的重要标志，是美好生活的基础、人民群众的期盼。

当前，我国经济增速放缓，能源资源消费增速下降，国家加大对落后产能的淘汰力度，产业结构不断升级，公众环境意识显著提升。限制粗放、奢华式发展和不合理的需求，既为推动生活方式绿色化提供了良好的外部条件和机遇，同时也可极大地促进绿色化融入生产领域和消费领域，减少资源严重浪费和过度消费现象，遏制攀比性、炫耀性、浪费性行为日益增长，实现生产方式和生活方式的绿色转型。

在实现生产方式和生活方式的绿色转型过程中，我们应该全员参与，共建美丽中国。围绕世界地球日、世界环境日、世界森林日、世界水日、世界海洋日和全国节能宣传周等，广泛开展多种形式的主题宣传实践活动。坚持人与自然和谐共生，树立尊重自然、顺应自然、保护自然的理念，树立绿水青山就是金山银山的理念，增强节约意识、环保意识和生态意识。开展创建节约型机关、绿色家庭、绿色学校、绿色社区，提倡绿色出行和垃圾分类等行动，倡导简约适度、绿色低碳的生活方式，拒绝奢华和浪费，做生态环境的保护者、建设者。

我们应该积极践行绿色的生产生活方式，从自身做起，从身边小事做起。比如，遵守规定，做好垃圾分类；合理设定空调温度，夏季不低于26摄氏度，冬季不高于20摄氏度；出行优先选择公共交通或者自行车、步行等绿色出行方式；尽量购买耐用品，少购买和使用一次性用品和过度包装商品，外出自带购物袋等。通过这些力所能及的绿色行动尽到自己的责任，为建设美丽中国做出贡献。

（八）在对外交流交往中展示文明素养

公民道德风貌关系国家形象。改革开放以来，中国逐渐融入国际社会，中国人也大踏步迈出国门、走向海外。中国公民对外交往的过程也是向世界展示国家形象的过程，他们的一言一行都是国际社会了解中国的重要窗口。从这个意义上讲，外交不仅仅是涉外政府部门的专有工作，每个拥有跨国交往经历的公民都在参与公共外交、建构中国形象。

要做到在对外交流交往中展示文明素养，就要大力实施中国公民旅游文明素质行动计划，推动出入境管理机构、海关、驻外机构、旅行社、网络旅游平台等，加强文明宣传教育，引导中国公民在境外旅游、求学、经商、探亲中，尊重当地法律法规和文化习俗，展现中华美德，维护国家荣誉和利益，培育健康理性的国民心态，引导人们在各种国际场合、涉外活动和交流交往中，树立自尊自信、开放包容、积极向上的良好形象。

思考与练习

一、选择题

1. 下列关于公民道德建设错误表述的是（　　）。
  A．2001年9月20日，中共中央印发实施了《公民道德建设实施纲要》
  B．加强公民道德建设，是实现"两个一百年"奋斗目标、实现中华民族伟大复兴的必然要求

C. 加强公民道德建设是一项长期而紧迫的任务

D. 加强公民道德建设会干扰市场经济的发展

2. 新时代公民道德建设的核心是（　　　）。

    A. 为人民服务　　　B. 爱国主义　　　C. 集体主义　　　D. 诚实守信

3. 对坚持集体主义原则正确的理解是（　　　）。

    A. 个人利益无法维护，集体利益更无法保障

    B. 为了集体利益，个人利益可以不顾

    C. 以集体利益为重，兼顾个人正当利益

    D. 坚持集体主义必然会导致个人利益受损

4. "老吾老以及人之老，幼吾幼以及人之幼"这句话主要强调了（　　　）。

    A. 尊老爱幼的传统美德

    B. 别人的老人与小孩和自己的老人与小孩没有区别

    C. 孝敬爱护别人的长辈和儿女也就化解了家庭矛盾

    D. 只爱自己的长辈和小孩是自私的行为

5. 大力倡导社会公德，是加强公民道德建设的着力点之一，其中，社会公德中最基本的要求是（　　　）。

    A. 尊老爱幼　　　B. 遵纪守法　　　C. 服务群众　　　D. 爱岗敬业

6. 诚实守信是指（　　　）。

    A. 人们在经济活动中不弄虚作假，要言而有信

    B. 买卖双方的地位平等

    C. 在商品交换中要买卖公平

    D. 国有企业、集体企业和个体私营企业地位平等

7. 古人云：修身、齐家、治国、平天下。其含义为（　　　）。

    A. 重视个人品德修养　　　　　　B. 重视家庭的和睦

    C. 家国一体的思想　　　　　　　D. 爱国主义精神的体现

8. 在五千多年的发展中，中华民族形成了伟大的民族精神，其核心是（　　　）。

    A. 爱国主义　　　B. 改革创新　　　C. 团结统一　　　D. 集体主义

9. 新时代公民道德建设的重点任务主要有（　　　）。

    A. 筑牢理想信念之基　　　　　　B. 培育和践行社会主义核心价值观

    C. 传承中华传统美德　　　　　　D. 弘扬民族精神和时代精神

10. 社会主义核心价值观中属于国家层面的价值目标有（　　　）。

    A. 富强　　　　　B. 民主　　　　　C. 文明　　　　　D. 和谐

二、判断题

1. 加强社会主义公民道德建设是一项长期而紧迫的任务。　　　　　　　（　　　）

2. 为人民服务作为公民道德建设的核心，是社会主义道德区别和优越于其他社会形态道德的显著标志。　　　　　　　　　　　　　　　　　　　　　　　　　　　　（　　　）

3. 强调集体利益高于个人利益，就不需要强调重视和保障个人的正当利益。　（　　　）

4. 爱国守法是社会主义道德体系中最基本的规范，是每个公民必备的最重要的道德品质和最起码的道德水准。　　　　　　　　　　　　　　　　　　　　　　　　　　　（　　　）

5. 勤俭持家就是要树立具有现代文明的消费观，不盲目攀比，也不要适度的"超前消费"。

（　　）

6. 加强个人品德修养是建设社会公德、职业道德、家庭美德的基础，没有个人品德的存在，也就没有其他道德的存在。（　　）

7. 自由、平等、公正、法治是公民个人层面的价值准则。（　　）

8. 以改革创新为核心的民族精神和以爱国主义为核心的时代精神，是中华民族生生不息、发展壮大的坚实精神支撑和强大道德力量。（　　）

9. 良好的社会风尚是社会文明程度的重要标志，涵育着公民美德善行，推动着社会和谐有序运转。（　　）

10. 积极践行绿色生产生活方式，尽量购买耐用品，少购买和使用一次性用品和过度包装商品，外出自带购物袋等。（　　）

三、简答题

1. 新时代公民道德建设的主要内容是什么？

2. 新时代公民道德建设的重点任务是什么？

3. 《新时代公民道德建设实施纲要》指出，新时代公民道德建设要"持续强化教育引导、实践养成、制度保障"，在教育与实践相结合的过程中，我们应该怎样推动道德实践？

第三章　恪守职业道德

 学习目标

　　了解职业道德的概念、特点及作用，掌握职业道德的具体内容，掌握提升职业道德修养的具体方法，知晓个人礼仪、交往礼仪以及职场礼仪的基本要求，从而在工作中恪守职业道德，弘扬劳模精神、劳动精神、工匠精神，充分展示职业风采。

 导入案例

　　在中国工作的一对美国夫妇为庆祝女儿生日，特意选择了一家饭店吃中餐。他们走进饭店，服务员热情地招呼一家人入座，并递上菜单。客人点了"麻婆豆腐""清炒虾仁""蔬菜水饺"等。服务员在复述客人点的菜单后，善意地提醒客人："麻婆豆腐比较辣，是否少放点儿辣椒？"夫人说："不，我先生最喜欢吃辣。"当菜上来时，服务员同时上了一盘辣椒酱，并说："吃水饺，辣椒酱做调料，味道特别好。"话音刚落，一家三口不约而同地笑了起来。原来，他们在来之前，曾为去哪家饭店有过争议，女儿提议到该饭店，并说："唯有这里才是最佳选择。"现在看来，果真如此，一家人不禁开怀大笑。

　　想一想：(1)美国客人为什么会不约而同地开怀大笑？(2)服务员的行为使我们受到怎样的教育和启发？

第一节　增强职业道德意识

　　职业生活是人们参与社会分工，用专门的知识和技能创造物质财富或者精神财富，获取合理报酬，丰富物质生活或者精神生活的生活方式。劳动没有高低贵贱之分，任何一份职业都很光荣。在职业生活中，必须树立正确的劳动观念，遵守职业道德，通过劳动创造更加美好的生活。

一、职业道德的概念、特点及作用

(一)职业道德的概念

　　职业道德的概念有广义和狭义之分。广义的职业道德是指从业人员在职业活动中应该遵循的行为准则和规范，涵盖了从业人员与服务对象、职业与职工、职业与职业之间的关系。狭义的职业道德是指从业人员在一定的职业活动中应该遵循的、具有一定职业特征的、调整一定职业关系的职业行为准则和规范。

(二)职业道德的特点

　　职业道德是从职业活动的需要中形成和发展起来的行为准则和规范，是社会道德体系的重要组成部分。职业道德与其他道德有着密切的联系，同时又有其自身的特点。

1. 职业性

职业性是职业道德最显著的特点。职业道德与人们的职业紧密相连,一定的职业道德只适用于特定的职业活动,只体现社会对某种具体职业活动的要求,只约束该行业的从业人员以及他们在职业活动中所发生的行为。比如,行医要有医德,执教要有师德,从艺要有艺德,等等。

2. 实用性

职业道德是根据职业活动的具体要求,以条例、章程、守则、制度等形式对人们在职业活动中的行为做出的规定。这些规定具有很强的针对性和可操作性,明确了允许做什么、不允许做什么以及允许怎样做、不允许怎样做,简单明了,具体且实用。

3. 广泛性

只要有职业活动,就会有职业道德。职业道德是职业活动的直接产物,职业道德渗透在职业活动的各个领域。职业道德比其他道德更直接地反映着社会的道德水准和道德风貌。

4. 时代性

职业道德是人类在长期的职业活动中总结、提炼出来的,虽然不同时代的职业道德有许多相同的内容,但随着职业活动内涵的变化,职业道德也在不断地发展。每一个时期的职业道德,都从一个侧面反映了当时社会道德的现实状况,在一定程度上贯穿和体现着当时社会道德的普遍要求,具有时代特征。

5. 约束性

职业道德是在长期的实践中产生并形成的,对于所有加入这个职业的从业人员来说,就具有行为上的约束性,制约着从业人员的劳动方式和态度。职业道德的约束性主要体现为从业人员的自律。

6. 调节性

职业道德不仅可以调节企业内部的员工之间的关系,加强企业内部的凝聚力,还可以调节从业人员与服务对象之间的关系,以此来塑造本行业从业人员的职业形象。

(三)职业道德的作用

职业道德是社会道德体系的重要组成部分,它既具有社会道德的一般作用,又具有自身的特殊作用。

第一,有助于调节职业交往中从业人员内部以及从业人员与服务对象之间的关系。

职业道德的基本职能是调节职能。一方面,职业道德可以调节职业交往中从业人员内部的关系。它运用职业道德规范,约束职业内部人员的行为,促进职业内部人员的团结与合作。另一方面,职业道德可以调节从业人员与服务对象之间的关系。如规定制造产品的工人怎样对用户负责,营销人员怎样对顾客负责,医生怎样对病人负责等。

第二,有助于维护和提高企业信誉。

信誉是一个企业自身发展的生命线,而提高信誉度主要靠产品质量和服务质量。从业人员较高的职业道德水平是产品质量和服务质量的有效保证,如果从业人员职业道德水平不高,就很难生产出优质的产品和提供优质的服务。

第三,有助于促进企业发展。

企业的发展有赖于经济效益的提高,提高经济效益源于高素质的员工。员工素质主要包括知识、能力、责任心，其中责任心至关重要。具有较高职业道德水平的员工，他的责任心必然较强。因此，提高员工的职业道德素质，有利于促进企业的发展。

第四，有助于提高全社会的道德水平。

职业道德是整个社会道德的主要内容。一方面，职业道德是每个从业人员如何对待职业、如何对待工作的问题，是每个从业人员的生活态度、价值观念的表现，是每个从业人员的道德意识、道德行为发展成熟的标志；另一方面，职业道德也是一个企业甚至一个行业全体从业人员的行为表现。聚沙成塔，集腋成裘，如果每个企业、每个行业的从业人员都具备优良的职业道德，肯定会对全社会道德水平的提高发挥重要作用。

第五，有助于促进个人健康成长和事业成功。

职业道德对个人的健康成长和事业成功有着重要的意义和决定性的作用。卡耐基曾说过，"一个人的成功，只有 15% 归结于他的专业知识，还有 85% 归于他表达的思想、领导他人及唤起他人热情的能力"，而这种能力正是以他的优良品德为前提的。职业道德是个人综合素质的重要组成部分，也是每个从业人员自我实现的重要保证。

随着社会的不断发展，整个社会对各类从业人员的观念、职业态度、职业技能、职业纪律和职业作风的要求越来越高。尤其是对职业道德素质的要求，绝大多数企业都十分注重，都把人品、敬业、责任感作为聘用员工的先决条件。就我们学生来讲，提高自己的职业道德素质，既是社会的需要，也是个人成长成才的内在需要。就学校来讲，加强学生的职业道德教育，有利于学生形成良好的职业道德素质，培养学生追求卓越、精益求精的职业精神，使学生成为合格的社会主义建设者和接班人。

 道德故事

满意的答卷

一家软件公司招聘程序员，待遇非常丰厚，求职者纷至沓来。小李原来是一家网络公司的程序员，因公司效益不好失业了，他也在求职的队伍之中。小李对自己的技术能力是信心满满，笔试轻松过关，当他来到最后的面试环节时，技术主管突然发问："听说你原来就职的公司，已经开发出了一项网络维护的软件包，你是否参加过研发？"

小李愣了一下，回答说："是的。"

技术主管接着问："你能把这项技术的核心内容介绍一下吗？"

小李确实参加了整个研发过程，回答这个问题并不难，但此时，他有点犹豫，摸不准主管的意图——他是在考我的技术，还是想打探这项技术的秘密呢？

技术主管见小李没有立刻回答，又接着问道："如果你加入我们公司，需要多长时间为我们开发出一样的软件？"

小李终于明白了，原来他关心的是这项技术。说还是不说？此时的小李显得十分纠结。不说的话，自己肯定会丢掉这次机会；但是说的话，他觉得心里似乎有个坎儿过不去。小李脑海中做着激烈的思想斗争。虽然原公司效益不好，自己也失去了工作，但是这项软件技术是公司花了整整两年时间才开发出来的，是他和原来一起工作的小伙伴夜以继日、拼命努力，付出了很多才得到的成果，现在它还没有上市，公司还在惨淡经营，还指望这项技术获得新的发展机会，打个翻身仗，如果自己现在把这项技术透露出去，原公司最后一点希望也没有了，那些同事们的努力也会付诸东流。我不能这么干！

想到这里，小李似乎拿定了主意，我怎能为了自己的饭碗而砸大家的饭碗呢？他毅然站起来，说："对不起，我不能回答这个问题，如果贵公司为此而让我获得这个工作机会，我宁愿放弃。"

说完，他起身离开了考场。接下来的日子中，他已经忘记了这段考试的经历。在半个月后的某一天，他突然接到该公司人事部门的通知，他被录用了，他被告知：那只是一项考试的内容，你的行为已经交了一份很满意的答卷。

二、新时代职业道德的主要内容

职业道德是道德在职业实践活动中的具体体现。《新时代公民道德建设实施纲要》明确指出："推动践行以爱岗敬业、诚实守信、办事公道、热情服务、奉献社会为主要内容的职业道德，鼓励人们在工作中做一个好建设者。"因此，我国新时代各行各业普遍适用的职业道德的主要内容是：爱岗敬业、诚实守信、办事公道、热情服务、奉献社会。

(一)爱岗敬业

爱岗，就是热爱自己的工作岗位，热爱本职工作。敬业，就是用一种恭敬严肃的态度对待自己的工作，勤勤恳恳，兢兢业业，忠于职守，尽职尽责。爱岗是敬业的感情铺垫，敬业是爱岗的具体表现。不爱岗很难做到敬业，不敬业很难真正做到爱岗。爱岗敬业就是在工作中热爱自己的工作岗位，敬重自己所从事的职业，勤奋努力，尽职尽责。爱岗敬业是所有职业对从业人员的基本要求，是职业道德的基础，是社会主义职业道德所倡导的首要规范。

就个人来讲，爱岗敬业可以提高工作效率，增强综合竞争力。就集体来讲，如果人人都能做到爱岗敬业，那么就能营造一种奋发向上的氛围，从而使整个集体更好更快地发展。就社会来讲，爱岗敬业有助于形成良好的社会风气，从而推动社会的全面进步。

爱岗敬业，不仅要做到乐业、勤业、精业，还要有干一行、爱一行、钻一行的职业精神。

1. 乐业、勤业、精业

乐业，就是对所从事的工作有着浓厚的兴趣，发自内心地热爱自己的工作，并能从中挖掘出乐趣，激发出强烈的崇敬感和自豪感，树立起神圣的事业心和责任心，保持积极向上的工作热情。

勤业，就是对待工作要有忠于职守的责任心、认真负责的态度和刻苦勤奋的精神，不懈努力，在岗一分钟负责六十秒。

精业，是指对本职工作业务纯熟，精益求精，使工作成果尽善尽美，不断有所进步、有所创新。精业是爱岗敬业的深度表现。

乐业、勤业、精业是爱岗敬业的基本要求，三者相辅相成，相得益彰。乐业是爱岗敬业的前提，是一种良好的职业情感；勤业是爱岗敬业的体现，是一种优秀的工作态度；精业是爱岗敬业的升华，是一种高超的岗位能力。无论从事哪种工作，只要自觉做到乐业、勤业、精业，自觉遵守职业道德规范，事业都将会蒸蒸日上。

2. 干一行、爱一行、钻一行

干一行，就要爱一行。习近平总书记指出，"三心二意、心猿意马，是不能把工作干好的"，"心浮气躁，朝三暮四，学一门丢一门，干一行弃一行，无论为学还是创业，都是最忌讳的"。淘粪工人时传祥、公交车售票员李素丽、水电工人徐虎、邮递员王顺友……无数个平凡岗位上干出来的劳动模范，传递着鲜明的价值导向：劳动没有高低贵贱之分，一切劳动，无论是体力劳动还是脑力劳动，都值得尊重和鼓励。一切劳动者，只要立足岗位和本职工作，兢兢业业把工作做好，就能在劳动中发现广阔的天地，在劳动中体现价值、展现风采、感受快乐。

干一行，就要钻一行。习近平总书记指出："无论从事什么劳动，都要干一行、爱一行、钻一行。在工厂车间，就要弘扬'工匠精神'，精心打磨每一个零部件，生产优质的产品。在田间地头，就要精心耕作，努力赢得丰收。在商场店铺，就要笑迎天下客，童叟无欺，提供优质的服务。"三百六十行，行行出状元。要想成为行家里手，就不能"当一天和尚撞一天钟"，不能有得过且过、凑合应付的思想。只有沉下心来干工作，心无旁骛钻业务，才能练就一身真本领，掌握一手好技术，在平凡岗位上干出不平凡的业绩。当今世界，综合国力的竞争归根到底是人才的竞争、劳动者素质的竞争。广大劳动者只有精益求精、追求卓越，把"敬业"上升为"精业"，才能更好地适应事业发展需要。

道德故事

爱岗敬业的好员工

2018年5月27日下午4时30分左右，一油品罐车进入 FTH 车间储运区油品装车台进行装车。FTH 车间装车人员刘丽华正在按正常流程进行检查确认并进行装车登记，在油品装至2吨左右时，她发现该车紧急切断阀法兰泄漏，便立即切停装车泵，关闭装车台控制阀，停止装车，并停止周围所有装车作业，然后将情况汇报给车间管理人员，有效地避免了泄漏的扩大和事故的发生。为此，公司对她个人和所在车间进行了通报奖励，号召公司全体员工以刘丽华为榜样，以认真、踏实和高度的责任心干好本职工作，在平凡的岗位上做出不平凡的成绩。这就是无私奉献的典范，这就是爱岗敬业的榜样！

（二）诚实守信

诚实是指忠诚老实，言行一致，表里如一，不弄虚作假。守信是指信守诺言，讲信用，重信誉。诚实乃为人之本，守信是立事之先。诚实守信是职业道德的根本，是从业人员不可缺少的道德品质。职业道德中的诚实守信，强调诚实劳动、合法经营、信守承诺、讲究信誉。诚实守信是中华民族的传统美德，现代社会更是把诚实守信作为选人、用人的重要条件。

从业人员必须诚实劳动，遵守契约，言而有信，才能得到他人的信任，才能在市场经济的大潮之中立于不败之地。如果不讲诚信，一个人或者一个企业就会失去社会的支持，失去发展的机遇；如果不讲诚信，一个人或者一个企业就会制造假冒伪劣产品，破坏市场经济秩序，危害人民的生命安全，严重败坏社会风气。

诚实守信的道德要求包括以下几个方面的内容。

第一，诚实。做到忠诚老实，童叟无欺，不隐瞒自己的真实思想，不说谎、不作假、不欺瞒。

第二，讲信用，重信誉。做到兑现承诺，信守合同，忠实履行自己承担的责任和义务。

第三，忠诚所属单位。做到心中始终装着单位，诚实劳动，关心单位的发展，愿意为单位的兴旺发达贡献自己的一分力量。

第四，维护单位信誉。做到为单位着想，为消费者和服务对象提供优质服务，使之充分信赖单位。

第五，保守单位秘密。要懂得单位的商业信息至关重要，做到自觉保守单位秘密。但是，当我们在对单位忠诚、维护单位信誉时，应该做到以不损害国家、社会和消费者利益为前提。

（三）办事公道

办事公道是指从业人员在处理各种职业事务时，要站在公平、公正的立场上，按照同一原则和同一标准办事。即在处理各种职业事务时，要公道正派，不偏不倚，客观公正，公平公开；在对待不同的服务对象时，要一视同仁，秉公办事，不因职位高低、贫富亲疏的差别而区别对待。

办事公道的道德要求包括以下四个方面的内容。

第一，公平公正。要按照原则办事，不以个人的偏见、好恶、私心等去对待事情和处理问题。

第二，不计个人得失，不屈从各种权势。要坚持原则，不徇私情，要承受住来自各个方面的压力和排除各种干扰。

第三，不谋私利，反腐倡廉。私利能使人丧失原则、丧失立场。只有不谋私利，才能光明正大、廉洁无私，才能主持正义。

第四，要有一定的判断是非的能力。要真正做到办事公道，一方面与品德有关，另一方面与认知能力有关。如果一个人认知能力很差，就会搞不清是非，分不清原则与非原则，就很难做到办事公道。这就要求我们加强学习，崇尚公正，明辨是非，分清善恶美丑，有敏锐的洞察力。

办事公道不仅对我们个人的发展具有重要意义，对单位的发展也具有重要意义。办事公道能提高自己的产品质量和服务水平，从而得到领导的认可和群众的好评，增加晋职晋级的机会。同时，办事公道也有利于增强单位内部的凝聚力，增强团队协作的合力，提高工作效率，促进单位的发展。

（四）热情服务

热情服务是指在职业活动中，从业人员对服务对象所提供的服务，要充满热情和善意，真正做到表里如一。

热情服务的道德要求是：观其言，看其行，做到真心实意、全心全意、充满善意。

怎样才能做到热情服务呢？从可操作的角度来讲，我们强调做到"四个到"，即"热情四到"——眼到、口到、身到、意到。

1. 眼到

沟通的时候要看着服务对象，不可四下环顾或者上下打量。

眼到有以下两个基本要求：

一是眼中有人。具体要求是：近距离（1.5 米左右）的服务看对方的眼睛，较远距离（3 米左右）的服务看对方头部或者鼻眼三角区。养成正视、平视、仰视对方的习惯，不得斜视、俯视、扫视，并且看的时间不能太长，也不能太短。

二是眼中有事。要善于观察服务对象，及时满足对方的需求。

2. 口到

把对服务对象的全心全意、善心善意，不遗余力地用语言、用嘴巴表现出来。一是要用普通话；二是要懂得说话因人而异，注意场合。

3. 身到

要求从业人员服务及时，迅速满足服务对象的需求。具体要做到以下三个要点：

一是姿正，即身体姿势要正确；

二是脚勤，即及时、主动地满足服务对象的要求；

三是手快，即服务的动作麻利准确。

4. 意到

要求表情和神态做到心口一致、表情互动。具体要做到以下三个要点：

一是表情要自然，不要过分呆板；

二是表情要互动，表情协调，符合对方的心理，不要人家高兴你却表情呆板，别人难过你反而微笑；

三是表情要大方，微笑要露出牙齿，手势幅度要大方等。

无论你是领导还是普通员工，无论你是教师、医生还是车间的一线工人，无论你从事什么工作，都能够在自己的本职岗位上通过不同的形式做到热情服务。人人需要服务，人人要有服务精神。"我为人人，人人为我"，倡导人与人之间相互服务，共同营造文明的社会氛围。

> **案例：** 小张是一个朴实的乡下小伙子，他为人热情，虽然没读过大学，但是他很懂礼貌。小张有一个叔叔，在城里开了一家"丧葬用品店"。叔叔觉得小张为人朴实，年纪也不小了，应该学点东西，将来好养家糊口。于是就征得了小张的同意，让他来店里帮忙打理生意。
>
> 有一天，一对中年夫妇哭着来店里购买丧葬用品，而叔叔出去送货又不在店内，于是小张便赶忙起身接待客人："你们好，欢迎光临！"话刚说出口，只见中年男士瞟了他一眼，小张感觉是不是自己做错了什么，于是马上更加热情地为两位顾客提供服务。他熟练地介绍着店内的各种用品，从材质到手工、从种类到价格……最后他说："今天，二位是我们店的第一批顾客，二位在我们店购买的每一样商品，我们都将买一赠一。这样，以后用到的时候就不用再买了……"
>
> 本来就伤心气愤的顾客，此时暴跳如雷了："你咒我死是不是？你是不是想我全家都死掉？小小年纪就成黑商了，这里的东西你全都留着自己用吧……"
>
> 小张顿时愣在了那里，他不知道为什么自己这么客气，还给对方优惠，反而会这样。没等他回过神，两位顾客已经气冲冲地走出了门。小张这时马上追了出去，对着离开的顾客说了一句："欢迎您再来。"
>
> **想一想：** 小张的"热情服务"，哪些地方做错了？

（五）奉献社会

奉献社会是指从业人员在自己的工作岗位上，不计较个人得失，不计较名利，不图回报，努力为社会、为他人做贡献。这是职业道德中最高层次的要求，同时也是做人的最高境界。

奉献社会是一种忘我的全身心投入。要做到奉献社会，首先，要正确处理好国家、集体、个人三者的利益关系，同时也要处理好社会效益与经济效益的关系；第二，要自觉增强社会责任感，遵守公共秩序、爱护公共财产，积极参加各类公益活动，助人为乐、扶贫济困；第三，要兢兢业业做好本职工作，立足于一个岗位，无私奉献自己的光和热，靠自己勤劳的双手，为社会创造物质财富和精神财富，在平凡的岗位上服务人民，奉献社会。

 **道德故事**

心系百姓　忠于职守的好县长

在 2008 年汶川大地震中，北川县是受灾最严重的县。地震发生时，时任北川县县长的经大忠正在开会，他果断地组织与会人员疏散，并用最快速度将县城里的 8000 多名幸存群众集安置到在安全区域。地震发生后，经大忠三天三夜没有合眼，他说："群众是我们的兄弟姐妹，只有我们舍命，被埋的人才有更大的希望获救。"震后，北川县城大部分被埋，经大忠家中的 6 个亲人全部遇难，他忍住悲伤，和同志们一起投入到抗震救灾的战斗中。心系百姓、忠于职守，凸显共产党人本色，体现了经大忠的人生价值。

第二节　加强职业道德修养，提升职业道德境界

职业道德修养，是指从事各种职业活动的人员，按照职业道德原则、规范和要求，在职业活动中所进行的自我教育、自我改造、自我完善的过程，并由此使自己形成良好的职业道德品质和达到一定的职业道德境界。

加强职业道德修养，是从业人员形成良好职业道德品质的必由之路，是个人成才的重要条件，是事业成功的保证。因此，对一个从业人员来讲，加强自身的职业道德修养，对自身的职业生涯具有十分重要的意义。

一、加强职业道德修养的途径和方法

职业道德修养是一种自律行为，关键在于"自我教育"、"自我改造"和"自我完善"。那么，具体来讲，加强职业道德修养到底有哪些途径和方法呢？

首先，要努力学习职业道德规范，掌握职业道德知识。只有加强对职业道德知识的学习和理解，真正懂得职业道德规范背后的道理，真正认同遵守职业道德规范的意义，入脑入心，才能提高职业道德意识，形成职业道德信念，增强践行职业道德的自觉性和积极性。

其次，要努力学习科学文化知识，不断提高专业技能水平。职业道德素质的提高离不开科学文化知识的积淀和对专业技能的掌握。一般来讲，科学文化知识越多，专业技能水平越高，职业道德素质提高得越快；反之，则越慢。因此，作为学生，应当从热爱本专业做起，从上好每一节课做起，从小事做起，从现在做起，努力学习科学文化知识，不断提高专业技能水平。

再次，要理论联系实际，在职业活动中进行培养和强化。积极参加职业活动，在职业活动中进行自我教育、自我改造、自我完善，逐步形成与自己职业岗位相一致的职业道德品质和行为习惯，这是职业道德修养的基本方法。如果不把职业道德品质的培养渗透到平时的职业活动中去，或者不注重在职业活动中提高自己的职业道德素质，那么，职业道德修养实际上就是一句空话。正是在职业活动中，才能认识到哪些行为是道德的，哪些行为是不道德的，哪些行为习惯符合职业道德的要求，哪些行为习惯违反了职业道德的要求。

最后，要努力做到慎独，提高精神境界。"莫见乎隐，莫显乎微，故君子慎其独也"。职业道德修养的突出特点是个人的自觉性，因此，职业道德修养也同样讲"慎独"。也就是说，个人在独处时，有做坏事的条件，并且做后也不会被人发现，但依然要坚守自己的职业道德信念，坚持做好事不做坏事。在职业活动中，能不能"慎独"，这是个考验。"慎独"是职业道德修养的一种特殊的必不可少的方法。从社会发展来说，分工越来越细，专业化程度越来越高，许多行业和部门的职业活动相对的独立性就越大，有些职业任务和职业活动甚至完全需要个人独立操作完成。在这种情况下，尤其需要在"慎独"上下功夫。

二、大力弘扬劳模精神、劳动精神和工匠精神

劳模精神、劳动精神、工匠精神，是 2021 年 9 月党中央批准中央宣传部梳理的第一批纳入中国

共产党人精神谱系的伟大精神。11 月 24 日，习近平主席在全国劳动模范和先进工作者表彰大会上讲话时强调指出："劳模精神、劳动精神、工匠精神是以爱国主义为核心的民族精神和以改革创新为核心的时代精神的生动体现，是鼓舞全党全国各族人民风雨无阻、勇敢前进的强大精神动力。"

（一）劳动精神、工匠精神和劳模精神的内涵

1. 劳动精神的内涵

劳动精神是指崇尚劳动、热爱劳动、辛勤劳动、诚实劳动的精神。劳动精神是关于劳动的理念认知和行为实践的集中体现。在理念认知上，劳动精神表现为劳动者崇尚劳动、热爱劳动；在行为实践上，劳动精神表现为劳动者辛勤劳动、诚实劳动。劳动精神是每一位劳动者为创造美好生活而在劳动过程秉持的劳动态度、劳动理念及其展现出的劳动精神风貌。

劳动是财富的源泉，也是幸福的源泉。人世间的美好梦想，只有通过劳动才能实现；发展中的各种难题，只有通过劳动才能破解；生命里的一切辉煌，只有通过劳动才能铸就。我们要在全社会大力弘扬劳动精神，提倡通过劳动来实现人生梦想、改变自己命运。

劳动创造了中华民族，造就了中华民族的辉煌历史，也必将创造出中华民族的光明未来。全社会都要尊重劳动、尊重知识、尊重人才、尊重创造，维护和发展劳动者的利益，保障劳动者的权利，努力让劳动者实现体面劳动、全面发展。全社会都要热爱劳动，以辛勤劳动为荣，以好逸恶劳为耻。

2. 工匠精神的内涵

工匠精神是指执着专注、精益求精、一丝不苟、追求卓越的精神。工匠精神不仅体现了对产品精心打造、精工制作的理念和追求，更是体现了要不断吸收前沿技术，创造出新成果的创新意识。

执着专注就是内心笃定而着眼于细节的耐心、执着、坚持的精神。这是一切"大国工匠"所必须具备的精神特质。工匠精神都意味着一种执着，即一种几十年如一日的坚持与韧性。一旦选定行业，就一门心思扎根下去，心无旁骛，在一个细分产品或者某个岗位上不断积累优势，在各自领域成为"领头羊"。

精益求精就是从业人员对每件产品、每道工序都凝神聚力、追求极致的职业道德品质；是已经做得很好了，还要求做得更好，"即使做一颗螺丝钉也要做到最好"的职业道德品质。"天下大事，必作于细"，能基业长青的企业，无不是精益求精才获得成功的。

一丝不苟是指从业人员基于对职业的敬畏和热爱，而产生的一种全身心投入的认认真真、连最细微的地方也不马虎的职业精神状态。

追求卓越就是追求突破、追求创新、追求行业顶尖水平。古往今来，热衷于创新和发明的工匠们一直是世界科技进步的重要推动力量。

工匠精神落在个人层面，就是一种认真精神、敬业精神，其核心是：不仅仅把工作当作赚钱养家糊口的工具，而是树立起对职业敬畏、对工作执着、对产品负责的态度，极度注重细节，不断追求完美和极致，做出打动人心的一流产品，给客户无可挑剔的体验。与工匠精神相对的是"差不多精神"——满足于 90%，差不多就行了，而不追求 100%。我国制造业存在大而不强、产品档次整体不高、自主创新能力较弱等现象，多少与工匠精神稀缺、"差不多精神"突显有关。

工匠精神落在企业家层面，就是企业家精神。企业家精神主要表现在以下几个方面：第一，

创新是企业家精神的内核。企业家通过从产品创新到技术创新、市场创新、组织形式创新等全面创新，从创新中寻找新的商业机会，在获得创新红利之后，继续投入、促进创新，形成良性循环。第二，敬业是企业家精神的动力。有了敬业精神，企业家才会全身心投入到企业中，才能够把创新当作自己的使命，才能使产品、企业拥有竞争力。第三，执着是企业家精神的底色。在经济处于低谷时，其他人也许选择退出，唯有企业家不会退出。

3. 劳模精神的内涵

劳模精神是爱岗敬业、争创一流、艰苦奋斗、勇于创新、淡泊名利、甘于奉献的精神。在劳模精神中，爱岗敬业是本分，争创一流是追求，艰苦奋斗是作风，勇于创新是使命，淡泊名利是境界，甘于奉献是修为。做一个守本分、有追求、讲作风、担使命、有境界、有修为的劳动者，是每一位劳模的精神风范，更是每一位劳动者应该追求的目标。

劳模精神是一种人文精神，代表的是一个时代的价值观、道德观，展示的是中华民族顽强拼搏、自强不息的崇高品格和与时俱进、开拓创新的精神风貌。它是伟大时代精神的生动体现，也是劳模之所以能在广大劳动者群体中脱颖而出的根本原因。

4. 劳模精神与劳动精神、工匠精神的关系

第一，劳模精神是劳动精神的积极呈现。劳模先锋们不仅具有忘我的劳动热情、积极进取的精神状态，也饱含无私奉献、淡泊名利的利他主义作风。他们身上闪耀着的优秀品质正是劳动精神的积极呈现。

劳模精神和劳动精神是部分和整体的关系。从主体上看，劳模精神的主体是劳模群体，劳动精神的主体是所有劳动者，而劳模群体是广大劳动者群体中的佼佼者和杰出代表，也是广大劳动者学习的榜样和楷模。劳模的本意就是劳动者的模范，劳模群体是劳动者群体中的一部分。从这个意义上讲，劳模精神也是劳动精神的一部分。劳动精神是做一名合格的劳动者应该有的精神，劳模精神则是成为劳模必须有的精神。做劳动者不合格，做劳模更不可能。没有劳动精神，也不可能有劳模精神。所以，劳动精神应该成为所有劳动者都必须拥有的精神，劳模精神也是所有劳动者都应该学习的精神。

劳模精神和劳动精神也是方向和基础的关系。劳模精神是方向，劳动精神是基础。劳模精神继承并发展了中华民族传统优秀的劳动观念，树立并彰显了一种辛勤劳动、诚实劳动、创造性劳动的新理念，营造并弘扬了一种劳动光荣、技能宝贵、创造伟大的时代风尚，生成并传播了一种劳动者至上、劳动者平等、劳动者可敬、劳动最光荣、劳动最崇高、劳动最伟大、劳动最美丽的劳动观。也正因如此，劳动者才能通过自己的劳动，收获满足感、快乐感、尊严感，在创造丰富物质财富的同时，也拥有丰盈的精神世界。

第二，劳模精神的核心是工匠精神。从本质上讲，工匠精神是一种基于技能导向的职业精神，它源于劳动者对劳动对象品质的极致追求，它具有精益求精、专注执着、严谨慎独、创新创造、爱岗敬业以及情感浸透、自我融入的基本内涵，既表现了极致之美的品质追求，又体现了敬业之美的精神原色，更展现了创造之美的价值升华。工匠精神是劳模精神的重要构成要素，也是劳模精神的核心体现。工匠精神充分凸显了新时代劳模精神爱岗敬业、精益求精、追求卓越的精神品质和价值导向，可以说，工匠精神是对劳模精神的重要深化和丰富发展。

(二)大力弘扬劳模精神、劳动精神和工匠精神

1. 弘扬劳模精神、劳动精神和工匠精神的意义

弘扬劳模精神、劳动精神和工匠精神的意义，主要包括以下两个方面的内容。

第一，有助于激发新时代工人阶级的精气神，团结、引领广大职工群众争做新时代的奋斗者，推进实施人才强国战略、创新驱动战略、制造强国战略，为实现中华民族伟大复兴的中国梦汇聚磅礴奋进的力量。

第二，有助于引导广大职工群众树立辛勤劳动、诚实劳动、创造性劳动的理念，进一步焕发劳动热情，释放创造潜能，通过劳动创造更加美好的生活，在全社会唱响"劳动最光荣，劳动最崇高，劳动最伟大，劳动最美丽"的时代最强音。

从时传祥、王进喜，到李素丽、袁隆平，再到许振超、郭明义等，每个时期的劳模，都是时代的精神符号和力量化身。时代需要劳模，劳模引领时代。新的时代和使命呼唤新的担当，作为学生，我们要弘扬劳动精神、工匠精神，争当"劳模"，让劳模精神在新时代熠熠生辉。

2. 如何弘扬劳模精神、劳动精神和工匠精神

第一，我们要尊重劳动，常怀感恩之心。

正是每一个劳动者在各行各业的岗位上尽心尽责、辛勤劳动，才让整个社会物质充裕、运转有序、共享幸福。劳动者在给自己创造幸福的同时，也在带给他人以幸福。我们应常怀感恩之心，尊重我们身边的每一个劳动者，尊重每一份平凡普通的劳动。

第二，我们要热爱劳动，劳动是人生幸福据点。

"人生两件宝，双手和大脑，一切靠劳动，生活才美好。"这是我国著名教育家陶行知对劳动的生动解说。幸福不是免费午餐，幸福不会从天而降。劳动的意义在于帮助我们满足生存的物质需要，更重要的是，劳动能帮助我们完善内心、完成自我实现。劳动，不仅为我们幸福的实现提供了物质条件，而且劳动的过程本身就是一种幸福体验。身处新时代，我们应该热爱劳动，让劳动成为我们的人生幸福据点，同时实现自己的时代担当。

第三，我们要践行劳动，奋斗的青春最美丽。

梦想与奋斗是青春的最美注解，奋斗是青春的底色。没有哪一代人的青春是容易的。踏实肯干、敢于付出、艰苦奋斗就是青青最好的打开方式。青年时代，只要有一股中流击水的劲头，有一股以梦为马的激情，奋斗就将成为实现梦想的阶梯、走向未来的桥梁。

首先，在学习中践行劳模精神、劳动精神和工匠精神。

劳模精神、劳动精神和工匠精神体现在学习中，就是要刻苦钻研、不畏艰苦，孜孜不倦地学习科学文化知识，勇于探索和创造，不断提高政治理论和科学文化水平，不断完善自己的人格。作为学生，我们应该时刻牢记：在学习上没有捷径可走，正确的学习方法可以提高学习效率，但正确的学习方法不等于捷径，有正确的学习方法，如果不付出艰辛的学习劳动，任何人都无法取得成功。

其次，在工作中践行劳模精神、劳动精神和工匠精神。

劳模精神、劳动精神和工匠精神体现在工作中，就是要在平凡岗位上践行劳动理念，在本职工作中培育劳动情怀，自力更生、奋发图强、不怕困难、不畏艰险地去完成各项任务。在工作中践行劳模精神、劳动精神和工匠精神，还要求我们学习践行劳动模范的工作态度、工作作风、工作方式，学习他们看待工作的视角，推动工作的贯彻落实、创新发展。

道德故事

火箭"心脏"焊接人高凤林

53岁的高凤林，是中国航天科技集团公司第一研究院211厂发动机车间班组长，全国十大能

工巧匠，中华技能大奖获得者。35 年来，他几乎都在做着同样一件事，即为火箭焊"心脏"——发动机喷管焊接。有的实验，需要在高温下持续操作，焊件表面温度高达几百摄氏度，高凤林却咬牙坚持，双手被烤得鼓起一串串水疱。高凤林用 35 年的坚守，诠释了一个航天匠人对理想信念的执着追求。

极致：焊点宽 0.16 毫米，管壁厚 0.33 毫米。

0.16 毫米，是火箭发动机上一个焊点的宽度。0.1 秒，是完成焊接允许的时间误差。在中国航天，53 岁高凤林的工作没有几个人能做得了，他给火箭焊"心脏"，是发动机焊接的第一人。

焊接这个手艺看似简单，但在航天领域，每一个焊接点的位置、角度、轻重，都需要经过缜密思考。火箭发动机的喷管上，有数百根几毫米的空心管线，管壁的厚度只有 0.33 毫米。高凤林需要通过 3 万多次精密的焊接操作，才能把它们编织在一起，焊缝细到接近头发丝，而长度相当于绕一个标准足球场两周。

专注：为避免失误，练习十分钟不眨眼。

高凤林说："在焊接时得紧盯着微小的焊缝，一眨眼就会有闪失。如果这道工序需要十分钟不眨眼，那就十分钟不眨眼。"

高凤林的专注来自刚入行时的勤学苦练。航天制造要求零失误，这一切都需要从扎实的基本功开始。动作不对，呼吸太重，焊缝就不均匀了。从姿势到呼吸，高凤林从学徒起就受到最严苛的训练。带上焊接面罩，这只是一个普通的操作动作，但是对高凤林来说，却是进入到一种状态。

坚守：35 年焊接 130 多枚火箭发动机。

每每有新型火箭型号诞生，对高凤林来说，就是一次次技术攻关。最难的一次，高凤林泡在车间，整整一个月几乎没合眼。高凤林说，他的时间 80%给工作，15%给学习，留给家庭的只有5%。只要有时间，他就会陪老人，接孩子。

高凤林技艺高超，很多企业试图用高薪聘请他，甚至有人开出几倍工资加两套北京住房的诱人条件，但高凤林最后还是拒绝了。他说："每每看到我们生产的发动机把卫星送到太空，就有一种成功后的自豪感，这种自豪感用金钱买不到。"

35 年，130 多枚长征系列运载火箭在他焊接的发动机的助推下，成功飞向太空。这个数字，占到我国发射长征系列火箭总数的一半以上。

匠心：用专注和坚守创造不可能。

火箭的研制离不开众多的院士、教授、高工，但火箭从蓝图落到实物，靠的是一个个焊接点的累积，靠的是一位位普通工人的咫尺匠心。

专注做一样东西，创造别人认为不可能的可能。高凤林说，发射成功后的自豪和满足引领他一路前行，成就了他对人生价值的追求，也见证了中国走向航天强国的辉煌历程。

第三节　塑造良好形象，展示职业风采

一、塑造良好形象

良好的形象能够增添我们的魅力，增加我们的亲和力，提升我们的影响力，从而帮助我们顺利走进职场。

（一）注重个人礼仪，展现我们的魅力

礼仪是一个人在仪容仪表、言谈举止、待人接物等方面的行为表现，是一个人的道德品质、文化素养、风度魅力的外在表现。

个人礼仪是一张名片。在社会生活中，一个人给我们直接而敏感的第一印象，是其个人礼仪；我们给他人的印象、我们的魅力，在很大程度上是通过个人礼仪展示出来的。要做一个有道德的人，彬彬有礼的人，就要做一个体态端正、服饰整洁、表情庄敬、言词得体的人。

做最好的自己、尊重自己的人格和尊严，需要讲究个人礼仪；尊重他人、礼貌待人，也需要讲究个人礼仪。个人礼仪是道德的要求，是礼仪的主体内容，是交往礼仪和职场礼仪的基础。

1. 展示一丝不苟的仪容仪表

成功，从一丝不苟的仪容仪表开始；礼仪，也是从端正仪容仪表开始的。仪容，通常是指人的容貌外观；仪表，通常是指人的综合外表，包括形体、服饰、气质等。仪容仪表要做到自然美、服饰美和内在美的统一。

对仪容的修饰要扬长避短，要整洁、卫生、美观。仪表，可通过发型选择、着装打扮等来修饰。仪表修饰要"适合身体"，符合自己的年龄、容貌、肤色、身材和身份；要"适应场合"，与活动场合的气氛、环境相协调；要"整体协调"，展现出整体风采；要"适度"，把握分寸，自然合宜。

整洁、得体、美观、高雅的仪容仪表，不仅是对他人的尊重，也会为我们自己赢得尊重、好感和成功。脏乱、不当、丑陋、俗气的仪容仪表，只能引起他人的轻视和反感。外在美是内在美的表现，我们在讲究仪容仪表的同时，要不断加强内在品质的修养。

2. 展示风度翩翩的形体姿态

形体姿态是以动作、表情等作为媒介来传递信息、表达思想感情的一种无声的语言。它具有直观性，常被看成一个人整体素质的体现。

"行为心表"，形体姿态美是从内心散发出来的。合乎礼仪的形体姿态、风度翩翩的举手投足，展示的是我们内在的尊严、素质和魅力。珍爱自己的人格和名誉，希望给他人展现良好的自我形象，我们就应该按照形体姿态的礼仪要求去做。形体姿态包括站姿、坐姿、行姿、手势、面部表情等。加强形体姿态礼仪修养，能让我们站出精神，坐出优雅，走出风采，摆出风度，亮出美丽。

美好得当的表情是我们优雅风度的组成部分。目光与笑容是构成表情的主要因素。温和、坦诚、友善、热情、关注的目光是令人温暖的。微笑是盛开在人们脸上的鲜花，是世界通用的交际语言。微笑的内涵是尊重、友善、真诚、自信。微笑要求我们发自内心，并把握好尺度。

3. 展示吐露心声的文明语言

言为心声，语为人镜。语言可以全面传达一个人的观念、意图，也可以体现一个人的为人和能力。人们可以凭借语言对说话人形成印象、做出判断。"良言一句三冬暖，恶语伤人六月寒。"良言反映说话人的善良、诚恳、热忱，让人愉悦、感动；而恶语反映说话人的恶毒、自私、冷漠，令人畏惧、厌恶。

我们要怎么养成文明礼貌的语言习惯呢？一要强化文明意识，注重语言文明从我做起，要常用表示敬重、热忱、友善和体贴的礼貌用语，向不文明语言说"不"。二要训练语态形象，运用自信得体的体态动作、温和有礼的目光、美丽大方的微笑与人沟通。三要塑造文明话语形象，用含蓄、文雅、礼貌的言辞，体现出对他人的尊重、关心和欣赏。四要训练声音形象，吐词清楚，语速适中，增强表现力。

（二）注重交往礼仪，让别人悦纳我们

交往礼仪是社会成员在相互往来中的行为规范和待人处世的准则。交往礼仪的核心是示人以尊重、待人以友好。

交往礼仪是一张通行证。在生活中我们要与形形色色、各种各样的人打交道，除要具备良好的个人礼仪外，还必须掌握与他人交往的礼仪。

1. 善于与他人交谈

交谈，是交往中必不可少的内容，是人们传递信息和情感，增进了解和友谊的重要方式。

真诚、尊重、热情，是我们与人交谈的基础；坦诚、谦虚、礼让，能让对方感到亲切融洽。遵守交谈礼仪，能展示出我们的尊严和美好心灵，在他人心中形成良好形象。交谈，在不同场合、不同对象、不同性质的交往中有不同的礼仪要求。我们可以从倾听、说话、提问等方面来学习交谈礼仪。

倾听，是一门艺术，要始终聚精会神，跟上对方的节拍；目光投向对方，又不死死盯着对方；不轻易打断对方的话，偶尔可以插话。

说话，要使用礼貌语言，力求含蓄、婉转、动听，具有亲和力；要恰当地称赞对方；要多说共同的体验，不要老王卖瓜，自卖自夸；发现对方反感，要及时改变话题；对不好回答的问题，应坦诚地说"对不起，我还没有想好"。

提问，话题要吸引对方，要具体。如果对方不愿直说，可以问："您的朋友是怎样看的？"提出相反看法时语气要委婉，可以说："事情不是这样吧？""有这回事吗？"，如果对方不愿交谈，可提出最低要求："我只占用您五分钟时间，行吗？"

> 📖 **知识窗**
>
> **交谈礼仪"五不要"**
>
> (1)不要训斥人；(2)不要挖苦人；(3)不要纠正人；(4)不要质问人；(5)不要侮辱人。
>
> **交谈礼仪"三个要"**
>
> (1)要文明，不讲粗话、脏话；(2)要礼貌，"来有迎声，问有答声，去有送声"；(3)要规范，讲清、讲准、讲普通话。
>
> **交谈礼仪"六个忌"**
>
> (1)交谈时，忌用口头禅；(2)聆听时，忌坐立不安；(3)介绍时，忌自我吹嘘；(4)交流时，忌信口开河；(5)见生人，忌询问工资；(6)对女士，忌询问年龄。

2. 打造良好的电话形象

在当今信息社会，打电话是常见的交往方式。讲究必要的接打电话礼仪，可以让我们成功交往、心情愉快，同时展示出我们的内在美德和综合素质，让他人悦纳我们。反之，不注意接打电话的礼仪，不仅会阻碍我们的成功交往，还可能引起不必要的矛盾、纷争和不愉快，致使他人疏

远、回避甚至拒绝我们。

接打电话只能察言不能观色，我们通话时，一定要用热情礼貌的语言、清晰柔和的声音、亲切温馨的语气、准确简洁的词句、快慢适中的语速和高低适当的音量，让对方"听"出我们的形象，"感受"我们的微笑，"阅读"我们的美好心灵。

案例：

(1) 接听电话的两种情形

一种是："喂，你是谁？"

"他不在，他什么时候回来我不知道。"

"他的手机号我也不知道。"

"我无法转告。"

另一种是："您好！这里是xx公司。请问您找谁？"

"对不起，他不在。您是哪位？需要我转告吗？"

"好的，我一定转告。我已记下您的电话号码，请您放心。"

(2) 拨打电话的两种情形

一种是："喂，把文经理找来，让他接电话。快点儿，我有急事！"

另一种是："您好！我是联华超市的会计小王。请问文经理在吗？请他接电话。谢谢！"

谈一谈：对比两种不同的接打电话情形，请同学们谈一谈对每种情形的感受。

想一想：(1)通过电话，你能感受到对方是什么样的人吗？(2)要打造良好的电话形象，应该注意什么礼仪？

3. 打造得体的网络形象

网络是另一个自我展现的空间。在网络社区，我们虽然面对的是电脑，其实却是在与人交流。我们在接收电子邮件、与人网上聊天时，明显感觉到不同的人或者礼貌或者冒昧，或者文雅或者粗俗，或者诚恳或者虚假。这些都涉及网络礼仪。

网络礼仪是指人们在网上交往所需要遵守的礼节。它包括一系列规范人们网上言行表现的规则。在网络这个虚拟世界里，要让他人悦纳我们，我们应该尊重他人，遵守道德规范，强化文明意识，按照网络礼仪要求去做。我们要用文明礼仪装点网络环境，用键盘敲打出和美心声，用网络编织我们的美丽形象，打造更和谐、更温馨的网络家园！

📝 **阅读延伸**

网络礼仪举隅

(1) 网上网下行为一致。按照道德和法律的要求去做。

(2) 记住别人的存在。当面不能说的话，在网上也不要说。

(3) 入乡随俗。遵守不同论坛的规则。

(4) 尊重他人及其成果。不好为人师，不自诩高明；不剽窃、不随意修改别人的文章。

(5) 尊重他人隐私。不公开他人姓名、电子邮件、聊天记录。

(6) 个人发帖要有的放矢，仔细检查语法和用词是否妥当。

(7) 不故意挑衅，不使用脏话。

(8) 不造谣、诽谤、谩骂，不制造流言蜚语，不搅乱他人的工作和生活。

(9) 自觉抵制不健康的、非法的、低俗的网站。

4．以礼做客，以礼待客

走亲访友和接待亲朋好友，是人际交往中不可或缺的应酬。如果我们想让自己成为深受欢迎的人和热情待客的人，就必须得讲究做客之礼、待客之道，做到以礼做客、以礼待客。

我们做客时，最重要的是尊重主人，做到客随主便。具体而言，应有约在先，准时赴约；进门有礼，举止得当；做客有度，适时告辞。

礼貌待客是中华民族的传统美德。我们待客时，最重要的是尊重客人，主随客便，让客人有宾至如归的感觉。具体而言，要精心准备，笑脸相迎，问候寒暄，亲切交谈，热情周到，礼貌送客。

📝 阅读延伸

会客失礼举要

(1)客人来了，家中乱七八糟，家人或者自己衣冠不整。

(2)客人进门后不起身相迎，不理不睬，边吃饭边同客人对话，躺在沙发上同客人对话，边看电视边接待客人。

(3)不把客人介绍给家人。

(4)客人在场时，家人争吵不休，向客人公开矛盾。

(5)当着客人的面不停地擦桌扫地，有嫌弃客人之意。

(6)与客人交谈心不在焉，反复看表，暗示客人快走。

(7)对客人评头品足甚至嘲笑客人。

二、展示职业风采

(一)遵从职场礼仪，助力职业成功

职场礼仪是从业人员在职场这个特定范围内要遵守的礼仪规范。生活中守礼仪，让我们亮出风采，交往更和谐；职场中守礼仪，能展示我们的职业形象，有助于职业成功。

1．求职礼仪是最好的介绍信

案例：

镜头一

轮到他面试了。只见他衣着普通，却十分整洁，头发梳得整整齐齐，指甲修得干干净净。进门前，轻轻敲门，进门后，轻轻关上门，顺手将头上的帽子摘下，考官请他坐下，他道谢后才入座，考官提的几个问题，他回答得干脆果断、清晰准确。在30位应聘者中，他脱颖而出，获得了职位。

镜头二

一位女生去一家著名企业应聘。她特地化了很浓的彩妆，穿了一件鲜艳的花衬衫，衬衫宽松且低胸，里面的内衣一目了然。结果，在面试的第一关，她就被淘汰了。

镜头三

二十多位求职者在会议室坐等面试。一位捧着很多资料的工作人员，进会议室时不小心把资料掉到了地上。他极不方便地弯腰，想捡起落在地下的资料。他周围的求职者谁也没动，而离他最远的一位却赶紧跑过来帮他。半小时后，除帮忙捡东西的那位求职者外，其余的人都被告知可以回去了。

谈一谈：分析上述人物的礼仪表现，谈一谈你的感受。

面试是整个求职过程的"临门一脚"，是求职成败的关键所在。在求职应聘的过程中，最好

的介绍信是用我们的态度、素质和实力写就的，而这些又往往是通过我们的仪表形象、言谈举止等细节显露出来的。

面试时，我们的仪容仪表整洁得体、美观大方，可以充分展现我们的外在美。面试场所内，我们要遵守相关要求，尊重考官，礼貌应答；坐姿优雅，始终保持关注的目光、积极的神情和真诚的微笑，用心聆听，诚信回答，展示我们的内在美。

衣着得体，庄重高雅，会给面试官留下美好的第一印象。美好的第一印象就像一把钥匙，在首次相见中能打开机遇的大门。我们都要牢牢记住：糟糕的第一印象会让千辛万苦的努力化为泡影；世界上最具说服力的介绍信是自己展示给他人的形象，而良好形象是自己平时在工作和生活中修练、沉淀来的，不是一蹴而就，靠"临时抱佛脚"而来的。

📖 知识窗

求职面试礼仪自我检视清单

面试前

(1) 头发干净自然，颜色和发型不可太"另类"；

(2) 服饰大方整洁合身，以套服为宜；

(3) 修剪指甲，不涂指甲油；

(4) 不佩戴夸张的装饰物(尤其忌有声响或者太亮闪的装饰物)；

(5) 穿合脚的皮鞋，而且要擦拭干净。

面试过程

(1) 先敲门，经允许后再进去；

(2) 关闭手机，手脚放轻；

(3) 态度从容，情绪稳定；

(4) 眼睛平视，面带微笑；

(5) 说话清晰，音量和语速适中，避免言语失当；

(6) 神情专注，不抖腿、挠头、折纸、转笔、整理头发；

(7) 咳嗽、打喷嚏时要掩口，回避对方，然后轻声道歉；

(8) 手势适度，不宜过多。

面试结束

(1) 礼貌地与考官握手、致谢；

(2) 轻声起立，并将座椅轻轻推回原位。

2. 职场礼仪是职业成功的助力剂

案例：

镜头一

大李非常注重自己的形象，无论对同事还是对客户，都彬彬有礼、细致周到，令人舒心。乘电梯，她会扶着门，让他人先进；送客户，她会麻利地为客户开车门。大家都很喜欢她，乐意与她合作。两年后，她当上了部门主管。

镜头二

小乐不太注意自己的形象。一次，与客人洽谈时，她穿的脏皮鞋吸引了对方的眼球；交谈中，为了拉近与对方的距离，她开了不恰当的玩笑；用餐时，她吃喝的声音太大，让业务经理感到难堪。此后，业务经理不再让她参与重要的业务洽谈活动。两年后，她被迫离开单位，另谋出路。

想一想： 大李和小乐是某职校的同学，在校期间她俩的学习成绩和专业技能都较为优秀，毕业后到同一家公司工作。为何相同的起点、不同的职业形象，描绘了不同的发展轨迹。大李"成"在哪里？小乐"失"在何处？她们的职场经历对我们有何启示？

有人曾对全球 13 个国家约 700 名商务人士进行问卷调查，发现排在前五位的"最不礼貌的工作习惯"依次为：①同事见面不问好；②不为客户端茶倒水；③在办公室大声喧哗；④随口许愿；⑤用手机接听私人电话。此外，未经允许使用他人办公用品、窥探同事私生活等，也是人们厌恶的无礼行为。

我们身处职场，要想与领导、同事建立良好的、真诚的合作关系，要想赢得他人的喜爱和信任，要想自如地、妥善地应对职业交往，就必须主动了解并自觉遵守职场基本礼仪。

职业形象=简单的修饰+得体的着装(符合职场氛围和要求)+优雅的仪态。它可以传达出从业人员的职业修养、文明程度以及综合素质等信息。一位成功的从业人员，会通过自己的穿着、微笑、目光接触、一举一动，将自己的文明、尊严、自信、教养、能力等展示给他人。

职业场合的修饰应简洁大方，庄重淡雅，适度而不过分，符合自己的职业身份和职业环境。

职业场合的着装是一个无声的符号，要规范、得体、整洁，显得精神焕发；要体现出职业性和专业性，清晰地传递具有敬业精神、工作能力和值得信赖的专业人士的信息。

职业场合的仪态，要注重精神、协调、雅致，透露出自信与稳重；要坐有姿、站有相、走有神，眼含真情、脸带笑容，展示出饱满的精神状态。说话要言语规范，清晰流畅，简洁明了，有礼有力，可亲可近。

职业形象是无声的语言。"不失足于人，不失色于人，不失口于人"，是我们在职场应该遵守的基本礼仪。做到这点有利于我们树立良好的职业形象、实现自己的职业理想。

打造良好的职业形象不只是追求外在的视觉美，更重要的是向他人展示自己的美德、能力和成功的潜力。要成为优秀的职业人，我们必须加强内在修养。我们要从现在做起，把职场礼仪转化为自己的行为习惯，做秀外慧中的职业人，把职场命运掌握在自己的手中。

📝 **阅读延伸**

职场礼仪若干招

(1) 见面时打招呼。说"你好""早上好""又见面了，很高兴"等见面语，简单的问候传达尊重、友善之情，拉近了人与人之间的距离。

(2) 离开时道别。说"再见""周末快乐"等道别语，可以增进友情。

(3) 使用"3－1 规则"。当离别人 3 米时，就应意识到对方的存在，在言行上要有所顾忌；当离别人只有 1 米时，就应该表达问候和尊重。

(4) 主动作自我介绍，"你好！我是×××。"

(5) 留心记住他人的名字，如果忘了对方名字，要说一句："抱歉，我一时叫不出您的名字了。"

(6) 尊重他人的时间和空间。有约不迟到，进入他人的办公室要得到允许。

(7) 热情、乐群。积极参与同事的聚会、集体行动。记得为新同事递张卡片、附上祝福的话。

(8) 保持工作环境整洁卫生，一尘不染，井井有条。

(9) 三分钟内结束电话，避免自己被琐事干扰。

(10) 保持工作环境的安静，安心工作。

(11) 在繁忙的工作中，挤出喝杯咖啡的时间，与同事交流，让工作充满人情味。

(二)职场礼仪为企业添彩

在职业生涯中，从业人员注重职场礼仪，不仅会促进企业和谐，增强企业的凝聚力，而且有助于企业之间进行良好的社会交往，有效传递信息，提升竞争力，促进企业发展。

1. 促进企业和谐，能增强凝聚力

职场礼仪能够协调企业内部的人际关系。从一定意义上说，礼仪是人际关系和谐发展的调节器。人们在交往时按礼仪规范去做，有助于促进相互尊重，建立友好合作关系。一般而言，人们受到尊重、礼遇，特别是得到关心和帮助，会产生吸引心理，增进相互之间的友谊。反之，则会产生抵触、反感、憎恶甚至敌对心理。

如果我们能够自觉主动地遵守职场礼仪规范，约束自己的行为，企业内部就会形成相互尊重、彼此信任、友好合作、和衷共济的氛围，企业的凝聚力、向心力就会日渐增强。

> **▶▶ 礼仪故事**
>
> ### 公司是温暖和谐的大家庭
>
> 无论是阳光明媚还是刮风下雨，在周一清晨，某公司董事长都会提前半小时，带领公司六名高管，衣着整齐地列队站在公司大门口，躬身笑迎 500 多名员工上班，并送上一句"早上好"。每当这时，员工也以微笑、鞠躬、问好来回敬公司领导。
>
> 对于该公司董事长的做法，员工褒贬不一。有人认为：不务正业，不合乎中国国情，多此一举。也有人认为：这有失领导的威严，对公司管理有害。更多的人则认为：这种礼仪拉近了人与人之间的距离，是把中华优秀传统文化引入企业管理的具体表现。
>
> 经过一段时间的熏陶，公司内部互敬成风。原先的冷漠、彼此的指责不见了，取而代之的是彼此的问候、理解和支持。公司董事长高兴地说："即使在大街上与员工碰面，我们也会习惯地相互致敬。大家在公司真正体验到了大家庭的温暖与和谐。"

2. 树立企业形象，能提升竞争力

在充满激烈竞争的当今世界，企业形象比以往更重要。从一定意义上说，现代的市场竞争就是一种形象竞争。良好的企业形象将为企业间的合作、企业的发展奠定良好的基础；相反，不良的企业形象则可能给企业造成不利影响甚至巨大的损失。

员工的良好形象是企业形象的最好代言。良好的个人职业形象是打造企业形象、提升企业竞争力的重要方面。如果每位员工都能做到着装得体、谈吐高雅、举止文明、知书达礼，都能礼貌、热情、宽容、诚心地为人解难，那么企业就会赢得服务对象的认同，赢得市场，赢得社会的信赖、理解和支持。反之，则会有损企业形象，失去顾客，失去市场，最终在竞争中处于不利地位。

> **▶▶ 礼仪故事**
>
> ### 穷人也不嫌弃
>
> 一个炎热夏天的下午，银行里有许多人在办理业务。这时，一位拄着拐杖、衣着简朴的老人，颤颤巍巍地走进银行。见老人进来，银行女职员赶忙迎上去，给他让座，并端来一杯水，让老人休息片刻再办理业务。女职员一直微笑着接待老人，没有丝毫嫌弃之意。老人喝着水问："我这个老头子给你们银行带不来多少效益，你为什么还要这样礼待我？"这位员工微笑着说："以礼待人是我的职责，您是我的客户，我应该这样做呀！"几天后，完全变了装束的老人再次来到这家银行，存进一笔巨款。原来，这位老人是房地产巨贾，为了选定巨款的存入银行，他

扮作"穷人"前来考察。此前，他曾走进两家银行，都因为工作人员冷漠无礼而离开。那两家银行也因此失去了一位重要的客户。

思考与练习

一、选择题

1. 敬业是一种对待工作应有的态度，核心要求是（　　）。
   A. 认真工作，以得到领导的好评
   B. 努力工作，挣钱养家
   C. 完成领导交给的任务
   D. 对待工作勤勤恳恳、兢兢业业、忠于职守、尽职尽责

2. 右图的漫画《诚信的折扣》说明（　　）。
   A. 当前社会，人与人之间根本无诚信可言
   B. 经济活动中存在非常严重的制假售假现象
   C. 人与人之间缺乏信任感，应加强诚信教育
   D. 制假技术太高，肉眼很难辨别出来

3. 职业道德中最高层次的要求是（　　）。
   A. 爱岗敬业　　　B. 诚实守信　　　C. 办事公道　　　D. 奉献社会

4. 办事公道的具体要求是（　　）。
   A. 诚实劳动，合法经营，信守承诺，讲究信誉
   B. 热爱自己的工作岗位，敬重自己所从事的职业
   C. 公道正派，不偏不倚，客观公正，公平公开
   D. 具有奉献意识，通过兢兢业业的工作，全心全意为社会和他人做贡献

5. 热爱自己的工作岗位，热爱本职工作就是（　　）。
   A. 敬业　　　B. 廉洁自律　　　C. 客观公正　　　D. 爱岗

6. 劳模精神的核心是（　　）。
   A. 工匠精神　　　B. 奉献精神　　　C. 爱岗敬业　　　D. 诚信友善

7. 劳模精神不包括（　　）。
   A. 爱岗敬业，争创一流　　　　B. 艰苦奋斗，勇于创新
   C. 淡泊名利，甘于奉献　　　　D. 卧薪尝胆，发愤图强

8. 劳动精神与劳模精神的关系是（　　）。
   A. 内力与外力的关系
   B. 主要与次要的关系
   C. 整体与部分的关系
   D. 人人都有劳模精神和劳动精神

9. 作为交谈一方的听众，下面哪一句话最入耳（　　）。
   A. 你懂不懂呀？　　B. 你听懂没有？　　C. 你听明白没有？　　D. 我说清楚了吗？

10. 下面哪一项符合握手礼仪中有关伸手先后的规矩（　　）。
    A. 晚辈与长辈握手，晚辈应先伸手

B. 男女同事之间握手，男士应先伸手

C. 主人与客人握手，一般是客人先伸手

D. 领导与下属握手，领导应先伸手

二、判断题

1. 爱岗和敬业是相辅相成、相互支持的。敬业是爱岗的前提，爱岗是敬业的升华。（　　）

2. 诚信的前提是看对方是不是诚信。（　　）

3. 办事公道是对有权人而言的，基层从业人员不存在这个问题。（　　）

4. 要做到办事公道，一定要树立人民利益高于一切的思想和正确的权利观。（　　）

5. 社会主义职业道德以全心全意为人民服务为核心。（　　）

6. 劳模精神是超越别人的精神，工匠精神是超越自己的精神。（　　）

7. 劳模精神、劳动精神、工匠精神是以爱国主义为核心的民族精神和以改革创新为核心的时代精神的生动体现。（　　）

8. 劳模精神和劳动精神是整体与部分的关系。（　　）

9. 与多人同时握手时，可以交叉握手。（　　）

10. 接待来访客人，结束接待，可婉言提出，也可以用起身的体态语言告诉对方。（　　）

三、简答题

1. 简述职业道德的概念和特点。

2. 请写出新时代职业道德的主要内容。

3. 实践活动：讲述劳模故事，颂扬劳模精神。结合你的现状谈谈你将如何在学习中践行劳模精神。

第四章 宪 法

学习目标

  了解宪法在我国的重要地位和作用，了解国家的基本制度和国策，正确理解公民的基本权利和义务，知晓国家机构的运作，从而树立宪法意识，养成遵守宪法的习惯，自觉维护宪法的尊严。

导入案例

  上海某酒店员工王某辞去了酒店的工作，应聘到另一家公司，恰巧这家公司的办公地点就在她原来就职的酒店内，当她欲前往公司上班而踏进酒店时，却遭到了该酒店安保人员拒绝。根据该酒店《员工手册》第九条规定："辞职、辞退员工，六个月内不得以任何理由进入酒店。"故安保人员要求王某守约，遵守酒店规定，不同意她进入酒店。而她新应聘的公司要求她在规定的期限内上班，如不按时上班，应聘将失效。无奈之下，王某一纸诉状，把该酒店诉至人民法院。经过审理，人民法院做出一审判决：该酒店排除对王某进入该酒店的妨碍。

  想一想：为什么该酒店有明确的规定仍然败诉？该酒店《员工手册》第九条的规定是否存在违法的地方？

  中华人民共和国成立后，分别于 1954 年、1975 年、1978 年和 1982 年制定颁布了四部宪法。我国现行宪法是 1982 年 12 月 4 日第五届全国人民代表大会第五次会议正式通过并颁布的《中华人民共和国宪法》（以下简称《宪法》）。这部宪法是对 1954 年宪法的继承和发展，是一部较为完善并具有中国特色的宪法。随着我国改革开放的深入和社会主义建设事业的发展，我国的政治、经济、文化等领域也不断发生变化，为了适应这种变化，全国人民代表大会对这部宪法迄今为止颁布了五次修正案，分别是 1988 年、1993 年、1999 年、2004 年和 2018 年。这部宪法除序言外，分为总纲，公民的基本权利和义务，国家机构，国旗、国歌、国徽、首都，共四章 143 条。

第一节 序言及总纲

一、依宪治国是依法治国的核心

  宪法是国家的根本大法，是治国安邦的总章程，适用于国家全体公民，是特定社会政治经济和思想文化条件综合作用的产物，集中反映各种政治力量的实际对比关系。在法治国家中，宪法不是可有可无的政策或者纲领。宪法是人权的保障书，是制定其他法律的依据，是一国法律体系的核心。宪法是依法治国的前提和基础，是依法治国的核心。依法治国的核心就是依宪治国。因此，宪法权威是建设法治国家的关键所在。

  宪法的实施，可以巩固和维护国家权力，规范国家权力有效运行；为法制的统一、完善奠定基础；确立和维护国家政治制度，改革国家政治体制；保护国家的经济基础，促进经济发展。

宪法作为国家的最高法和根本大法，与普通法律相比，主要具有以下三个方面的特征。

第一，在内容上，宪法规定一个国家社会生活中最根本、最重要的问题。宪法的基本内容包括国家制度和社会制度的基本原则，包括国家性质、政权组织形式、国家结构形式、基本经济制度、国家机构及其组织与活动的基本原则、公民的基本权利和义务等；而普通法律只对社会生活的某一方面或者几个方面的问题做出规定。例如，我国刑法只规定什么行为是犯罪和对犯罪分子处以什么刑罚的问题。

第二，在法律地位或者效力上，宪法的效力高于普通法律。宪法是制定普通法律的基础和依据，普通法律的原则和内容不得与宪法的原则和内容相抵触。

第三，在制定和修改程序上，宪法的制定和修改程序比普通法律更为严格。一方面，制定和修改宪法的机关，往往是依法特别成立的，而并非普通的立法机关；另一方面，通过、批准宪法或者其修正案的程序，往往严于普通法律。《宪法》第六十四条规定："宪法的修改，由全国人民代表大会常务委员会或者五分之一以上的全国人民代表大会代表提议，并由全国人民代表大会以全体代表的三分之二以上的多数通过。法律和其他议案由全国人民代表大会以全体代表的过半数通过。"

二、国家基本制度和基本国策

我国宪法是人民的宪法，是整个国家制度的蓝图，作为一个发展中的社会主义国家，国家制度是我国发展的重要支柱和保障。由此，我国宪法规定了以下几个方面的基本制度。

（一）人民民主专政制度

《宪法》第一条规定："中华人民共和国是工人阶级领导的、以工农联盟为基础的人民民主专政的社会主义国家。"这表明了，社会主义制度是我国的根本制度，是我国的国体，人民民主专政是我国国家性质的具体体现，是我国国家性质的核心。在我国，人民，只有人民，才是国家和社会的真正主人。

人民民主专政是对人民实行民主和对敌人实行专政有机结合的一种国家制度。人民在数量上占了我国人口的绝大多数，在我国现阶段，人民的范围包括以工人、农民和知识分子为主体的全体社会主义劳动者、拥护社会主义的爱国者、拥护祖国统一和致力于中华民族伟大复兴的爱国者。而人民的敌人只包括极少数敌视和破坏社会主义制度的敌对势力和敌对分子。

> **知识窗**
>
> ### 国　　体
>
> 国家的性质通常称为国体，即国家的阶级本质，具体地说，就是社会各阶级在国家中所处的地位。它包括两个方面：一是各阶级、各阶层在国家中所处的统治与被统治地位；二是各阶级、各阶层在统治集团内部所处的领导与被领导地位。统治阶级的性质决定着国家的性质。

（二）人民代表大会制度

人民代表大会制度是我国的根本政治制度，是我国人民民主专政政权的组织形式，是我国的政体，是社会主义上层建筑的重要组成部分。

人民代表大会制度是指根据国家的一切权力属于人民和民主集中制的原则，按照法律程序，由选民在民主选举的基础上产生各级人民代表大会代表，组成地方各级和全国人民代表大会，即国家权力机关，并由国家权力机关产生其他国家机关，行使国家权力的政权组织形式。

根据《宪法》第二条和第三条的规定，人民代表大会制度包括以下基本内容：国家的一切权力属于人民；人民在民主基础上选出代表，组成全国人民代表大会和地方各级人民代表大会，作为人民行使国家权力的机关；国家行政机关、监察机关、审判机关、检察机关由人民代表大会产生，对它负责，受它监督；人民代表大会常务委员会对本级人民代表大会负责，人民代表大会对人民负责。

📖 知识窗

政　体

政体(政治体制)即国家政权的组织形式，是指统治阶级采取什么样的形式来组织自己的政权机关。政体由国体决定，与国体相适应。因为具体的情况不同，国体相同的国家，可以有不同的政体。

(三)中国共产党领导的多党合作和政治协商制度

中国共产党领导的多党合作和政治协商制度是我国的一项基本的政治制度，是具有中国特色的政党制度。这一制度的基本内容包括以下几个方面。

第一，中国共产党是执政党，各民主党派是参政党，中国共产党和各民主党派是亲密战友。中国共产党是执政党，其执政的实质是代表工人阶级以及广大人民掌握人民民主专政的国家政权。各民主党派是参政党，具有法律规定的参政权。其参政的基本点是：参加国家政权，参与国家大政方针和国家领导人选的协商，参与国家事务的管理，参与国家方针、政策、法律、法规的制定和执行。

第二，中国共产党和各民主党派合作的首要前提和根本保证是坚持中国共产党的领导和坚持四项基本原则。

第三，中国共产党和各民主党派合作的基本方针是：长期共存，互相监督，肝胆相照，荣辱与共。

第四，中国共产党和各民主党派以宪法和法律为根本活动准则。

中国人民政治协商会议，简称"人民政协"或者"政协"，是中国共产党领导的多党合作和政治协商的重要机构，设全国委员会和地方委员会。全国委员会由中国共产党、各民主党派、无党派人士、人民团体、各少数民族和各界的代表，台湾同胞、港澳同胞和归国侨胞的代表以及特别邀请的人士组成。地方委员会的组成根据当地情况，参照全国委员会的组成决定。因此，政协具有广泛的社会基础。

政协全国委员会和地方委员会的主要职能是政治协商和民主监督，组织参加本会的各党派、各社会团体和各族各界人士参政议政。政协对国家的大政方针和群众生活的重要问题进行政治协商，并通过建议和批评发挥民主监督作用。

(四)民族区域自治制度

我国宪法规定，中华人民共和国是全国各族人民共同缔造的统一的多民族国家。实行单一制，建立统一的多民族国家，既是我国历史发展的必然结果，也是我国民族状况的必然要求，符合各民族人民的根本利益。

根据《宪法》和《民族区域自治法》的规定，民族区域自治是在国家统一领导下，各少数民族聚居的地方实行区域自治，设立自治机关，行使自治权；各民族自治地方都是中华人民共和国不可分离的部分，各民族自治地方的自治机关都是中央统一领导下的地方政权机关；民族区域自治必须以少数民族聚居区为基础，是民族自治与区域自治的结合；民族自治地方的自治机关行使宪法规定的地方国家机关的职权，同时依照宪法和法律规定的权限行使自治权，根据本地方实际情况贯彻执行国家的法律和政策。

🎞 知识窗

我国的省级行政区划

我国一共有 34 个省级行政区划，其中有 23 个省(河北省、山西省、吉林省、辽宁省、黑龙江省、陕西省、甘肃省、青海省、山东省、福建省、浙江省、台湾省、河南省、湖北省、湖南省、江西省、江苏省、安徽省、广东省、海南省、四川省、贵州省、云南省)，4 个直辖市(北京市、天津市、上海市和重庆市)，5 个少数民族自治区(西藏自治区、新疆维吾尔自治区、广西壮族自治区、宁夏回族自治区、内蒙古自治区)，两个特别行政区(香港特别行政区和澳门特别行政区)。香港于 1997 年 7 月 1 日从英国回归祖国怀抱，建立香港特别行政区；澳门于 1999 年 12 月 20 日从葡萄牙回归祖国怀抱，建立澳门特别行政区。

| 香港维多利亚港 | 澳门大三巴牌坊 | 台湾 101 大厦 |

(五)基本经济制度和分配制度

《宪法》第六条规定："中华人民共和国的社会主义经济制度的基础是生产资料的社会主义公有制，即全民所有制和劳动群众集体所有制。社会主义公有制消灭人剥削人的制度，实行各尽所能、按劳分配的原则。国家在社会主义初级阶段，坚持公有制为主体、多种所有制经济共同发展的基本经济制度，坚持按劳分配为主体、多种分配方式并存的分配制度。"

宪法除了规定我国的基本制度，还规定了我国的基本国策。基本国策是保证国家经济和社会全面发展的基本方针政策，是国家顺利发展的重要保障。我国宪法主要对改革开放、保护环境、控制人口等基本国策做出了相应规定。

第二节　我国公民的基本权利和义务

公民是指具有一国国籍并根据该国宪法和法律的规定享有权利和承担义务的人。一个人取得了某一国家的国籍，就是这个国家的公民，他就可以享有该国宪法和法律规定的权利和必须履行该国宪法和法律规定的义务。如果他侨居在国外，他也受所属国家外交机构的保护。

《宪法》第三十三条规定："凡具有中华人民共和国国籍的人都是中华人民共和国公民。任何公民享有宪法和法律规定的权利，同时必须履行宪法和法律规定的义务。"

想一想

作为一个中国公民，应享有哪些基本权利？应履行哪些基本义务？

一、我国公民的基本权利

公民的基本权利（简称公民权），也叫宪法权利，是公民所享有的由宪法规定的最主要、最基本的权利，是其他法律对公民权利进行规定的依据，也是公民行使其他权利的基础。我国公民的基本权利主要包括以下几个方面的内容。

（一）平等权

平等权是指公民平等地享有权利，不受任何差别对待，要求国家给予同等保护的权利。《宪法》第三十三条第二款规定："中华人民共和国公民在法律面前一律平等。"也就是说，作为中华人民共和国的任何公民都平等地享有宪法和法律规定的权利，也平等地履行宪法和法律规定的义务；国家机关在适用法律上对任何公民一律平等，任何人都不得有超越宪法和法律之外的特权。法律面前的平等是一切其他权利实现的基本要求，它不仅是我国公民的一项基本权利，也是社会主义法制的一个基本原则。

> **案例：** 某年12月23日，中国人民银行成都分行在成都某报头版刊登了招录行员的启事，其中一项招录条件为"男性身高1.68米，女性身高1.55米以上"，从四川大学毕业的蒋某因身高不符合规定而被拒之门外。蒋某感到自己受到歧视，于第二年1月7日向成都市武侯区人民法院递交诉状，提起行政诉讼。蒋某及其代理人认为，中国人民银行成都分行这一具体行政行为，是对身高1.68米以下男性公民和身高1.55米以下女性公民平等权利的侵害，违反了《宪法》第三十三条中关于"中华人民共和国公民在法律面前一律平等"的规定，侵犯了其享有的依法担任国家机关公职人员的平等权利和政治权利，应当承担相应的法律责任。他请求确认"含有身高歧视的"具体行政行为违法，中国人民银行成都分行应停止发布该内容的广告等。
>
> **想一想：** 被告中国人民银行成都分行招录行员的广告是否存在违法的地方？是否侵犯了原告蒋某宪法规定的基本权利？

（二）政治权利和自由

政治权利和自由是指公民作为国家政治生活主体依法享有的参加国家政治生活的权利和自由，是国家为公民直接参与政治活动提供的基本保障。在我国，这一权利和自由具体包括以下两个方面的内容。

1. 政治权利

我国公民的政治权利包括选举权和被选举权。选举权是公民享有的选举国家权力机关代表和其他国家公职人员的权利；被选举权是指公民享有的被选任为国家权力机关代表或者其他国家公职人员的权利。

《宪法》第三十四条规定："中华人民共和国年满十八周岁的公民，不分民族、种族、性别、职业、家庭出身、宗教信仰、教育程度、财产状况、居住期限，都有选举权和被选举权；但是依照法律被剥夺政治权利的人除外。"

2. 政治自由

政治自由主要是指公民表达自己政治意愿的自由。它是公民表达个人见解和意愿，参与正常社会活动和国家管理的一项基本权利。

《宪法》第三十五条规定："中华人民共和国公民有言论、出版、集会、结社、游行、示威的自由。"

我国公民的宗教信仰中都有哪些宗教派别？"法轮功"和封建迷信活动是否属于宗教信仰的范畴？

（三）宗教信仰自由

《宪法》第三十六条第一款规定："中华人民共和国公民有宗教信仰自由。"这一规定在我国法律上的含义是指：(1)每个公民都有按照自己的意愿信仰宗教的自由，也有不信仰宗教的自由；(2)有信仰这种宗教的自由，也有信仰那种宗教的自由；(3)有信仰同一宗教中的这个教派的自由，也有信仰那个教派的自由；(4)有过去信教现在不信教的自由，也有过去不信教现在信教的自由；(5)有按宗教信仰参加宗教仪式的自由，也有不参加宗教仪式的自由。

《宪法》第三十六条第二款和第三款规定："任何国家机关、社会团体和个人不得强制公民信仰宗教或者不信仰宗教，不得歧视信仰宗教的公民和不信仰宗教的公民。国家保护正常的宗教活动。任何人不得利用宗教进行破坏社会秩序、损害公民身体健康、妨碍国家教育制度的活动。"

依照宪法精神和相关法律规定，任何人都不得打着宗教信仰自由的旗号，组织或者参加邪教组织。

✎ **阅读延伸**

我国的宗教现状

我国是个多宗教的国家。我国宗教徒信奉的主要有佛教、道教、伊斯兰教、天主教和基督教，其中道教是我国土生土长的宗教，已有 1700 多年历史。我国现有道教宫观 9000 余座，乾道、坤道 5 万余人。我国公民可以自由地选择和表明自己的宗教信仰以及宗教身份。据不完全统计，我国现有各种宗教信徒一亿多人，经批准开放的宗教活动场所近 13.9 万处，宗教教职人员 36 万余人，宗教团体 5500 多个，培养宗教教职人员的宗教院校 100 余所。

我国各宗教团体自主地办理教务，并根据需要开办宗教院校，印刷发行宗教经典，出版宗教刊物，兴办社会公益服务事业。宗教教职人员履行的正常教务活动，在宗教活动场所以及按宗教习惯在教徒自己家里进行的一切正常的宗教活动，如拜佛、诵经、礼拜、祈祷、讲经、讲道、弥撒、受洗、受戒、封斋、过宗教节日、终傅、追思等，都由宗教组织和教徒自理，受法律保护，任何人不得干涉。

我国与世界许多国家一样，实行宗教与教育分离的原则，在国民教育中，不对学生进行宗教教育。

（四）人身自由权利

人身自由权利是指公民在法律规定范围内有独立行为而不受他人干涉，不受非法逮捕、拘禁，不被非法剥夺、限制自由及非法搜查身体的权利。它是公民最起码、最基本的权利，是公民参加各种社会活动和实际享受其他一切权利的先决条件。人身自由权利的内容包括：人身自由不受侵犯、人格尊严不受侵犯、公民住宅不受侵犯、通信自由和通信秘密受法律保护。

1. 人身自由不受侵犯

人身自由不受侵犯是指公民的肉体和精神不受非法侵犯，即不受非法的限制、搜查、拘留和逮捕。《宪法》第三十七条第一款规定："中华人民共和国公民的人身自由不受侵犯。"但任何自由都不是绝对的，人身自由也不例外。为了社会利益和他人权利，在必要时，国家可以通过搜查、拘留、逮捕等措施限制甚至剥夺特定公民的人身自由，但是必须合法。所以，《宪法》第三十七条第二款规定："任何公民，非经人民检察院批准或者决定或者人民法院决定，并由公安机关执行，不受逮捕。"也就是说，对公民人身自由的剥夺，必须通过法定程序，违反法定程序的，均属非法。因此，《宪法》第三十七条第三款还规定："禁止非法拘禁和以其他方法非法剥夺或者限制公民的人身自由，禁止非法搜查公民的身体。"

2. 人格尊严不受侵犯

人格尊严不受侵犯是指与人身有密切联系的名誉、姓名、肖像等不容侵犯的权利，具体体现为姓名权、肖像权、名誉权、荣誉权、隐私权等不容侵犯的权利。《宪法》第三十八条规定："中华人民共和国公民的人格尊严不受侵犯。禁止用任何方法对公民进行侮辱、诽谤和诬告陷害。"这是我国宪法第一次写入人格尊严的内容，是对公民人身自由不受侵犯权利进一步的质的规定。

3. 公民住宅不受侵犯

公民住宅不受侵犯是指任何机关、团体的工作人员或者其他个人，未经法律许可或者未经户主等居住者的同意，不得随意进入、搜查或者查封公民的住宅。《宪法》第三十九条规定："中华人民共和国公民的住宅不受侵犯。禁止非法搜查或者非法侵入公民的住宅。"

公民住宅不受侵犯是与公民人身自由密切相关的一项公民基本权利，是人身自由权利的自然延伸。

案例：某村文化站丢失了一台彩色电视机。这台电视机是村党支部书记冯某为了活跃群众文化生活而建议购买的，花了 2000 多元，不知被哪个盗贼偷走了。本来，自冯某任支部书记以来，村风有了很大转变，怎能容忍发生这样的事呢？冯某在案发次日就向派出所报了案。为尽快查个水落石出，他又和村主任召开了党支部及村民委员会会议，决定对全村进行普遍搜查。他们动员乡中学的 160 名学生，由冯某和村主任带领，挨家挨户地搜查了 300 多个村民家庭。

想一想：冯某的做法是否合法？如果不合法，侵犯了村民的哪些基本权利？

4. 通信自由和通信秘密受法律保护

通信自由是指公民通过信件、电报、电传、电话以及其他通信手段，根据自己的意愿进行通信，不受他人干涉的自由。通信秘密是指公民的通信，他人不得拆阅或者窃听。具体来讲，私自扣押、隐匿或者毁弃他人信件、电报等，就是侵犯公民的通信自由；私自拆阅或者窃听他人的信件、电话等通信内容，就是侵犯公民的通信秘密。

《宪法》第四十条规定："中华人民共和国公民的通信自由和通信秘密受法律的保护。除因国家安全或者追查刑事犯罪的需要，由公安机关或者检察机关依照法律规定的程序对通信进行检查外，任何组织或者个人不得以任何理由侵犯公民的通信自由和通信秘密。"

(五) 批评、建议、申诉、控告、检举权和取得国家赔偿的权利

批评权是指公民对国家机关和国家工作人员在工作中的缺点和错误提出批评意见的权利。建议权是指公民对国家机关和国家工作人员的工作提出建设性意见的权利。《宪法》第四十一条第一款规定："中华人民共和国公民对于任何国家机关和国家工作人员，有提出批评和建议的权利。"

申诉权是指公民对国家机关做出的决定不服，可向有关国家机关提出请求，要求重新处理的权利。控告权是指公民对违法失职的国家机关及其工作人员的侵权行为有提出指控并请求有关国家机关对违法失职者予以制裁的权利。检举权是指公民对国家机关工作人员违法失职行为向有关国家机关进行揭发和举报的权利。《宪法》第四十一条第一款规定："对于任何国家机关和国家工作人员的违法失职行为，有向有关国家机关提出申诉、控告或者检举的权利，但是不得捏造或者歪曲事实进行诬告陷害。"同时，《宪法》第四十一条第二款对申诉、控告或者检举者做出了特别的保护："对于公民的申诉、控告或者检举，有关国家机关必须查清事实，负责处理。任何人不得压制和打击报复。"

案例： 王某和邻居李某不和，一日又因小事发生争执。王某认为自己吃了亏，欲寻机报复。于是，王某找到在某区公安局工作的好友刘某，让刘某帮其出气。刘某在没有任何证据的情况下，以李某公然侮辱他人为由，骗得领导的批准，对李某拘留十五天。

想一想： 李某应该怎么办？

取得国家赔偿的权利是指公民在受到国家机关不正确的处罚而得到昭雪后，或者是在受到国家机关和国家工作人员侵权而得到纠正后，公民要求国家负责赔偿的权利。《宪法》第四十一条第三款规定："由于国家机关和国家工作人员侵犯公民权利而受到损失的人，有依照法律规定取得赔偿的权利。"

案例： 1997年10月30日，河南省商丘市柘城县老王集乡赵楼村村民赵作海和赵振晌因琐事打架后，赵振晌不见了。后赵振晌家人向警方报案，警方将赵作海作为嫌疑对象侦查，羁押二十余天，后因证据不足，将其放出。

1999年5月8日，赵楼村村民在淘井时发现一具无头、无四肢男尸，被认为是赵振晌。警方将赵作海列为重大嫌疑人，于次日对其刑事拘留。此后，赵作海一直被羁押在看守所。

2002年11月11日，商丘市检察院提起公诉。同年12月5日，商丘市中级人民法院经过审理，以故意杀人罪判处赵作海死刑，缓期两年执行，剥夺政治权利终身。

2010年4月30日，赵振晌突然回到赵楼村。据他说，当年打架后，他以为用刀把赵作海砍死了，遂在外流浪十三年，因去年患偏瘫无钱医治，才回到村里。

2010年5月9日，赵作海被无罪释放。

2010年5月10日晚7时，赵作海终于回到了阔别十一年的家乡。

想一想： 赵作海被无罪释放后可以要求国家赔偿吗？

（六）社会经济权利

社会经济权利是指公民在经济生活和物质利益方面享有的权利，是公民实现其他权利的物质基础。它主要包括以下几个方面的权利。

1. 财产权和继承权

财产权是指公民对其合法财产享有的不受非法侵犯的权利。继承权是指继承人根据法律的规定或者被继承人所立的合法有效的遗嘱，享有的接受被继承人遗产的权利。《宪法》第十三条规定："公民的合法的私有财产不受侵犯。国家依照法律规定保护公民的私有财产权和继承权。"

2. 劳动权

劳动权是指有劳动能力的公民有从事劳动并取得相应报酬的权利。《宪法》第四十二条第一款和第二款规定："中华人民共和国公民有劳动的权利和义务。国家通过各种途径，创造劳动就业条件，加强劳动保护，改善劳动条件，并在发展生产的基础上，提高劳动报酬和福利待遇。"

3. 休息权

休息权是指劳动者为保护身体健康和提高劳动效率，根据国家有关法律和制度而享有的休息和休养的权利。《宪法》第四十三条第一款规定："中华人民共和国劳动者有休息的权利。"为了保障劳动者的休息权，《宪法》第四十三条第二款规定："国家发展劳动者休息和休养的设施，规定职工的工作时间和休假制度。"

4. 退休人员生活保障权

《宪法》第四十四条规定："国家依照法律规定实行企业事业组织的职工和国家机关工作人员的退休制度。退休人员的生活受到国家和社会的保障。"

5. 物质帮助权

物质帮助权是指公民因特定原因不能通过其他正当途径获得必要的物质生活手段时，从国家和社会获得生活保障、享受社会福利的一种权利。

《宪法》第四十五条规定："中华人民共和国公民在年老、疾病或者丧失劳动能力的情况下，有从国家和社会获得物质帮助的权利。国家发展为公民享受这些权利所需要的社会保险、社会救济和医疗卫生事业。国家和社会保障残废军人的生活，抚恤烈士家属，优待军人家属。国家和社会帮助安排盲、聋、哑和其他有残疾的公民的劳动、生活和教育。"

（七）文化教育权利

公民的文化教育权利包括受教育的权利和进行科学研究、文学艺术创作以及其他文化活动的自由。

《宪法》第四十六条规定："中华人民共和国公民有受教育的权利和义务。"为了保障我国公民受教育的权利，《宪法》第十九条规定："国家发展社会主义的教育事业，提高全国人民的科学文化水平。国家举办各种学校，普及初等义务教育，发展中等教育、职业教育和高等教育，并且发展学前教育。国家发展各种教育设施，扫除文盲，对工人、农民、国家工作人员和其他劳动者进行政治、文化、科学、技术、业务的教育，鼓励自学成才。国家鼓励集体经济组织、国家企业事业组织和其他社会力量依照法律规定举办各种教育事业。"

科学研究的自由是指公民在从事社会科学和自然科学的研究时，有选择研究课题、研究和探讨问题、交流学术观点、发表个人学术见解的自由。文学艺术创作的自由是指公民发挥个人的文学艺术创作才能，创作各种形式的文学艺术作品的自由。

《宪法》第二十条规定：“国家发展自然科学和社会科学事业，普及科学和技术知识，奖励科学研究成果和技术发明创造。”《宪法》第四十七规定：“中华人民共和国公民有进行科学研究、文学艺术创作和其他文化活动的自由。国家对于从事教育、科学、技术、文学、艺术和其他文化事业的公民的有益于人民的创造性工作，给予鼓励和帮助。”

案例： 某省一名高中学生，在高考中成绩优异，但因相貌丑陋，面孔左右两边极不对称，被多所高校拒招。

想一想： 这些高校侵犯了该名学生的哪些基本权利？

（八）特定主体的权利

所谓特定主体，是指由于传统、习俗的影响或者这些主体在行为能力上的弱点，其权利容易受到社会忽视或侵犯，或者因社会地位特殊或职业特殊而国家应负有特别保护其权利的公民。

我国宪法除对公民所应普遍享有的权利和自由做出明确规定外，还对特定主体设置专条，给予特定保护。宪法中的这些特定主体具体包括：军烈属、离退休人员、妇女、儿童、老人、青少年、华侨等。

二、我国公民的基本义务

公民的基本义务也称宪法义务，是指由宪法规定的公民必须遵守和应尽的根本责任。我国公民的权利和义务具有统一性。我国公民享有的权利是广泛的和现实的，但任何权利都是相对的，不是绝对的和随心所欲的。公民在行使权利的同时要自觉地履行义务。我国宪法对公民的基本义务主要规定为以下几个方面：

第一，维护国家统一和全国各民族团结；

第二，遵守宪法和法律，保守国家秘密，爱护公共财产，遵守劳动纪律，遵守公共秩序，尊重社会公德；

第三，维护祖国的安全、荣誉和利益，不得有危害祖国的安全、荣誉和利益的行为；

第四，保卫祖国、抵抗侵略，依照法律服兵役和参加民兵组织；

第五，依照法律纳税。

此外，我国宪法还规定了夫妻双方有实行计划生育的义务、父母有抚养教育未成年子女的义务、成年子女有赡养扶助父母的义务等。

我国公民的有些权利和义务是彼此结合的，如劳动权和受教育权，它们既是公民的基本权利，同时也是公民的基本义务。

第三节 国家机构

国家机构是国家为实现其职能而建立起来的一整套国家机关体系的总称。国家机构包括中央国家机构和地方国家机构。我国的中央国家机构包括全国人民代表大会及其常务委员会、中华人民共和国主席、国务院、中央军事委员会、国家监察委员会、最高人民法院和最高人民检察院。地方国家机构相对中央国家机构而言，是指设在省、自治区、直辖市、特别行政区、自治州、市、市辖区、县、自治县、乡、民族乡、镇的国家机构，包括地方各级人民代表大会、地方各级人民政府、地方各级监察委员会、地方各级人民法院和地方各级人民检察院。

一、全国人民代表大会

全国人民代表大会是最高国家权力机关，是国家的立法机关。在我国的国家机关中居于最高地位。全国人民代表大会由省、自治区、直辖市、特别行政区和军队选出的代表组成。各少数民族都应当有适当名额的代表。每届任期五年，每年举行一次会议。它的职权是：修改宪法；监督宪法的实施；制定和修改基本法律；选举、决定和罢免最高国家机关领导人员；决定国家生活中的各项重大问题；监督由其产生的其他国家机关的工作等。

知识窗

全国人民代表大会常务委员会

全国人民代表大会常务委员会是全国人民代表大会的常设机关，是最高权力机关的组成部分，它对全国人民代表大会负责并报告工作，受全国人民代表大会的监督。全国人民代表大会常务委员会每届任期五年，委员长、副委员长连续任职不得超过两届。

它的职权是：解释宪法和法律，制定和修改除基本法律以外的其他法律，监督宪法的实施，审查和监督行政法规、地方性法规的合宪性和合法性，决定和任免国家机关领导人员，国家生活中其他重要事项的决定权，监督其他国家机关的工作等。

二、中华人民共和国主席

中华人民共和国主席是中华人民共和国的代表，行使国家元首的职权。中华人民共和国主席、副主席由全国人民代表大会选举。有选举权和被选举权的年满四十五周岁的中华人民共和国公民可以被选为中华人民共和国主席、副主席。国家主席、副主席每届任期同全国人民代表大会每届任期相同。国家主席根据全国人民代表大会及其常务委员会的决定，公布法律，发布命令；提名国务院总理人选，决定任免政府领导人员和驻外代表；有外交权，荣典权等。

三、国务院

中华人民共和国国务院，即中央人民政府，是最高国家权力机关的执行机关，是最高国家行政机关，由总理、副总理若干人、国务委员若干人、各部部长、各委员会主任、审计长、秘书长组成。国务院每届任期五年，总理、副总理、国务委员连续任职不得超过两届。国务院实行总理负责制，各部、各委员会实行部长、主任负责制。国务院的职权包括行政法规的制定和发布权，行政措施的规定权，提出议案权，对所属部委和地方各级行政机关的领导权及监督权，行政人员的任免、奖惩权，对国防、文教、经济等工作的领导和管理权等。

四、中央军事委员会

中华人民共和国中央军事委员会领导全国武装力量，是我国武装力量的最高领导机关，是最高军事决策和指挥机关。中央军事委员会由主席、副主席若干人、委员若干人组成。中央军事委员会实行主席负责制。中央军事委员会每届任期同全国人民代表大会每届任期相同；中央军事委员会主席对全国人民代表大会和全国人民代表大会常务委员会负责。

知识窗

中国共产党中央军事委员会，简称中共中央军委或中央军委，是中国共产党领导下的最高军事领导机构，直接领导全国武装力量，其组成人员由中国共产党中央委员会决定。中华人民共和国中央军事委员会，简称国家中央军委或中央军委，是中华人民共和国的最高军事决策和指挥机关，领导全国武装力量。

中央军委是中国共产党中央军事委员会和中华人民共和国中央军事委员会的简称，中共中央军委和国家中央军委实际上是"两个牌子、一套班子"。

中央军委下属的机关包括：(1)职能部门，有7个部(厅)，3个委员会和5个直属机构；(2)东部、南部、西部、北部、中部五大战区；(3)各军兵种；(4)武警部队；(5)直属院校；(6)军事两院(军事法院和军事检查院)。

五、地方各级人民代表大会和地方各级人民政府

(一)地方各级人民代表大会

地方各级人民代表大会是地方国家权力机关。县级以上人民代表大会设常务委员会。省、直辖市、设区的市的人民代表大会由下一级的人民代表大会选举，并接受原选举单位监督。不设区的市、市辖区、县、乡、民族乡、镇的人民代表大会由选民直接选举，受选民的监督。地方各级人民代表大会每届任期五年。

地方各级人民代表大会在本行政区域内，保证宪法、法律、行政法规的遵守和执行；依照法律规定的权限，通过和发布决议，审查和决定地方的经济建设、文化建设和公共事业建设的计划。县级以上的地方各级人民代表大会审查和批准本行政区域内的国民经济和社会发展计划、预算以及它们的执行情况的报告；有权改变或者撤销本级人民代表大会常务委员会不适当的决定。民族乡的人民代表大会可以依照法律规定的权限采取适合民族特点的具体措施。

省、直辖市的人民代表大会及其常务委员会，在不同宪法、法律、行政法规相抵触的前提下，可以制定地方性法规，报全国人民代表大会常务委员会备案。设区的市的人民代表大会和它们的常务委员会，在不同宪法、法律、行政法规和本省、自治区的地方性法规相抵触的前提下，可以依照法律规定制定地方性法规，报本省、自治区人民代表大会常务委员会批准后施行。

地方各级人民代表大会分别选举并且有权罢免本级人民政府的省长和副省长、市长和副市长、县长和副县长、区长和副区长、乡长和副乡长、镇长和副镇长。县级以上的地方各级人民代表大会选举并且有权罢免本级监察委员会主任、本级人民法院院长和本级人民检察院检察长。选出或者罢免人民检察院检察长，须报上级人民检察院检察长提请该级人民代表大会常务委员会批准。

(二)地方各级人民政府

地方各级人民政府是地方各级国家权力机关的执行机关，是地方各级国家行政机关。地方各级人民政府每届任期五年，与本级人民代表大会每届任期相同；地方各级人民政府实行省长、市长、县长、区长、乡长、镇长负责制，分别主持本级人民政府的工作。地方各级人民政府对本级人民代表大会负责并报告工作。县级以上的地方各级人民政府在本级人民代表大会闭会期间，对本级人民代表大会常务委员会负责并报告工作。地方各级人民政府对上一级国家行政机关负责并报告工作。全国地方各级人民政府都是国务院统一领导下的国家行政机关，都服从国务院。

地方各级人民政府主要有以下职权：一是执行决议、决定和命令。地方各级人民政府要执行本级人民代表大会及其常务委员会的决议，执行上级国家行政机关的决定和命令。二是领导和监督权。地方各级人民政府领导所属各工作部门和下级人民政府的工作，有权改变或者撤销

所属工作部门和下级人民政府不适当的决定，有权任免、考核和奖惩行政工作人员。三是管理各项行政工作。地方各级人民政府管理本行政区域内的经济、教育、科学、文化、卫生、体育事业、城乡建设事业和财政、民政、公安、民族事务、司法行政、计划生育等行政工作，发布决定和命令。

六、民族自治地方的自治机关

民族自治地方的自治机关是在我国少数民族自治地方设立的行使同级相应地方国家机关职权并同时行使自治权的国家机关，是自治区、自治州、自治县的人民代表大会和人民政府，是我国的一级地方国家机关。

自治区、自治州和自治县的人民代表大会，是民族自治地方的国家权力机关。自治区、自治州、自治县的人民代表大会中，除实行区域自治的代表外，其他居住在本行政区域内的民族也应当有适当名额的代表。自治区、自治州、自治县的人民代表大会常务委员会中应当有实行区域自治的民族的公民担任主任或者副主任。

自治区、自治州、自治县的人民政府，是本级人民代表大会的执行机关，是本级民族自治地方的地方国家行政机关。自治区主席、副主席，自治州州长、副州长，自治县县长、副县长由本级人民代表大会选举产生，其他组成人员由本级人民代表大会常务委员会分别根据自治区主席、自治州州长和自治县县长的提名决定，每届任期同本级人民代表大会的相同。它对本级人民代表大会及其常务委员会和上一级国家行政机关负责并报告工作，受国务院的统一领导。自治区、自治州、自治县的人民政府实行主席、州长、县长负责制。自治区主席、自治州州长、自治县县长由实行区域自治的民族的公民担任。人民政府的其他组成人员和所属工作部门的干部，也尽量配备实行区域自治的民族和其他少数民族的人员。

民族自治地方的自治机关，除行使宪法规定的地方国家机关的职权外，同时依照宪法、民族区域自治法和其他法律规定的权限行使自治权，根据本地方实际情况，贯彻执行国家的法律、政策。民族自治地方的人民代表大会有权依照当地民族的政治、经济和文化的特点，制定自治条例和单行条例。民族自治地方的自治机关有管理地方财政的自治权，凡是依照国家财政体制属于民族自治地方的财政收入，都应当由民族自治地方的自治机关自主安排使用。民族自治地方的自治机关在国家计划的指导下，自主安排和管理地方性的经济建设；国家在民族自治地方开发资源、建设企业的时候，应当照顾民族自治地方的利益。民族自治地方的自治机关自主地管理本地的教育、科学、文化、卫生、体育事业，保护和整理民族的文化遗产，发展和繁荣民族文化。民族自治地方的自治机关依照国家的军事制度和当地的实际需要，经国务院批准，可以组织本地方维护社会治安的公安部队。民族自治地方的自治机关在执行职务的时候，依照本民族自治地方自治条例的规定，使用当地通用的一种或者几种语言文字。国家要从财政、物资、技术等方面帮助各少数民族加速发展经济建设和文化建设；国家还要帮助民族自治地方从当地民族中大量培养各级干部、各种专业人才和技术工人。

七、监察委员会

监察委员会是国家的监察机关，是行使国家监察职能的专职机关。我国设立国家监察委员会和地方各级监察委员会。

国家监察委员会是最高监察机关，由全国人民代表大会产生，负责全国监察工作。省、自治区、直辖市、自治州、县、自治县、市、市辖区设立监察委员会，地方各级监察委员会由本级人民代表大会产生，负责本行政区域内的监察工作。国家监察委员会对全国人民代表大会及其常务委员会负责，并接受其监督。国家监察委员会每届任期同全国人民代表大会每届任期相同。国家监察委员会主任连续任职不得超过两届。国家监察委员会由主任、副主任若干人、委员若干人组成，主任由全国人民代表大会选举产生，副主任、委员由中华人民共和国国家监察委员会主任提请全国人民代表大会常务委员会任免。

地方各级监察委员会对本级人民代表大会及其常务委员会和上一级监察委员会负责，并接受其监督。国家监察委员会领导地方各级监察委员会的工作，上级监察委员会领导下级监察委员会的工作。

监察委员会依照法律规定独立行使监察权，不受行政机关、社会团体和个人的干涉。

监察机关办理职务违法和职务犯罪案件，应当与审判机关、检察机关、执法部门互相配合，互相制约。

知识窗

监察委员会职责

监察委员会依照《中华人民共和国监察法》和有关法律规定履行监督、调查、处置职责。

(一)对公职人员开展廉政教育，对其依法履职、秉公用权、廉洁从政从业以及道德操守情况进行监督检查。

(二)对涉嫌贪污贿赂、滥用职权、玩忽职守、权力寻租、利益输送、徇私舞弊以及浪费国家资财等职务违法和职务犯罪进行调查。

(三)对违法的公职人员依法做出政务处分决定；对履行职责不力、失职失责的领导人员进行问责；对涉嫌职务犯罪的，将调查结果移送人民检察院依法审查、提起公诉；向监察对象所在单位提出监察建议。

八、人民法院和人民检察院

(一)人民法院

人民法院是国家的审判机关。我国设立最高人民法院、地方各级人民法院和军事法院等专门人民法院。

最高人民法院是最高审判机关，依法独立行使审判权。最高人民法院监督地方各级人民法院和专门人民法院的审判工作，上级人民法院监督下级人民法院的审判工作。最高人民法院对全国人民代表大会及其常务委员会负责。

地方各级人民法院是地方国家审判机关，它依法独立行使审判权，不受行政机关、社会团体和个人的干涉。地方各级人民法院分为：高级人民法院、中级人民法院、基层人民法院。省、自治区、直辖市设高级人民法院，省、自治区、直辖市按地区设中级人民法院，县、市、自治县、市辖区设基层人民法院。地方各级人民法院对产生它的人民代表大会及其常务委员会负责并报告工作。

(二)人民检察院

人民检察院是国家的法律监督机关。我国设立最高人民检察院、地方各级人民检察院和军事检察院等专门人民检察院。

最高人民检察院是最高检察机关，依法独立行使检察权。最高人民检察院领导地方各级人民检察院和专门人民检察院的工作，上级人民检察院领导下级人民检察院的工作。最高人民检察院对全国人民代表大会及其常务委员会负责。

地方各级人民检察院是地方的国家法律监督机关，它依法独立行使检察权，不受行政机关、社会团体和个人的干涉。地方各级人民检察院分为：高级人民检察院、中级人民检察院、基层人民检察院。省、自治区、直辖市设高级人民检察院，省、自治区、直辖市按地区设中级人民检察院，县、市、自治县、市辖区设基层人民检察院。地方各级人民检察院对产生它的国家权力机关及上级人民检察院负责并报告工作。

> **知识窗**
>
> 党和国家领导人，一般为中央层面的高级领导人的统称，包括中共中央、中央国家机构、全国政协的主要领导人。以中共中央总书记为首，至全国政协副主席为止。
>
>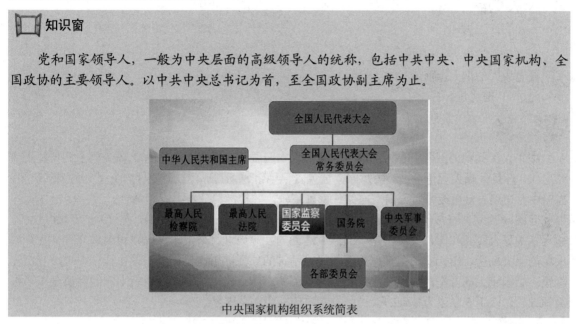
>
> 中央国家机构组织系统简表

第四节　国旗、国歌、国徽及首都

一、国旗

中华人民共和国国旗是五星红旗，它是中华人民共和国的象征和标志。旗面长宽比例为 3:2。左上方缀黄色五角星五颗，四颗小五角星环拱在一颗大五角星的右面。国旗中的大五角星代表中国共产党，四颗小五角星分别代表工人阶段、农民阶段、小资产阶级和民族资产阶级。四颗小五角星各有一尖正对着大五角星的中心点，其间的位置关系象征着中国共产党领导下的革命人民大团结。国旗旗面为红色，象征革命，五角星采用黄色，是为了在红地上显出光明，也表示中华民族为黄色人种。

二、国歌

中华人民共和国国歌为《义勇军进行曲》，诞生于 1935 年，由剧作家田汉作词，中国新音乐运动的创始人聂耳作曲。这首歌原为电影《风云儿女》的主题歌，被称为中华民族解放的号角。自 1935 年以来，在中华民族生死存亡的危急关头，被广大人民广为传唱，对激励中国人民的爱国主义精神起到了巨大的作用。1949 年 9 月 27 日，中国人民政治协商会议第一届全体会议通过了以《义勇军进行曲》为代国歌决议；2004 年 3 月 14 日，十届全国人大二次会议决定把《义勇军进行曲》作为中华人民共和国国歌写进宪法。

中华人民共和国国歌歌词是：

起来！不愿做奴隶的人们！

把我们的血肉，筑成我们新的长城！

中华民族到了最危险的时候，

每个人被迫着发出最后的吼声。

起来！起来！！起来！！！

我们万众一心，

冒着敌人的炮火，前进！

冒着敌人的炮火，前进！

前进！！前进进！！！

三、国徽

中华人民共和国国徽中心为红地上的金色天安门城楼，城楼正上方的 4 颗金色小五角星呈半弧形状，环拱一颗大五角星。国徽四周由金色麦稻穗组成正圆形环，麦稻秆的交叉处为圆形齿轮，齿轮中心交结着红色绶带，分向左右结住麦秆下垂，并把齿轮分成上下两部分。

我国国徽蕴含的内容是：中国的新民主主义革命是从五四运动开始的，到 1949 年取得胜利，建立了中华人民共和国，天安门是"五四"运动的发源地，又是中华人民共和国成立时举行开国大典的盛大场所，用天安门图案作为新的民族精神的象征，用齿轮、麦稻穗象征工人阶级与农民阶级；用国旗上的五星，代表中国共产党领导下的中国人民大团结，表现新中国的性质是工人阶级领导的、以工农联盟为基础的人民民主专政的社会主义国家。

四、首都

中华人民共和国的首都在北京。它是国家的中心城市，是中国的政治、经济、文化、交通和国际交流中心，是中国经济、金融的决策和管理中心，是中华人民共和国中央人民政府和全国人民代表大会所在地，是国家主权的象征城市。

思考与练习

一、选择题

1.《宪法》第三十三条规定："中华人民共和国（　　）在法律面前一律平等。"

A．人民　　　　　B．各族人民　　　　　C．人民群众　　　　　D．公民

2．在我国的各类国家机关中，上下级关系是监督关系的有（　　）。

　　A．国家权力机关　　　　　　　　　B．国家行政机关

　　C．国家审判机关　　　　　　　　　D．国家检察机关

3．我国的国家结构形式是（　　）。

　　A．社会主义制度　　　　　　　　　B．人民民主专政

　　C．人民代表大会制　　　　　　　　D．统一的多民族国家

4．我国实行依法治国的根本依据是（　　）。

　　A．政策　　　　　B．道德　　　　　C．法律　　　　　D．宪法

5．根据宪法的规定，我国公民有获得物质帮助的权利，下列哪种情况属于可以获得物质帮助的情况（　　）。

　　A．年老　　　　　B．疾病　　　　　C．丧失劳动能力　　　D．贫困

6．我国的国家权力机关是（　　）。

　　A．人民代表大会　　　　B．人民政府　　　　C．监察委员会

　　D．人民法院　　　　　　E．人民检察院

7．宪法规定我国公民的政治权利和自由是指（　　）。

　　A．选举权和被选举权　　　B．宗教信仰自由　　　C．监督权

　　D．公民的言论、出版、集会、结社、游行、示威的自由　　　E．平等权

8．我国对国家公职人员行使监察权的机关是（　　）。

　　A．人民代表大会　　　　B．人民政府　　　　C．监察委员会

　　D．人民法院　　　　　　E．人民检察院

9．宪法规定公民的社会经济权利包括（　　）。

　　A．财产权和继承权　　　B．劳动权和休息权　　　C．退休生活保障权

　　D．物质帮助权　　　　　E．取得国家赔偿权

10．新中国成立后我国一共制定颁布了四部宪法，现行宪法是1982年宪法。全国人民代表大会对1982年宪法迄今为止已经颁布了（　　）宪法修正案。

　　A．一次　　　　B．二次　　　　C．三次　　　　D．四次　　　　E．五次

二、判断题

1．我国宪法是全民意志和利益的体现，因而具有最高的法律效力。　　　　　　　　（　　）

2．凡是年满十八周岁，在中国定居的人，就是中国公民。　　　　　　　　　　　（　　）

3．人权就是公民权。　　　　　　　　　　　　　　　　　　　　　　　　　　　（　　）

4．我国宪法规定公民对国家机关和国家工作人员侵犯其权利的行为，有依法取得赔偿的权利。　　　　　　　　　　　　　　　　　　　　　　　　　　　　　　　　　　　（　　）

5．言论自由就是每个人可以随意发表个人的见解和意见。　　　　　　　　　　　（　　）

6．我国实行"一国两制"，不是单一制国家。　　　　　　　　　　　　　　　　（　　）

7．我国的根本政治制度是社会主义制度。　　　　　　　　　　　　　　　　　　（　　）

8．人民法院是国家审判机关，它依法独立行使审判权，不受行政机关、社会团体和个人的干涉。　　　　　　　　　　　　　　　　　　　　　　　　　　　　　　　　　　　（　　）

9．人民政府是国家权力机关的执行机关，是国家行政机关。地方各级人民政府每届任期三年。　　　　　　　　　　　　　　　　　　　　　　　　　　　　　　　　　　　　（　　）

10. 宪法的修改，由全国人民代表大会常务委员会或者五分之一以上的全国人民代表大会代表提议，并由全国人民代表大会以全体代表的过半数通过。 （　　）

三、简答题

1. 为什么说宪法是国家的根本大法？
2. 中国公民有哪些基本权利和自由？
3. 请回答全国人民代表大会所具有的职权范围。

第五章 民法总则与民事诉讼

 学习目标

通过对民法的学习，了解民法的概念和基本原则，了解民事主体的类型、民事权利能力和民事行为能力，了解违反民事法律规定应当承担的民事责任等基本内容。通过对民事诉讼法的学习，了解民事诉讼的基本程序，知晓民事权利受到侵害时，如何拿起法律武器解决问题，以便保护自身的合法权益。

 导入案例

某年 8 月，甲与乙签订了《房屋买卖合同》。房屋买卖合同约定，甲将自己位于小区 B 座 26-17 号的一套房屋，以总价 128 万元的价格出售给乙，乙在合同生效后三十日内将全部房款一次性支付给甲，甲收到全款后三日内，将房屋交付乙，并协助乙办理产权转移登记手续。合同生效后，乙按合同约定，将全部房款 128 万元存入甲的银行账户。在合同约定的交房期限内，因房地产市场价格的急速上涨，甲的房屋由原来的 128 万元上涨至 180 万元。由于房价上涨的原因，甲要求将房价调整为 170 万元，否则拒绝交房并要求解除房屋买卖合同。

想一想：甲的行为违反了民法什么基本原则？甲能否以房价上涨为由，要求调高房屋售价？

第一节 民法概述

《中华人民共和国民法典》(以下简称《民法典》)于 2020 年 5 月 28 日由第十三届全国人民代表大会第三次会议表决通过，自 2021 年 1 月 1 日起施行。

《民法典》共 7 编，另加附则，1260 条，依次为总则、物权、合同、人格权、婚姻家庭、继承、侵权责任、附则。《民法典》通篇贯穿以人民为中心的发展思想，着眼满足人民对美好生活的需要，对公民的人身权、财产权、人格权等做出明确翔实的规定，并规定侵权责任，明确权利受到削弱、减损、侵害时的请求权和救济权等，体现了对人民权利的充分保障，被誉为"新时代人民权利的宣言书"。

一、民法的概念

民法是调整平等主体的自然人、法人和非法人组织之间的人身关系和财产关系的法律规范的总称。为了厘清这一概念，我们从以下三个方面对其进行分析。

(一)平等主体

平等主体是指参加民事法律关系，地位平等的当事人。它包括自然人、法人和非法人组织。在民法调整的领域内，主体之间彼此的法律地位平等，平等地享有权利，平等地履行义务，没有领导与被领导、服从与被服从的关系，任何一方都不得把自己的意志强加给对方。民法调整的是平等主体之间的法律关系，这是区别于行政法、刑法等其他法律的重要标志。

> **案例：**邓某为某市工商局宣传处干部。某日上午 7 点 30 分，邓某在上班途中看见一位老大娘郭某昏倒在路边，便急忙将其送到附近医院抢救。当他赶到单位上班时，已迟到 40 分钟。因上班迟到，邓某受到扣发当月奖金的处罚。随后，邓某在解释情况时又与局领导发生争吵，局领导以其顶撞领导为由再次扣发邓某当月工资和下半年奖金。接到单位的处理决定后，邓某不服，认为自己是因为在上班途中遇到昏倒的老人后，将其送医院救治才耽误了上班时间，事出有因，单位不应当对自己进行处罚，决定向人民法院提起民事诉讼。
>
> **想一想：**邓某与工商局之间的纠纷，是否属于民法调整的范围？为什么？

(二)财产关系

财产关系是指人们在物质资料的生产、分配、交换和消费过程中所形成的具有经济内容的社会关系。它包括财产归属关系和财产流转关系。财产归属关系，主要是财产所有权关系，是指因直接占有或者间接占有、使用、收益、处分财产而发生的财产关系。财产流转关系是指因财产交换(如买卖合同等)而发生的财产关系。

一般来说，财产包括：(1)具有经济价值的有体物，如土地、房屋、服装、机器设备等；(2)知识产权，如著作、专利、商标等；(3)受法律保护的具有经济价值的利益，如企业名称权、荣誉权等。

(三)人身关系

人身关系是指人们在社会生活中形成的具有人身属性的、与主体的人身不可分离的、不是以经济利益而是以特定人身利益为内容的社会关系。

人身关系分为两类：一类是人格关系，另一类是身份关系。人格关系是指民事主体本身所应具有的权利主体资格即因人格而产生的社会关系，如基于人的生命、健康、姓名、名称、肖像、名誉而产生的社会关系。身份关系是指基于身份而产生的社会关系，如基于亲属、婚姻产生的社会关系，包括父母子女间、夫妻间等身份关系。

二、民法的基本原则

民法的基本原则是民事立法、守法、执法及研究民法的总的指导思想，其效力贯穿于民法始终，体现了民法的基本价值，集中反映了民事立法的目的和方针，对各项民法制度和民法规范起统率和指导作用。在宪法无明文规定时，它可以起到弥补法律漏洞(法律规范欠缺)的作用。根据《民法典》的规定，我国民法的基本原则主要包括以下几项内容。

(一)平等原则

民法平等原则是《宪法》第三十三条"中华人民共和国公民在法律面前一律平等"规定的具体化。所谓平等，是指民事主体在民事活动中的法律地位一律平等，其具体内容包括主体的资格平等、依法平等地享受权利和承担义务、合法权益受法律平等保护等。

(二)自愿原则

《民法典》第五条规定："民事主体从事民事活动，应当遵循自愿原则，按照自己的意思设立、变更、终止民事法律关系。"所谓自愿，是指在民事活动中，民事主体的意思自由，即当事人可以根据自己的判断，设立、变更、终止民事法律关系。其内容包括自己行为和自己责任两个方面。自己行为，即当事人可以根据自己的意愿决定是否参与民事活动以及参与的内容、行为方式等。自己责任，即民事主体要对自己参与民事活动所导致的结果负担责任。

（三）公平原则

《民法典》第六条规定："民事主体从事民事活动，应当遵循公平原则，合理确定各方的权利和义务。"所谓公平，是指在民事活动中应以利益均衡作为价值判断标准，当民事主体之间发生利益关系摩擦时，应以权利和义务是否均衡来平衡双方的利益。

> **案例：** 李某的父亲生前是一个集邮爱好者，其去世时遗留有几本集邮册。李某对集邮从不感兴趣，对邮票的价值认识不足。一日，李某的朋友刘某到家中吃饭，无意间双方谈到了李某父亲遗留的几本集邮册。刘某也是一个集邮爱好者，是邮票玩家。李某就将父亲遗留的集邮册拿出来，让刘某鉴赏，并让刘某给个出让的参考价。刘某看完集邮册后，提出愿意以5000元的价格收购李某父亲遗留的几张邮票。对于刘某的提议，李某欣然同意。半年后的一天，李某从父亲生前的一个集邮爱好者朋友处得知，他父亲所留的邮票中，有5张相当珍贵，每张价值均在5000元以上，刘某的收购价格明显偏低。李某听了父亲朋友的话后，立即找到刘某，要求刘某退还邮票，但刘某坚决不同意。双方协商不成，无奈之下，李某诉至法院，要求刘某返还邮票。
>
> **想一想：** 如果李某父亲遗留的邮票确如李某父亲的朋友所说，每张价值均在5000元以上，那么李某的请求是否会获得法院的支持？双方之间的交易是否违背了公平原则？

（四）诚信原则

《民法典》第七条规定："民事主体从事民事活动，应当遵循诚信原则，秉持诚实，恪守承诺。"所谓诚信，是指民事主体当事人在民事活动中应从善意出发，实事求是，信守诺言，自觉履行约定的民事义务，以维护民事主体双方利益平衡。它有两层基本含义：一是诚实，是指言行真实，符合情况，无虚假、欺诈之意；二是信用，是指信守约定或者承诺的规则，履行和承担由约定或者承诺的规则所确定的义务及责任。

（五）公序良俗原则

《民法典》第八条规定："民事主体从事民事活动，不得违反法律，不得违背公序良俗。"《民法典》第十条规定："处理民事纠纷，应当依照法律；法律没有规定的，可以适用习惯，但是不得违背公序良俗。"公序即公共秩序，是指国家、社会的存在及其发展所必需的一般秩序；良俗即善良风俗，是指国家、社会的存在及其发展所必需的一般道德规范要求。公序良俗，一方面是指民事主体的行为应当遵守公共秩序，符合善良风俗，不得违反国家的公共秩序和社会的一般道德；另一方面是指民事纠纷的仲裁者在法律规定不足或者不违背强制性法律规范的条件下，可以运用公共秩序的一般要求和善良风俗习惯处理纠纷。

> **案例：** 张某与蒋某之夫黄某是朋友关系，黄某于某年4月18日立下遗嘱，将自己价值约6万元的财产在其死亡后遗赠给张某。黄某所立遗嘱于4月20日在公证机关进行了遗嘱公证。4月22日，遗赠人黄某因病死亡，遗嘱生效。遗嘱生效后，张某持遗嘱要求财产占有人蒋某交付遗嘱所涉财产，蒋某明确予以拒绝。双方经协商未果，张某一纸诉状将蒋某告上法庭。在诉讼过程中，证人刘某、段某的证言证实，之前黄某与蒋某夫妻感情很好，但从五年前黄某认识张某以后，黄某与张某即在段某等处租房非法同居生活，直至黄某患病住院后去世；相关单位也向法院出具证

明材料，证实黄某与蒋某夫妻关系原来一直很好，从五年前结识张某后，黄某与张某就开始在外租房居住，为此，蒋某与张某发生纠纷，被张某打伤，单位还出面给黄某和蒋某调解过；经法庭查明，在黄某死亡时，黄某与蒋某的夫妻关系尚未解除。

综合上述事实，结合我国法律的规定，法庭驳回了张某的诉讼请求。

想一想：黄某所立遗嘱，是否有违公序良俗？理由是什么？

（六）节约资源、保护生态环境原则

《民法典》第九条规定："民事主体从事民事活动，应当有利于节约资源、保护生态环境。"这一原则也叫绿色原则，它对解决我国面临的日益严重的资源短缺和环境污染问题具有重要意义。

三、民法的诉讼时效

《民法典》第一百八十八条规定："向人民法院请求保护民事权利的诉讼时效期间为三年。法律另有规定的，依照其规定。诉讼时效期间自权利人知道或者应当知道权利受到损害以及义务人之日起计算。法律另有规定的，依照其规定。但是，自权利受到损害之日起超过二十年的，人民法院不予保护，有特殊情况的，人民法院可以根据权利人的申请决定延长。"

第二节 民 事 主 体

 导入案例

案例：周某（男）与刘某（女）系大学同学，大学毕业后，两人进入同一家公司从事计算机软件开发工作，经过一段时间的热恋，两人于某年10月1日在民政局登记结婚。婚后五个月时，刘某经医院检查，被证实已经怀孕。次年6月7日，周某在出差途中遭遇交通事故死亡。

想一想：周某与刘某所怀的尚未出生的孩子，是民事主体吗？

民事主体又称民事法律关系的主体，是指参加民事法律关系，享有民事权利和承担民事义务的人。它包括自然人、法人和非法人组织。

国家是民事法律关系的特殊主体，在一定情况下，需要国家直接参加民事活动时，国家以民事主体的资格参加民事法律关系，如发行公债、享有财产所有权、接受赠与、对外以政府名义签订贸易协定等。

一、自然人

所谓自然人，就是指依自然规律出生而取得民事主体资格的人。在现代科技条件下，依自然规律出生的人既包括因自然受精而出生的人，又包括借助生殖辅助技术出生的人，如人工授精（母体内受孕）与试管婴儿（母体外受精）而出生的人。

（一）自然人的民事权利能力

自然人的民事权利能力，是指自然人依法享有民事权利和承担民事义务的资格。它是自然人参加民事法律关系，享有民事权利、承担民事义务的法律依据，也是自然人享有民事主体资格的标志。

《民法典》第十三条规定："自然人从出生时起到死亡时止，具有民事权利能力，依法享有民事权利，承担民事义务。"即自然人的民事权利能力始于出生，终于死亡。

《民法典》第十四条规定："自然人的民事权利能力一律平等。"

民法上说的出生，是指胎儿与母体分离并且处于存活状态。婴儿从出生时起即取得民事权利能力，即使生存时间短暂，也取得民事权利能力，即能根据法律规定享有民事权利和承担民事义务。

被宣告死亡的人若还活着并从事着民事法律行为，其效力如何？

民法上所说的死亡，分为自然死亡和宣告死亡。自然死亡也称生理死亡，是指自然人生命的绝对消灭。宣告死亡也称法律推定死亡，是指自然人离开自己的住所，下落不明达到法定期限，经利害关系人申请，由人民法院宣告其死亡的法律制度。自然人有下列情形之一的，利害关系人可以向人民法院申请宣告其死亡：(1)下落不明满四年的；(2)因意外事件下落不明，从事件发生之日起满两年的；(3)因意外事件下落不明，经有关机关证明该自然人不可能生存的。宣告死亡与自然死亡具有相同的法律效力。但当被宣告死亡的人重新出现或者有人确知他没有死亡时，经本人或者利害关系人申请，人民法院应当撤销对他的死亡宣告。被撤销死亡宣告的人，配偶再婚的，新的婚姻关系受到法律保护；没有再婚的，原婚姻关系自撤销死亡宣告之日起自行恢复，但一方向婚姻登记机关书面声明不愿意恢复的除外。有子女的，父母子女的权利义务应当恢复，但子女被他人依法收养的，其收养关系不得单方解除。被撤销死亡宣告的人，有权请求返还财产，取得其财产的自然人或者组织，应当返还原物；原物不存在的，应当给予适当补偿。

关于自然人的出生时间和死亡时间，以出生证明、死亡证明记载的时间为准；没有出生证明、死亡证明的，以户籍登记或者其他有效身份登记记载的时间为准。有其他证据足以推翻以上记载时间的，以该证据证明的时间为准。

知识窗

民法对胎儿利益的特殊保护

《民法典》第十六条规定："涉及遗产继承、接受赠与等胎儿利益保护的，胎儿视为具有民事权利能力。但是，胎儿娩出时为死体的，其民事权利能力自始不存在。"

案例： 张某的母亲刘某，在死亡时将自己名下的一处房产以及存款30万元遗赠给五周岁的孙子张某甲。张某及其妻子李某，是张某甲的法定监护人。张某甲年满十八周岁后，要求自己的父母张某和李某将祖母刘某赠与的房产和存款交给自己保管和使用。张某和李某认为儿子大逆不道，忘恩负义，且认为张某甲根本没有权利取得上述财产。

想一想： 张某甲是否有权取得房产和存款？

(二)自然人的民事行为能力

自然人的民事行为能力，是指自然人以自己的行为取得民事权利、承担民事义务的资格，即自然人依法独立进行民事活动的资格。

有民事权利能力而没有民事行为能力的民事主体，要想实现民事权利和承担民事义务，就只能通过他的法定代理人的行为来完成。

《民法典》以自然人认识问题和判断问题的能力为依据，以年龄、智力和精神状态为条件，将自然人分为完全民事行为能力人、限制民事行为能力人、无民事行为能力人。

1. 完全民事行为能力人

十八周岁以上的自然人为成年人，具有完全民事行为能力，是完全民事行为能力人，可以独立实施民事法律行为。十六周岁以上不满十八周岁的未成年人，以自己的劳动收入为主要生活来源的，视为完全民事行为能力人。

案例：十七周岁不到的张某，去年7月职高毕业后，被本镇的啤酒厂聘用为分装工，每月收入2500元。同年10月，张某为了上班方便，在镇里租了一间房，随后，为了丰富自己的业余生活，出资3500元从个体工商户刘某处购得电视机一台。同年11月，张某的父母知道此事后，非常生气，以张某未成年、没有征得父母同意为由，将电视机送回了刘某处，并要求刘某退还货款3500元。

想一想：(1)张某是否具有完全民事行为能力？(2)张某购得电视机的行为是否有效？(3)个体工商户刘某是否应当满足张某父母的要求？

2. 限制民事行为能力人

八周岁以上的未成年人为限制民事行为能力人，实施民事法律行为由其法定代理人代理或者经其法定代理人同意、追认；但是，可以独立实施纯获利益的民事法律行为或者与其年龄、智力相适应的民事法律行为。

不能完全辨认自己行为的成年人为限制民事行为能力人，实施民事法律行为由其法定代理人代理或者经其法定代理人同意、追认；但是，可以独立实施纯获利益的民事法律行为或者与其智力、精神健康状况相适应的民事法律行为。

案例：张某，年龄已满九周岁。某日，张某将自己父亲的一只价值4000元的进口手表，以1000元的价格卖给同社区的刘某。张某的父亲知道后，找到刘某，要求刘某退还手表。刘某拒绝张某父亲的请求。为此，双方发生争执，产生矛盾，闹到社区调解室去解决问题。

想一想：(1)张某所实施的行为是否与其年龄、智力相适应？(2)刘某是否应当返还张某父亲的手表？

3. 无民事行为能力人

不满八周岁的未成年人为无民事行为能力人，由其法定代理人代理实施民事法律行为。

不能辨认自己行为的成年人为无民事行为能力人，由其法定代理人代理实施民事法律行为。

八周岁以上的未成年人不能辨认自己行为的，由其法定代理人代理实施民事法律行为。

(三)监护制度

为了保护无民事行为能力人和限制民事行为能力人的合法权益，我国民法专门规定了监护制度。

监护制度是指对无民事行为能力人和限制民事行为能力人的人身、财产及其他合法权益进行监督和保护的一种法律制度。

在监护制度中，监护人是享有监护职责，对无民事行为能力人或者限制民事行为能力人进行监督和保护的人。被监护人是无民事行为能力人和限制民事行为能力人。

监护制度的设立完全是为了保护被监护人的合法民事权益。

1. 监护人的确定

父母是未成年子女的监护人。未成年人的父母已经死亡或者没有监护能力的，由下列有监护能力的人按顺序担任监护人：祖父母、外祖父母；兄、姐；其他愿意担任监护人的个人或者组织，但是须经未成年人住所地的居民委员会、村民委员会或者民政部门同意。

无民事行为能力或者限制民事行为能力的成年人，由下列有监护能力的人按顺序担任监护人：配偶；父母、子女；其他近亲属；其他愿意担任监护人的个人或者组织，但是须经被监护人住所地的居民委员会、村民委员会或者民政部门同意。

被监护人的父母担任监护人的，可以通过遗嘱指定监护人。

依法具有监护资格的人之间可以协议确定监护人。协议确定监护人应当尊重被监护人的真实意愿。

对监护人的确定有争议的，由被监护人住所地的居民委员会、村民委员会或者民政部门指定监护人，有关当事人对指定不服的，可以向人民法院申请指定监护人；有关当事人也可以直接向人民法院申请指定监护人。居民委员会、村民委员会、民政部门或者人民法院应当尊重被监护人的真实意愿，按照最有利于被监护人的原则，在依法具有监护资格的人中指定监护人。指定监护人前，被监护人的人身权利、财产权利以及其他合法权益处于无人保护状态的，由被监护人住所地的居民委员会、村民委员会、法律规定的有关组织或者民政部门担任临时监护人。监护人被指定后，不得擅自变更；擅自变更的，不免除被指定的监护人的责任。

没有依法具有监护资格的人的，监护人由民政部门担任，也可以由具备履行监护职责条件的被监护人住所地的居民委员会、村民委员会担任。

具有完全民事行为能力的成年人，可以与其近亲属、其他愿意担任监护人的个人或者组织事先协商，以书面形式确定自己的监护人，在自己丧失或者部分丧失民事行为能力时，由该监护人履行监护职责。

2. 监护人的职责

监护人的职责，是指监护人依法承担的监护义务。总的来讲，监护人的职责是代理被监护人实施民事法律行为，保护被监护人的人身权利、财产权利以及其他合法权益。具体来讲，监护人的职责主要包括以下几个方面的内容。

(1)保护被监护人的身体健康，防止其受到不法人身侵害。

(2)照顾被监护人的生活，以保证未成年人的健康成长和精神病人的康复及生活。

(3)管理和保护被监护人的财产，除为维护被监护人的利益外，不得处分被监护人的财产。

(4)对被监护人进行管理和教育，对未成年人应进行德育、智育、体育等方面的培养，约束被监护人的行为，防止其实施不法行为。

(5)代理被监护人进行民事活动。监护人作为被监护人的法定代理人，依法为被监护人取得民事权利，设定并履行民事义务。限制民事行为能力的被监护人可进行与其智力和精神状况相适应的民事活动，其他民事活动也应征得监护人同意或由监护人代为进行。

(6)代理被监护人进行诉讼。当被监护人的合法权益受到侵害或者与他人有争议时，由监护人代理被监护人进行诉讼活动，以维护其合法权益。

监护人依法履行监护职责产生的权利，受法律保护。监护人不履行监护职责或者侵害被监护人合法权益的，应当承担法律责任。监护人有下列情形之一的，人民法院根据有关个人或者组织的申请，撤销其监护人资格，安排必要的临时监护措施，并按照最有利于被监护人的原则依法指定监护人：

(1)实施严重损害被监护人身心健康的行为；

(2)怠于履行监护职责，或者无法履行监护职责并且拒绝将监护职责部分或者全部委托给他人，导致被监护人处于危困状态；

(3)实施严重侵害被监护人合法权益的其他行为。

二、法人

法人是指具有民事权利能力和民事行为能力，依法独立享有民事权利和承担民事义务的社会组织。法人包括营利法人、非营利法人和特别法人三类。法人是社会组织在法律上的人格化，是相对于自然人而言的。

营利法人是指以取得利润并分配给股东等出资人为目的成立的法人。营利法人包括有限责任公司、股份有限公司和其他企业法人等。

非营利法人是指为公益目的或者其他非营利目的成立，不向出资人、设立人或者会员分配所取得利润的法人。非营利法人包括事业单位、社会团体、基金会、社会服务机构等。

特别法人包括机关法人，农村集体经济组织法人，城镇农村的合作经济组织法人，基层群众性自治组织如居民委员会、村民委员会等法人。

(一)法人应具备的条件

法人是一种社会组织，但不是所有的社会组织都是法人，只有具备法人条件的社会组织才能取得法人资格。依照《民法典》的相关规定，法人必须同时具备以下四个条件。

> **议一议**
>
> 你所在的学校是否具有法人资格？所在的班级是否具有法人资格？为什么？

第一，依法成立。

依法成立是指依照法律规定而成立。首先，法人的成立必须合法，其设立目的和宗旨要符合国家利益和社会公共利益的要求，其组织机构、设立方案、经营范围、经营方式等要符合法律的要求；其次，法人的成立程序要符合法律、法规的规定。

第二，有必要的财产和经费或者必要的经费来源。

所谓必要的财产和经费或者必要的经费来源，是指法人的财产和经费或者必要的经费来源应与法人的性质、规模等相适应。法人作为独立的民事主体，依法独立进行各种民事活动，同时也独立承担民事活动的后果。法人有必要的财产和经费或者必要的经费来源，既是其享有民事权利和承担民事义务最重要的物质基础，也是其得以独立承担民事责任最重要的物质保障。否则，法人就无法进行各种民事活动。我国一些法律法规对有关法人的财产或者经费要求做出明确规定。如《商业银行法》第十三条规定："设立商业银行的注册资本最低限额为十亿元人民币。城市合作商业银行的注册资本最低限额为一亿元人民币，农村合作商业银行的注册资本最低限额为五千万元人民币。"

第三，有自己的名称、组织机构和住所。

法人应当有自己的名称，通过名称的确定使自己与其他法人相区别。《企业名称登记管理规定》对企业名称的组成、适用等做了规定。根据该规定，企业的名称应依次由字号、行业或者经营特点、组织形式组成，并在企业名称前冠以企业所在地省或者市或者县行政区划名称。企业名称应当使用文字，民族自治地方的企业名称可以同时适用本民族自治地方通用的民族文字。企业使用外文名称的，其外文名称应当与中文名称相一致，并报登记主管机关登记注册。可见，企业名称不是可以随便确定而使用的。作为机关法人、事业单位法人、社会团体法人等非企业法人的名称，应与其活动范围、活动内容等相适应。这类非企业法人的名称，有的是国家直接命名而无须工商登记的，如国家机关法人的名称；有的则应根据活动性质命名，并应当依法进行登记，如社会团体法人的名称，则应当依法由民政部门登记。总之，每一个法人都应当有自己的名称。

法人是社会组织，法人的意思表示必须依法由法人组织机构来完成。每一个法人都应当有自己的组织机构，如股份有限公司法人的组织机构依法应当由三部分组成：权力机构——股东大会，执行机构——董事会，监督机构——监事会。这三部分机构有机地构成了公司法人的组织机构，代表公司进行相应的活动。如果没有组织机构，就不能够成为法人。

法人应当有自己的住所。作为法人的住所，可以是自己所有的，也可以是租赁他人的。民法规定"法人应当有自己的住所"作为法人应当具备的条件，主要是为了交易安全和便于国家主管机关监督。

第四，满足法律规定的其他条件。

设立中的法人还需满足法律规定的其他条件。如我国《公司法》第十一条规定，设立公司必须依法制定公司章程；《社会团体登记管理条例》第十一条规定，申请登记社会团体，发起人应当向登记管理机关提交章程草案。

(二)法人的民事权利能力和民事行为能力

法人的民事权利能力，是指法人作为民事主体，参与民事活动、享受民事权利、承担民事义务的资格。

法人的民事行为能力，是指法人以自己的行为，取得民事权利和承担民事义务的资格。

法人的民事行为能力和其民事权利能力在范围上一致。法人能够以自己的行为取得权利和承担义务的范围，不能超出其权利能力所限定的范围。

法人的民事权利能力和民事行为能力，从法人依法设立或者登记时产生，到法人依法被撤销或者解散时消灭。即法人的民事权利能力和民事行为能力始于成立，终于终止。

法人的民事行为能力一般是经过法人的法定代表人来实现的。法定代表人是指依法律或者法人章程规定，代表法人行使职权的负责人。

📝 **阅读延伸**

法人与法定代表人的区别

法人与法定代表人之间是有明显区别的。法人是指具有民事权利能力和民事行为能力，依法独立享有民事权利和承担民事义务的社会组织。而法定代表人，则是指依照法律或者法人章程规定，代表法人行使职权的负责人。可见，法人是一种组织，而法定代表人则是代表这种组织行使职权的自然人。

三、非法人组织

非法人组织是指不具有法人资格，但是能够依法以自己的名义从事民事活动的组织。非法人组织包括个人独资企业、合伙企业、不具有法人资格的专业服务机构(如律师事务所、会计师事务所、审计师事务所等)。非法人组织具有以下特点：

第一，非法人组织应当依照法律的规定登记。设立非法人组织，法律、行政法规规定须经有关机关批准的，依照其规定。

第二，非法人组织的财产不足以清偿债务的，其出资人或者设立人承担无限责任。法律另有规定的，依照其规定。

第三，非法人组织可以确定一人或者数人代表该组织从事民事活动。

第三节　民 事 权 利

 导入案例

小明今年八岁，已经过了读小学一年级的年龄，可是小明爸爸为了让小明帮助自己管理牧场，不让小明去学校上学。小明户籍地的朝阳小学校长、村民委员会的村主任和村支部书记知道情况后，都对小明爸爸作了严厉的批评，指出小明爸爸的行为违反了义务教育法的规定，严重侵犯了小明受教育的权利。

想一想：小明受教育的权利是民事权利吗？为什么？

一、民事权利的概念和基本特点

民事权利是法律赋予民事主体享有的利益范围和实施一定行为或者不为一定行为以实现某种利益的可能性。简单地说，民事权利就是权利主体对实施还是不实施一定行为的选择权。民事权利包含以下三个方面的含义。

第一，权利是法律关系的主体享有的利益范围或者为某种行为的可能性。

第二，权利是权利主体要求他人实施某种行为或者不实施某种行为，以实现其利益的可能性。

第三，在权利受到侵害时，权利主体可以请求国家机关予以救济。

在我国，民事权利具有以下三个基本特点。

第一，平等性。每个公民不分年龄、性别、民族、宗教信仰、职业、地位等，都享有平等的民事权利。

第二，连续性。公民的民事权利从其出生至其死亡，法人的民事权利从其成立至其终止，自始至终都享有法定的民事权利。

第三，真实性。由于我国社会主义强大的物质基础，使民事主体所享有的民事权利得以保障。

二、民事权利的主要内容

依照《民法典》的规定，自然人、法人和非法人组织所享有的民事权利，主要包括人格权、物权、债权、知识产权、继承权等。

（一）人格权

人格权是指法律赋予民事主体的与其生命或者身份不可分离而无直接财产内容的民事权利。《民法典》第九百九十条规定："人格权是民事主体享有的生命权、身体权、健康权、姓名权、名称权、肖像权、名誉权、荣誉权、隐私权等权利。"

1. 生命权

生命权是指公民依法享有的生命不受非法侵害的权利。生命是公民作为权利主体而存在的物质前提，生命权一旦被剥夺，其他权利就无从谈起，所以，生命权是公民最根本的人格权。保护公民的生命权不受非法侵害，是我国法律的首要任务。

2. 身体权

身体权是指自然人保持其身体组织完整并支配其肢体、器官和其他身体组织并保护自己的身体不受他人违法侵犯的权利。身体是生命的物质载体，是生命得以产生和延续的最基本条件，由此决定了身体权对自然人至关重要。身体权与生命权、健康权密切相关，侵害自然人的身体往往导致对自然人健康的损害。但是，生命权以保护自然人生命的延续为内容，身体权所保护的是身体组织的完整及对身体组织的支配。

3. 健康权

健康权是指公民依法享有的身体健康不受非法侵害的权利。身体健康是公民参加社会活动和从事民事活动的重要保证。保护公民的健康权，就是保障公民身体的机能和器官不受非法侵害。对于不法侵害公民健康权的行为，不仅要追究其民事责任，有时还要追究其刑事责任。

案例： 某年10月，王某家因办喜事，就在自家房前的空地上燃放烟花爆竹。爆竹燃放过程中，一枚爆竹飞溅起来，将前来贺喜的宾客刘某炸伤，经医院诊断，刘某右眼外伤导致虹膜根部离断。第二年5月，司法鉴定机构对刘某的伤残等级进行了法医学司法鉴定，经鉴定，刘某右眼损伤等级为7级。刘某拿到伤残鉴定意见书后，找到王某，要求赔偿相关损失。

想一想： (1)刘某的什么权利受到了侵害？(2)王某是否应当承担刘某的损失赔偿责任？

4. 姓名权

姓名权是指公民依法享有的决定、使用、改变或者许可他人使用自己姓名的权利。对于干涉、盗用、假冒他人姓名的行为，应追究行为人的民事责任。十八周岁以上公民需要变更姓名时，由本人向户口登记机关申请变更登记。

5. 名称权

名称权是指法人、非法人组织依法决定、使用和变更自己名称的权利。名称也称为字号，是法人、非法人组织作为民事主体特定化的标志。法人、非法人组织对已登记注册的名称享有专用权，法律严禁以冒用、玷污等手段侵犯他人名称权，对于干涉、假冒、盗用他人名称的行为，受害人有权请求消除侵害，如因此造成了财产上的损失，受害人有权请求赔偿经济损失。法人、非法人组织也可依有关规定，向主管部门办理名称变更手续，也可依法转让自己的名称。

6. 肖像权

肖像权是指自然人对自己的肖像享有再现、使用并排斥他人侵害的权利。自然人享有肖像权，肖像权人对自己的肖像享有专有权，肖像权人既可以对自己的肖像权利进行自由处分，也有权禁止他人在未经其同意的情况下，擅自使用其专有的肖像。禁止对自然人肖像的恶意丑化、污损以及利用肖像进行人身攻击。

7. 名誉权

名誉权是指公民、法人和非法人组织享有的就其自身特性所表现出来的社会价值而获得社会公正评价的权利。它为人们自尊、自爱的安全利益提供法律保障。名誉权主要表现为名誉利益支配权和名誉维护权。我们有权利用自己良好的声誉获得更多的利益，有权维护自己的名誉免遭不正当的贬低，有权在名誉权受侵害时依法追究侵权人的法律责任。

> **案例：** 黄某与白某曾系恋爱关系。某年 9 月，黄某感觉白某与自己在兴趣、爱好、志向等方面存在较大差异，决定与白某解除恋爱关系。双方分手后，白某心生仇恨，于同年 10 月至 11 月期间，采用微信、QQ 等自媒体方式，恶意丑化黄某，宣称"黄某自幼在其养父的奸淫蹂躏之下畸形成长，人格异常"，导致黄某出现精神分裂，经司法鉴定，伤残等级为 9 级。为此，黄某与白某发生争议，经人民法院调解，白某确认在微信和 QQ 上发表了不当言论，但不同意对黄某进行赔偿。
>
> **想一想：**(1) 黄某的哪些权利受到了侵害？(2) 白某是否应向黄某进行赔偿？

8. 荣誉权

荣誉权是指自然人、法人和非法人组织所享有的，因自己的突出贡献或者特殊劳动成果而获得的光荣称号或者其他荣誉的权利。自然人、法人和非法人组织享有荣誉权，禁止非法剥夺自然人、法人和非法人组织的荣誉称号。

9. 隐私权

隐私是指个人生活领域内的个人私事、个人信息等不愿为他人知悉的事情。隐私权是指自然人享有的私人生活安宁与私人信息秘密依法受到保护，不被他人非法侵扰、知悉、收集、利用和公开的一种人格权；是权利主体对他人在何种程度上可以介入自己的私生活，对自己是否向他人公开隐私以及公开的范围和程度等具有的决定权。

> **议一议**
>
> 我们所有的个人信息都是隐私吗？

（二）物权

物权是权利人依法对特定的物享有直接支配和排他的权利，包括所有权、用益物权和担保物权。

1. 所有权

所有权又称财产所有权，是指所有人依法对自己财产所享有的占有、使用、收益和处分的权利。它是物权中最重要也是最完全的一种权利。

占有权是指所有人对所有物加以实际管理或者间接控制的权利。所有权的占有权既可以由所有人自己行使，也可以由他人行使。

使用权是指依据物的属性及用途对物进行利用从而实现权利人利益的权利。所有人对物的使用是所有权存在的基本目的，人们通过对物的使用来满足生产和生活的基本需要。所有人在法律上享有当然的使用权，另外，使用权也可依法律的规定或者当事人的意思移转给非所有人享有。

收益权是指民事主体收取物所生利益的权利。在民法上，物所生利益主要指物的孳息。孳息包括天然孳息和法定孳息两类。天然孳息是指因物的自然属性而生的物，如母牛所生的牛仔等。法定孳息是指依一定的法律关系而生的利益，如股票的股息等。

处分权是指所有人依法处置物的权利。处分包括事实上的处分和法律上的处分。事实上的处分是指通过一定的事实行为对物进行处置，如消费、加工、改造、毁损等。法律上的处分是指依照法律的规定改变物的权利状态，如转让、租借等。

占有、使用、收益、处分一起构成了所有权的内容。但在实际生活中，占有、使用、收益、处分都能够且经常地与所有人发生分离，而所有人仍不丧失财产的所有权。

案例： 农民甲与某肉联厂约定：由肉联厂将其所有的两头黄牛宰杀后，净得的牛肉按每千克7元的价格进行结算；牛头、牛皮、牛下水归肉联厂，再由甲付宰杀费40元。在宰杀过程中，肉联厂屠宰工人在其中一头牛的下水中发现了牛黄70克。肉联厂将这些牛黄出售，每克40元，共得2800元。甲得知此事后，认为牛黄应当归其所有，遂向肉联厂索取卖牛黄所得的2800元价款。肉联厂认为，牛黄在牛下水中，而牛下水按约定是归肉联厂的。由此，肉联厂拒绝给甲该款。于是，双方发生纠纷。

想一想： (1)牛下水的所有权是否已经转移给了肉联厂？(2)牛黄应该归谁所有？

所有权的类型主要有如下几种。

(1)国家所有权。作为社会主义条件下的一种所有权形式，国家所有权是指国家代表全体人民的利益和意志对国家财产的占有、使用、收益和处分的权利。国家所有权本质上是社会主义全民所有制在法律上的表现，国家财产属于全民所有。国家财产神圣不可侵犯，禁止任何组织或者个人侵占、哄抢、私分、截留、破坏。

📖 **知识窗**

国家所有权的相关规定

(1)所有人不明的埋藏物、隐藏物，归国家所有；接收单位应当对上缴的单位或者个人，给予表扬或者物质奖励。

(2)国家所有的矿藏，可以依法由全民所有制单位或者集体所有制单位开采，也可以依法由公民采挖；国家保护合法的采矿权。

(3)公民、集体依法对集体所有的或者国家所有而由集体使用的森林、山岭、草原、荒地、滩涂、水面的承包经营权，受法律保护；承包双方的权利和义务，依照法律由承包合同规定。

(4)国家所有的土地，可以依法由全民所有制单位使用，也可以依法确定由集体所有制单位使用，国家保护它的使用、收益的权利；使用单位有管理、保护、合理利用的义务。

(5)公民、集体依法对集体所有的或者国家所有而由集体使用的土地的承包经营权，受法律保护；承包双方的权利和义务，依照法律由承包合同规定。

(2)集体所有权。集体所有权是指集体组织对其财产享有的占有、使用、收益和处分的权利。集体所有权是劳动群众集体所有制在法律上的表现，而劳动群众集体所有制是我国社会主义公有制的重要组成部分。在我国，集体所有权没有全国性的统一主体，各个劳动群众集体组织都是独立的集体所有权的主体。集体组织是具有法人资格的主体，它们之间是平等的相互合作关系。集体所有的财产受法律保护，禁止任何组织或者个人侵占、哄抢、私分、破坏或者非法查封、扣押、冻结、没收。

📖 **知识窗**

集体所有的不动产和动产范围

集体所有的不动产和动产包括：(1)法律规定为集体所有的土地和森林、山岭、草原、荒地、滩涂；(2)集体所有的建筑物、生产设施、农田水利设施；(3)集体所有的教育、科学、文化、卫生、体育等设施；(4)集体所有的其他不动产和动产。

(3)社会团体法人所有权。社会团体法人所有权是指各类社会团体法人对其财产的占有、使用、收益和处分的权利。在我国，社会团体法人的种类很多，包括人民群众团体、社会公益团体、文艺团体、学术研究团体、宗教团体等。社会团体法人的合法财产受法律保护。

（4）私人所有权。私人所有权是指公民依法享有的占有、使用、收益和处分其生产资料和生活资料的权利。公民的个人财产，包括公民的合法收入、房屋、储蓄、生活用品、文物、图书资料、林木、牲畜和法律允许公民所有的生产资料以及其他合法财产。公民的合法财产受法律保护，禁止任何组织或者个人侵占、哄抢、破坏或者非法查封、扣押、冻结、没收。

2. 用益物权

用益物权是指用益物权人对他人所有的不动产或者动产，依法享有占有、使用和收益的权利。在我国，用益物权包括土地承包经营权、建设用地使用权、宅基地使用权、地役权、海域使用权、探矿权、采矿权、取水权和使用水域、滩涂从事养殖、捕捞的权利等。

3. 担保物权

担保物权是为了确保债权的实现而设定的，以直接取得或者支配特定财产的交换价值为内容的权利。担保物权是为了担保债权的实现，所以，担保物权的存在本身对权利人没有实际价值。只有当债务人届期不履行债务，而权利人实现其担保物权时，才成为担保物的物权人，才获得了担保物的价值。担保物权包括抵押权、质权和留置权。

抵押权是指债务人或者第三人向债权人提供不动产或者动产，作为清偿债务的担保而不转移占有所产生的担保物权。当债务人不履行到期债务时，债权人有权就该财产优先受偿。债权人可以申请法院变卖抵押财产抵偿其债权，如有剩余应退还抵押人，如有不足仍可向债务人继续追索。但对法律规定的不得抵押的财产，不能设定抵押权。

质权又称质押权，是指债务人或者第三人将动产或者一定的财产权利移交给债权人作为担保，当债务人不履行到期债务或者发生当事人约定的事由时，债权人有权就该动产或者财产权利优先受偿的权利。

留置权是指债权人因合同关系占有债务人的财产，在债务人不按合同约定的期限履行债务时，有权依法留置该财产，并就以该财产折价或者拍卖、变卖的价款优先受偿的权利。

（三）债权

债权是因合同、侵权行为、无因管理、不当得利以及法律的其他规定，权利人请求特定义务人为或者不为一定行为的权利。债权主要包括合同之债、侵权行为之债、无因管理之债、不当得利之债。

1. 合同之债

合同是平等主体的自然人、法人、非法人组织之间设立、变更、终止民事权利义务关系的协议。任何一个民事合同的有效成立，都在当事人之间发生债的关系。合同中规定的权利与义务，就是债的关系中的债权与债务。

2. 侵权行为之债

侵权行为之债，是指行为人不法侵害他人人身或者财产而使他人遭受损害时，行为人依法应对被侵权人承担的责任。

3. 无因管理之债

无因管理是指没有法定的或者约定的义务，为避免他人利益受损失而进行的管理或者服务的事实行为，该事实行为所产生的债务称之为无因管理之债。

4. 不当得利之债

不当得利是指得利人没有法律根据取得不当利益而使他人利益受到损害。不当得利是债的发生依据之一，因为不当得利而发生的债权债务关系称之为不当得利之债。它是在受益人与受损人之间发生不当得利返还的债权债务关系。不当得利之债的基本内容便是受损人取得的不当得利返还请求权。不当得利是社会生活中的一种不合理、不正常的现象。法律确认不当得利之债的目的，是为了使这种不正常关系恢复到正常状态，从而维护社会正常的财产关系，保护民事主体的合法权益。

案例： 某日，田某在某超市购买了一瓶矿泉水和一袋盐，货款总计为 6 元，田某将 10 元面额的现钞交给收银员，收银员找补了田某 94 元。当天收班后，收银员交账时发现，营业款差了 90 元。调看监控录像时发现，因收银员的一时疏忽，误将田某支付的 10 元现金当作 100 元，多找补了 90 元。第二天，超市经理找到田某，要求其归还多找补的现金 90 元，田某坚决予以否认并拒绝归还。为此，双方形成纠纷，超市一纸诉状将田某起诉到了法院。

想一想： 田某的行为是否构成不当得利？理由是什么？

（四）知识产权

知识产权是权利人依法就作品，发明、实用新型、外观设计，商标，地理标志，商业秘密，集成电路布图设计，植物新品种等客体享有的专有权利。知识产权通常是国家赋予创造者对其智力成果在一定时期内享有的专有权或者独占权。知识产权是一种无形财产权，它与房屋、汽车等有形财产一样，都受到国家法律的保护，都具有价值和使用价值。

知识窗

知识产权的特点

(1)知识产权的独占性，即只有权利人才能享有，他人不经权利人许可不得行使其权利。

(2)知识产权的对象是人的智力的创造，属于"智力成果权"。它是指在科学、技术、文化、艺术领域从事一切智力活动而创造的精神财富依法所享有的权利。

(3)知识产权取得的利益既有经济性质的，也有非经济性质的。这两方面结合在一起，不可分割。

(4)知识产权具有地域性和时间性的特点。知识产权的地域性，是指除签有国际公约或者双边、多边协定外，依一国法律取得的权利只能在该国境内有效，受该国法律保护。知识产权的时间性，是指各国法律对知识产权分别规定了一定期限，期满后权利则自动终止。

知识产权是不断扩张的开放体系。随着科学技术的发展和社会的进步，不仅使知识产权传统权利类型的内涵不断丰富，而且使知识产权的外延不断拓展。在我国，知识产权主要包括著作权、专利权、商标权等。

1. 著作权

著作权也称版权，是指自然人、法人或者其他组织对文学、艺术和科学作品享有的人身权和财产权的总称。

著作权的对象是作品，是指文学、艺术和科学领域内具有独创性并能以一定形式表现的智力成果。它包括文字作品，口述作品，音乐、戏剧、曲艺、舞蹈、杂技艺术作品，美术、建筑作品，摄影作品，视听作品，工程设计图、产品设计图、地图、示意图等图形作品和模型作品，计算机软件，符合作品特征的其他智力成果。

著作权分为著作人身权与著作财产权。著作人身权的内容具体包括：(1)发表权，即决定作品是否公之于众的权利；(2)署名权，即表明作者身份，在作品上署名的权利；(3)修改权，即修改或者授权他人修改作品的权利；(4)保护作品完整权，即保护作品不受歪曲、篡改的权利。著作财产权是自然人、法人或者其他组织对其作品的自行使用和被他人使用而享有的以物质利益为内容的权利。著作财产权的内容具体包括复制权、发行权、出租权、展览权、表演权、放映权、广播权、信息网络传播权、摄制权、改编权、翻译权、汇编权以及应当由著作权人享有的其他权利。

作者的署名权、修改权、保护作品完整权的保护期不受限制。自然人的作品，其发表权、著作财产权的保护期为作者终生及其死亡后五十年，截止于作者死亡后第五十年的 12 月 31 日；如果是合作作品，截止于最后死亡的作者死亡后第五十年的 12 月 31 日。法人或者非法人组织的作品、著作权(署名权除外)由法人或者非法人组织享有的职务作品，其发表权的保护期为五十年，截止于作品创作完成后第五十年的 12 月 31 日；其著作财产权的保护期为五十年，截止于作品首次发表后第五十年的 12 月 31 日，但作品自创作完成后五十年内未发表的，法律不再保护。视听作品，其发表权的保护期为五十年，截止于作品创作完成后第五十年的 12 月 31 日；其著作财产权的保护期为五十年，截止于作品首次发表后第五十年的 12 月 31 日，但作品自创作完成后五十年内未发表的，法律不再保护。

2. 专利权

专利权，是指国家根据发明人或者设计人的申请，以向社会公开发明创造的内容，以及发明创造对社会具有符合法律规定的利益为前提，根据法律程序在一定期限内授予发明人或者设计人的一种排他性权利。

专利权的客体，也称为专利法保护的对象，是指依法应授予专利权的发明创造。根据《中华人民共和国专利法》第二条的规定，专利法的客体包括发明专利、实用新型专利和外观设计专利三种。

发明专利权的期限为二十年，实用新型专利权的期限为十年，外观设计专利权的期限为十五年，均自申请日起计算。专利权的期限届满后，专利权终止。

3. 商标权

商标权，是指民事主体享有的，在特定商品或者服务上以区分来源为目的的，排他性使用特定标志的权利。

商标权的取得方式有两种：一是通过使用取得的商标权；二是通过注册取得的商标权。通过注册取得的商标权，又称注册商标专用权。在我国，商标注册是取得商标权的基本途径。《中华人民共和国商标法》第三条规定："经商标局核准注册的商标为注册商标，包括商品商标、服务商标和集体商标、证明商标；商标注册人享有商标专用权，受法律保护。"

商标是用以区分商品或者服务不同来源的商业性标志，因此，任何能够将自然人、法人或者其他组织的商品与他人的商品区别开的标志，包括文字、图形、字母、数字、三维标志、颜色组合和声音等，以及上述要素的组合，均可以作为商标申请注册。

申请注册的商标，应当有显著特征，便于识别，并不得与他人先取得的合法权利相冲突。商标注册人有权标明"注册商标"或者注册标记。

注册商标的有效期为十年，自核准注册之日起计算。注册商标有效期满，需要继续使用的，商标注册人应当在期满前十二个月内按照规定办理续展手续；在此期间未能办理的，可以给予六个月的宽展期。每次续展注册的有效期为十年，自该商标上一届有效期满次日起计算。期满未办理续展手续的，注销其注册商标。

侵犯注册商标专用权的行为

(1)未经商标注册人的许可，在同一种商品上使用与其注册商标相同的商标的行为。

(2)未经商标注册人的许可，在同一种商品上使用与其注册商标近似的商标，或者在类似商品上使用与其注册商标相同或者近似的商标，容易导致混淆的。

(3)销售侵犯注册商标专用权的商品的行为。

(4)伪造、擅自制造他人注册商标标识或者销售伪造、擅自制造的注册商标标识的行为。

(5)未经商标注册人同意，更换其注册商标并将该更换商标的商品又投入市场的行为。

(6)故意为侵犯他人商标专用权行为提供便利条件，帮助他人实施侵犯商标专用权行为的行为。

(7)给他人的注册商标专用权造成其他损害的行为。

三、取得民事权利的方式

《民法典》第一百二十九条规定："民事权利可以依据民事法律行为、事实行为、法律规定的事件或者法律规定的其他方式取得。"本书只较详细地介绍取得民事权利方式之中的民事法律行为和代理。

(一)民事法律行为

民事法律行为是指自然人、法人和非法人组织之间通过意思表示设立、变更、终止民事法律关系的行为。

1. 民事法律行为的效力

民事法律行为必须具备法定条件，才具有法律效力，从而实现民事主体所预期的法律后果。根据《民法典》第一百四十三条的规定，民事法律行为应当同时具备下列条件，才具有法律效力：

第一，行为人具有相应的民事行为能力；

第二，意思表示真实；

第三，不违反法律、行政法规的强制性规定，不违背公序良俗。

民事法律行为可以基于双方或者多方的意思表示一致成立，也可以基于单方的意思表示成立。法人、非法人组织依照法律或者章程规定的议事方式和表决程序做出决议的，该决议行为成立。民事法律行为自成立时生效，但是法律另有规定或者当事人另有约定的除外。行为人非依法律规定或者未经对方同意，不得擅自变更或者解除民事法律行为。

民事法律行为可以采用书面形式、口头形式或者其他形式；法律、行政法规规定或者当事人约定采用特定形式的，应当采用特定形式。

对于欠缺上述条件的民事法律行为，即属无效、部分无效或者可被撤销的民事法律行为。无效的或者被撤销的民事法律行为自始没有法律约束力。民事法律行为部分无效，不影响其他部分效力的，其他部分仍然有效。民事法律行为无效、被撤销或者确定不发生效力后，行为人因该行为取得的财产，应当予以返还；不能返还或者没有必要返还的，应当折价补偿。有过错的一方应当赔偿对方由此所受到的损失；各方都有过错的，应当各自承担相应的责任。法律另有规定的，依照其规定。属于无效、部分无效或者可被撤销的民事法律行为，包括以下几种情况。

第一，无民事行为能力人实施的民事法律行为无效。

第二，限制民事行为能力人实施的纯获利益的民事法律行为或者与其年龄、智力、精神健康状况相适应的民事法律行为有效；实施的其他民事法律行为经法定代理人同意或者追认后有效。相对人可以催告法定代理人自收到通知之日起一个月内予以追认。法定代理人未作表示的，视为拒绝追认。民事法律行为被追认前，善意相对人有撤销的权利。撤销应当以通知的方式做出。

第三，行为人与相对人以虚假的意思表示实施的民事法律行为无效。以虚假的意思表示隐藏的民事法律行为的效力，依照有关法律规定处理。

第四，基于重大误解实施的民事法律行为，行为人有权请求人民法院或者仲裁机构予以撤销。

第五，一方以欺诈手段，使对方在违背真实意思的情况下实施的民事法律行为，受欺诈方有权请求人民法院或者仲裁机构予以撤销。

第六，第三人实施欺诈行为，使一方在违背真实意思的情况下实施的民事法律行为，对方知道或者应当知道该欺诈行为的，受欺诈方有权请求人民法院或者仲裁机构予以撤销。

第七，一方或者第三人以胁迫手段，使对方在违背真实意思的情况下实施的民事法律行为，受胁迫方有权请求人民法院或者仲裁机构予以撤销。

第八，一方利用对方处于危困状态、缺乏判断能力等情形，致使民事法律行为成立时显失公平的，受损害方有权请求人民法院或者仲裁机构予以撤销。

第九，违反法律、行政法规的强制性规定的民事法律行为无效，但是该强制性规定不导致该民事法律行为无效的除外。违背公序良俗的民事法律行为无效。

第十，行为人与相对人恶意串通，损害他人合法权益的民事法律行为无效。

案例： 刘某(男)与李某(女)原系夫妻关系，某日，双方到婚姻登记机关办理了离婚登记。离婚协议约定：双方将夫妻共同财产房屋一套赠与婚生子刘某甲(已经年满18周岁)；离婚后，双方共同享有该套房屋的使用权至任何一方再婚时止。办理离婚手续后，双方各自继续生活居住在该套房屋内，且未办理房屋产权转移登记。

想一想： 该离婚协议所做的财产赠与约定，对刘某甲是否有效？刘某甲是否有权要求刘某和李某为其办理房屋过户手续？

2. 民事法律行为的附条件和附期限

民事法律行为可以附条件，但是根据其性质不得附条件的除外。附生效条件的民事法律行为，自条件成就时生效。附解除条件的民事法律行为，自条件成就时失效。附条件的民事法律行为，当事人为自己的利益不正当地阻止条件成就的，视为条件已成就；不正当地促成条件成就的，视为条件不成就。

民事法律行为可以附期限，但是根据其性质不得附期限的除外。附生效期限的民事法律行为，自期限届至时生效。附终止期限的民事法律行为，自期限届满时失效。

(二)代理

代理是指代理人以被代理人的名义，在代理权限内与第三人(又称相对人)实施民事法律行为，其法律后果直接由被代理人承受的民事法律制度。代替他人实施民事法律行为的人称为代理人，由他人代替自己行为并承受法律后果的人称为被代理人或者本人。

1. 代理的分类

以代理权产生的根据不同，代理包括委托代理和法定代理。

委托代理又称意定代理，是指代理人按照被代理人授权进行的代理。委托代理授权采用书面形式的，授权委托书应当载明代理人的姓名或者名称、代理事项、权限和期限，并由被代理人签名或者盖章。委托代理人按照被代理人的委托行使代理权。有下列情形之一的，委托代理终止：(1)代理期限届满或者代理事务完成；(2)被代理人取消委托或者代理人辞去委托；(3)代理人丧失民事行为能力；(4)代理人或者被代理人死亡；(5)作为代理人或者被代理人的法人、非法人组织终止。

法定代理，是指代理人依照法律规定而直接产生的代理。法定代理主要是为了保护无民事行为能力人和限制民事行为能力人的合法权益而设定的，如父母对未成年子女的代理。法定代理人依照法律的规定行使代理权。有下列情形之一的，法定代理终止：(1)被代理人取得或者恢复完全民事行为能力；(2)代理人丧失民事行为能力；(3)代理人或者被代理人死亡；(4)法律规定的其他情形。

2. 可以代理和不得代理的范围

《民法典》第一百六十一条规定："民事主体可以通过代理人实施民事法律行为。依照法律规定、当事人约定或者民事法律行为的性质，应当由本人亲自实施的民事法律行为，不得代理。"

民事主体可以通过代理人实施的民事法律行为具体包括：

第一，以下民事法律行为，如买卖、承揽、租赁、债务履行、接受继承等，公民、法人、非法人组织均可委托代理人代为办理；

第二，其他法律部门确认的法律行为，如房屋产权登记、法人登记、商标注册、专利申请等行政行为，税务登记、缴纳税款等财政行为，民事诉讼等，公民、法人、非法人组织均可委托代理人代为办理。

但是，并非一切民事法律行为都可以适用代理。依照我国法律的相关规定，不得适用代理的民事法律行为具体包括：

第一，具有人身性质的行为，如立遗嘱、婚姻登记、收养子女等行为不得适用代理。

第二，法律规定或者双方当事人约定应当由特定人亲自为之的，如某些与特定人相关联的债务的履行，如预约撰稿、演出、授课、讲演、特定的技术转让合同等，不得适用代理。因为这些行为和债务，或者依法律规定，或者根据双方当事人的约定，应当由特定人亲自为之。如果通过代理人进行，就可能侵害有关当事人的合法权益。

想一想

有哪些民事行为不能代理？

第三，违法行为不得适用代理。代理人知道或者应当知道被代理事项违法仍然实施代理行为，或者被代理人知道或者应当知道代理人的代理行为违法未作反对表示的，被代理人和代理人应当承担连带责任。

案例： 某画院的王某是著名国画家，他画的每幅山水画都能卖到上千元。某画廊向王某订购了10幅山水画，双方约定两个月内交货，画廊交给王某定金3000元。

时隔不久，海外有人邀请王某出国讲学，他忙于办出国手续，一直不能安心作画。手续办好后，又须立即出国，王某即对自己的两个研究生说："这10幅画就分给你们俩了，我把我的印章留给你们，你俩临摹上我的10幅画，盖上我的印鉴，就说是我画的，那7000元报酬就算给你们润笔啦！"

王某出国后，画廊来取画。王某的两个研究生将他们作的10幅画交给了画廊，收取了7000元报酬。画廊将这10幅画挂在画廊，一位港商看中了其中两幅，重金购买后带回香港请人鉴赏，发现是别人临摹的，提出要退货，引起纠纷。

某画廊起诉到人民法院，要求王某依约亲笔再作10幅画，并赔偿因此对画廊造成的损失。王某答辩说："我委托他人代为作画，青取之于蓝而胜于蓝，谁说我的学生就不如我？"因而拒绝赔偿。

想一想：(1)著名国画家王某是否可以委托自己的两个研究生代为作画？(2)王某是否应依约亲笔再作10幅画，并赔偿因此对画廊造成的损失？

第四节　民事责任

 导入案例

案例：某日，刘某(男，17岁，未取得机动车驾驶证)驾驶无牌两轮摩托车，由香江大道往白水大道行驶，在通过香江大道红绿灯控制的路口时，将在人行横道线上正常行走的行人郭某撞倒，造成郭某受伤、两轮摩托车受损的交通事故。事故发生后，交警大队民警根据现场勘察和收集的证据材料，做出道路交通事故责任认定书。结论为：刘某通过灯控路口时，违反信号灯指示，闯红灯强行通过路口，是本次交通事故的直接原因，应当负本次事故的全部责任；郭某不承担本次交通事故责任。事故发生后，郭某被送往医院治疗。经诊断，事故造成郭某第4、5、6、7根肋骨骨折。

想一想：刘某应当承担什么法律责任？哪些是行政责任？哪些是民事责任？

民事责任是民事法律责任的简称，是指民事主体不履行或者不完全履行民事义务应当依法承担的不利后果，是指民事主体基于法律特别规定而应当依法承担的民事法律责任。

民事责任属于法律责任的一种，是保障民事权利和民事义务实现的重要措施。它主要是一种民事救济手段，其目的是使受害人被侵犯的权益得以恢复。法谚有云：没有救济就没有权利。

一、承担民事责任的原则

承担民事责任的原则是确定、评价行为人是否承担民事责任的一种法律制度，也称民事责任的归责原则。它是民法据以确定行为人承担民事责任的理由、标准或者说最终决定性的根据。承担民事责任的原则主要有：过错责任原则、无过错责任原则和公平责任原则。

(一)过错责任原则

过错责任原则是以行为人主观上是否具有过错作为承担民事责任的准则。即行为人主观上有过错，才承担民事责任，没有过错，则不承担民事责任。主观过错包括故意和过失。在司法实践中，一般侵权责任都采用过错责任的归责原则。

案例：某年2月20日，夏某(未取得机动车驾驶证)应邀到黄某家做客。席间，夏某和黄某两人各自喝了三瓶啤酒。酒席结束时，夏某接到同学李某电话，让其去小区快递门市取快递。夏某为了赶时间，借用黄某的两轮摩托车，赶往小区快递门市取快递。夏某驾驶两轮摩托车途经一拐弯路段时，与王某驾驶的摩托车迎面相撞，造成两车受损、夏某和王某受伤的机动车交通事故。3月4日，交通巡逻警察支队做出道路交通事故认定书。认定书认定：夏某承担本次交通事故的全部责任，王某不承担本次交通事故责任。王某受伤后，住院治疗花费医疗费、验伤费、误工费、护理费、住院伙食补助费、财产(车辆)损失费等共计5096.97元。

想一想：(1)黄某是否应当承担民事赔偿责任？(2)李某是否应当承担民事赔偿责任？(3)王某所受的损失，应当由谁来承担赔偿责任？

(二)无过错责任原则

无过错责任原则也称客观责任原则、危险责任原则、严格责任原则，是指没有过错造成他人损害的，依法律规定应由与造成损害原因有关的人承担民事责任的确认责任的准则。执行这一原则，主要不是根据行为人的过错，而是基于损害的客观存在，根据行为人的活动及所管理的人或者物的危险性质与所造成损害后果的因果关系，而由法律规定的特别加重责任。

无过错责任是随着经济的发展、科学技术的进步而提出的，最早在《法国民法典》中首先得到反映。第二次世界大战后，随着责任保险等制度的发展，对损害赔偿由个人转向社会分担，无过错责任普遍采用，在有些领域有取代过错责任的趋势。

我国民法也承认无过错责任原则。无过错责任可分两类：第一类是指当事人对造成损害没有过错时，可以根据实际情况，由当事人分担民事责任；第二类是对产品责任、对周围环境有高度危险的作业致害责任、环境污染责任、饲养动物造成损害的责任等，致害人虽然无过错，但仍应当承担民事责任。

案例： 某日，谢某(8 岁)与同伴刘某(9 岁)、张某(9 岁)、王某(6 岁)四人在谢某屋前的田地里玩耍，被邻居郭某家未拴的狗跑出来咬伤。谢某被狗咬伤后，其父亲谢某甲将其送往就近医院治疗并注射了狂犬疫苗，花费医疗费 700 元。

想一想： 郭某是否应当对谢某承担赔偿责任？理由是什么？

(三)公平责任原则

公平责任原则是指双方当事人对损害的发生均无过错，法律又无特别规定适用无过错责任原则时，人民法院根据公平的观念，在考虑当事人双方的财产状况及其他情况的基础上，由当事人公平合理地分担责任的原则。

议一议

为什么要提出公平责任原则？

公平责任原则是道德观念和法律意识相结合的产物，是以法律来维护社会的公共道德，是在更高的水准上要求当事人承担互助共济的社会责任。

案例： 原告王某是木工，某年 8 月受被告某中学雇请，帮其修理课桌等。泥瓦工胡某于同年 7 月 9 日承揽了被告某中学厕所的修缮工作。同年 12 月，胡某在修理被告厕所时发现厕所上边的椽头断了，就请原告王某帮忙修理，原告王某因此来到厕所边，当站在厕所边的台阶上向上查看时，不慎摔倒在台阶上并受伤。经医院诊断为左胫腓骨下端粉碎性骨折，进行了内固定手术。原告王某住院 18 天，花去医疗费 6150.55 元。次年 4 月 6 日，原告王某经医学鉴定所鉴定为 8 级伤残。该案双方协商未果，原告诉至法院，要求被告某中学赔偿各项经济损失，共计人民币 36102.33 元。厕所修缮工作承揽人胡某已于原告王某起诉前意外身亡。

想一想： 被告某中学是否应对王某承担赔偿责任？为什么？

二、承担民事责任的责任分配及方式

(一)承担民事责任的责任分配

民事主体依照法律规定或者按照当事人约定，履行民事义务，承担民事责任。但当承担民事责任的主体为二人以上时，就会产生在民事责任主体之间的责任分配问题，即责任主体是承担按份责任还是承担连带责任的问题。

1. 按份责任

按份责任是指二人以上责任人分别仅按各自份额向债权人承担清偿的民事责任。按份债务不履行的法律后果，以原债属于按份之债、责任人之间不具有连带关系且标的具有可分性为构成前提。各按份责任人对共同承担的同一债务仅就规定或者约定的份额承担清偿责任，不负担其他责任人的债务份额；债权人只能就各责任人应负的责任份额请求清偿；某一按份债务的履行只引起该特定份额责任的消灭，不影响其他责任人各自按份责任的存在。《民法典》第一百七十七条规定："二人以上依法承担按份责任，能够确定责任大小的，各自承担相应的责任；难以确定责任大小的，平均承担责任。"

2. 连带责任

连带责任是指数个债务人就同一债务各负全部给付责任的一种形式。《民法典》第一百七十八条规定："二人以上依法承担连带责任的，权利人有权请求部分或者全部连带责任人承担责任。连带责任人的责任份额根据各自责任大小确定；难以确定责任大小的，平均承担责任。实际承担责任超过自己责任份额的连带责任人，有权向其他连带责任人追偿。连带责任，由法律规定或者当事人约定。"

案例： 某年8月4日，黄某驾驶号牌为渝ADM901的小型货客车，由白市驿往江津方向行驶，当车行至白市驿成渝高速立交时，与张某驾驶的号牌为渝ACW837的两轮摩托车发生擦挂，酿成交通事故。事故造成渝ACW837两轮摩托车的驾驶员受伤，两车受损。同年8月15日，交通巡逻警察支队做出道路交通事故认定，黄某承担本次事故的主要责任，张某承担本次事故的次要责任。张某受伤后，经医院诊断为重型颅脑损伤，花费医疗费35000元，经司法鉴定，张某的伤残等级为7级。经查，渝ADM901的小型货客车的交强险和商业第三者责任险的承保人为中国人民财产保险股份有限公司重庆分公司，该车的登记所有人为李某，黄某与李某之间系合伙运输关系，共同经营该小型货客车；渝ACW837两轮摩托车的交强险的承保人为中国平安财产保险股份有限公司重庆分公司。

想一想： (1)对于张某的损失，谁应当承担赔偿责任?(2)在赔偿义务人之间，是按份责任还是连带责任?

(二)承担民事责任的方式

承担民事责任的方式，是指责任主体向权利主体承担民事责任的具体形式。根据《民法典》第一百七十九条的规定，承担民事责任的方式主要有以下十一种。

(1)停止侵害。主要适用于正在进行中的侵害他人合法权利的行为。

(2)排除妨碍。适用于妨碍行使权利的场合，是保障他人权利正常行使的措施。

(3)消除危险。行为人的侵害行为虽未造成他人财产、人身的实际损害，但是有造成损害的现实危险时，权利人可以要求行为人采取措施排除危险。

(4)返还财产。当行为人非法占有他人财产时，他人可以要求行为人返还财产。返还财产的前提是该财产还存在，如果该财产已经灭失，则行为人应当依法承担损害赔偿的责任。

(5)恢复原状。适用于财产遭到他人损害，但是尚有恢复到原来状况的可能的情形。一般而言，造成他人财产损害的，应尽量恢复原状，只有难以恢复原状的，才对损失进行赔偿。

(6)修理、重做、更换。一般适用于一些合同关系。如一方根据买卖合同交付的标的物不符合合同的约定，则对方当事人可以要求修理、重做、更换。

(7)继续履行。继续履行又称强制实际履行或者依约履行，适用于合同当事人一方不履行合同义务或者履行合同义务不符合约定时，经另一方当事人的请求，法院强制其按照合同的约定继续履行合同义务的情形。

（8）赔偿损失。这是适用范围最广的一种责任方式。它不仅适用于侵犯财产权的场合，也适用于侵犯人身权的场合，如精神损害的赔偿。

（9）支付违约金。这种责任方式仅适用于合同。如果合同约定或者法律规定了违约应当支付的违约金，如一方违约，就应当向另一方支付约定或者法定的违约金。

（10）消除影响、恢复名誉。适用于姓名权、肖像权、名誉权、荣誉权等人身权遭受侵害的情形。

（11）赔礼道歉。适用于姓名权、肖像权、名誉权、荣誉权等人身权遭受侵害的情形。

法律规定惩罚性赔偿的，依照其规定。

以上承担民事责任的方式，可以单独适用，也可以合并适用。

三、免除民事责任的情形

免除民事责任，是指由于存在法律规定的事由，行为人对其不履行合同或者法律规定的义务，造成他人损害不承担民事责任的情形。在我国，免除民事责任的情形主要有以下几个方面。

第一，不可抗力。不可抗力是指不能预见、不能避免且不能克服的客观情况，如洪水、旱涝、战争等。《民法典》第一百八十条规定："因不可抗力不能履行民事义务的，不承担民事责任。法律另有规定的，依照其规定。"

第二，正当防卫。正当防卫是指为了使国家、公共利益、本人或者他人的人身、财产和其他权利免受正在进行的不法侵害，采取的制止不法侵害、对不法侵害人造成损害、且没有明显超过必要限度的行为。《民法典》第一百八十一条规定："因正当防卫造成损害的，不承担民事责任。正当防卫超过必要的限度，造成不应有的损害的，正当防卫人应当承担适当的民事责任。"

第三，紧急避险。紧急避险是指为了使国家、公共利益、本人或者他人的人身、财产和其他权利免受正在发生的危险，不得已采取的紧急避险行为。《民法典》第一百八十二条规定："因紧急避险造成损害的，由引起险情发生的人承担民事责任。危险由自然原因引起的，紧急避险人不承担民事责任，可以给予适当补偿。紧急避险采取措施不当或者超过必要的限度，造成不应有的损害的，紧急避险人应当承担适当的民事责任。"

第四，自愿救助。《民法典》规定，因自愿实施紧急救助行为造成受助人损害的，救助人不承担民事责任；因保护他人民事权益使自己受到损害的，由侵权人承担民事责任，受益人可以给予适当补偿；没有侵权人、侵权人逃逸或者无力承担民事责任，受害人请求补偿的，受益人应当给予适当补偿。

第五节 民事诉讼

 导入案例

某年6月5日，覃某与某房地产开发有限公司签订了《商品房买卖合同》。《商品房买卖合同》约定：覃某购买某房地产开发有限公司开发的某小区高档住宅楼一套，建筑面积125平方米，交房条件为清水房，房屋总价款为90万元，交房日期为次年3月31日。合同签订后，覃某在合同约定的时间内，向某房地产开发有限公司支付了全部房款90万元。3月31日到期时，某房地产开发有限公司未向覃某交付房屋。

想一想：覃某应当怎样来维护自己的合法权益？

为了保护当事人行使诉讼权利，保证人民法院查明事实，分清是非，正确适用法律，及时审理民事案件，确认民事权利义务关系，制裁民事违法行为，保护当事人的合法权益，教育公民自觉遵守法律，维护社会秩序、经济秩序，保障社会主义建设事业顺利进行，《中华人民共和国民事诉讼法》（以下简称《民事诉讼法》）以宪法为根据，结合我国民事审判工作的经验和实际情况制定，于 1991 年 4 月 9 日第七届全国人民代表大会第四次会议通过，自公布之日起施行。后来，随着形势的发展和需要，全国人民代表大会常务委员会于 2007 年、2012 年、2017 年、2021 年对该法进行了四次修正。

一、民事诉讼的概念和受案范围

（一）民事诉讼的概念

民事诉讼是三大诉讼（民事诉讼、刑事诉讼、行政诉讼）的基本类型之一。民事诉讼，是指民事争议的当事人向人民法院提出诉讼请求，人民法院在双方当事人和其他诉讼参与人的参加下，依法审理和裁判民事急议的程序和制度。

（二）民事诉讼的受案范围

《民事诉讼法》第三条规定："人民法院受理公民之间、法人之间、其他组织之间以及他们相互之间因财产关系和人身关系提起的民事诉讼，适用本法的规定。"这一规定，明确了人民法院受理民事诉讼案件的范围，可归纳为以下三类。

第一，受民法调整的平等主体之间的财产关系和人身关系所引起的纠纷。

(1)婚姻家庭纠纷。包括离婚及离婚的财产纠纷、解除非法同居关系纠纷、恋爱引起的财产纠纷、抚养和赡养纠纷、解除收养关系纠纷等。

(2)继承遗产纠纷。包括继承权纠纷、遗嘱继承纠纷、遗赠抚养协议纠纷、分割遗产份额纠纷等。

(3)土地纠纷。包括宅基地纠纷、侵犯土地使用权纠纷等。

(4)房屋纠纷。包括房屋确权纠纷，房屋买卖、使用、租赁、代管、典当、拆迁、调换纠纷等。

(5)各种物权纠纷。包括所有权、用益物权、担保物权纠纷等。

(6)相邻关系纠纷。包括相邻采光、通风、通行、排水、滴水、噪声、防险纠纷等。

(7)人身权纠纷。包括侵害他人身体的侵权纠纷，医疗事故纠纷，美容致人损害的纠纷，产品质量不合格造成他人损害的纠纷，被动物致伤造成的纠纷，侵犯他人姓名权、肖像权、名誉权、隐私权引起的纠纷等。

(8)债务纠纷。包括合同纠纷、代理纠纷、追还不当得利纠纷、无因管理索赔纠纷等。

(9)知识产权纠纷。包括著作权纠纷，商标权纠纷，侵犯他人商业秘密纠纷，发明、发现权纠纷，工业产权转让、使用许可纠纷等。

(10)各种票据纠纷。包括股票纠纷、债券纠纷、彩票纠纷等。

第二，受劳动法调整的劳动关系所引起的劳动争议或者纠纷。如劳动合同争议或者纠纷，除名、辞退、开除争议或者纠纷等案件。这类纠纷或者争议引起民事诉讼的前提条件是：必须先进行劳动人事争议仲裁的前置程序。未经劳动人事争议仲裁，不能直接向人民法院提起民事诉讼。

第三，特别程序案件，如选民不服选举委员会对选民资格的申诉所做的处理决定而引起的纠纷；申请宣告死亡、失踪，申请认定公民无民事行为能力或者限制民事行为能力，申请认定财产无主等案件。

二、民事诉讼证据

(一)民事诉讼证据的概念及其基本属性

作为法律术语的证据，是指依照诉讼规则认定案件事实的依据。证据对于当事人进行诉讼活动，维护自己的合法权益；对于法院查明案件事实，依法正确裁判，都具有十分重要的意义。证据问题是诉讼的核心问题，在任何一起案件的审判过程中，都需要通过证据和证据形成的证据链再现、还原事件的本来面目，依据充足的证据而做出的裁判才有可能是公正的裁判。

民事诉讼证据，是指依照民事诉讼程序认定案件事实的依据。民事诉讼证据必须同时具备以下三个基本属性。

第一，证据的客观真实性。证据的客观真实性，是指作为民事证据的事实材料必须是客观存在的。也就是说，作为证据事实，它不以任何人的主观意志为转移，它以真实而非虚无的、客观而非想象的面目出现于客观世界，且能够为人所认识和理解。为此，一方面，要求当事人在举证时必须向人民法院提供真实的证据，不得伪造、篡改证据；要求证人如实作证，不得作伪证；要求鉴定人提供科学、客观的鉴定结论。另一方面，要求人民法院在调查收集证据时，应当客观全面，不得先入为主；要求人民法院在审查核实证据时，必须持客观立场。

第二，证据的关联性。证据的关联性，是指作为证据内容的事实与案件事实之间存在某种联系。关联性是实质性和证明性的结合。关联性不涉及证据的真假和证明价值，其侧重的是证据与证明对象之间的形式性关系，即证据相对于证明对象是否具有实质性，以及证据对于证明对象是否具有证明性。

第三，证据的合法性。证据的合法性，是指作为民事案件定案依据的事实材料必须符合法定的存在形式，并且其获得、提供、审查、保全、认证、质证等证据的适用过程和程序也必须是合乎法律规定的。

(二)民事诉讼证据的种类

根据《民事诉讼法》第六十三条的规定，民事诉讼证据包括以下八个种类。

1. 当事人的陈述

当事人的陈述是指当事人在诉讼中就与本案有关的事实，向法院所做的陈述。当事人的陈述作为证据的一个种类，是我国的民事诉讼证据种类划分中的特色。当事人是民事诉讼法律关系的主体，由于与诉讼结果有着直接的利害关系，决定了当事人的陈述具有真实与虚假并存的特点。因此，人民法院对当事人的陈述，应当结合本案的其他证据，审查确定其能否作为认定事实的根据。

2. 书证

书证是指以文字、符号、图形等所记载的内容或者表达的思想来证明案件真实的证据。这种物品之所以称之为书证，不仅是因为它的外观呈书面形式，更重要的是它所记载或者所表示的内容能够证明案件事实。从司法实践来看，书证的表现形式是多种多样的。从书证的表达方式上来看，有书写的、打印的，也有刻制的；从书证的载体来看，有纸张的、竹木的、布料的，也有石块的；从具体的表现形式来看，常见的有合同、文书、票据、商标图案等。书证在民事诉讼中是被普遍应用的一种证据，在民事诉讼中起着非常重要的作用。因此，书证应当提交原件，提交原件确有困难的，可以提交复制品、照片、副本、节录本。提交外文书证，必须附有中文译本。

3. 物证

物证是指以其存在的形状、质量、规格、特征等来证明案件事实的证据。物证是通过其外部特征和自身所体现的属性来证明案件的真实情况，它不受人们主观因素的影响和制约。因此，物证是民事诉讼中重要的证据之一。民事诉讼中常见的物证有：争议的标的物，如房屋、物品等；侵权所损害的物体，如加工的物品、衣物等；遗留的痕迹，如印记、指纹等。在民事诉讼中，物证应当提交原物，提交原物确有困难的，可以提交复制品、照片等。

4. 视听资料

视听资料是指利用录音、录像、电子计算机储存的资料和数据等来证明案件事实的一种证据。它包括录像带、录音片、传真资料、电影胶卷、微型胶卷、电话录音、雷达扫描资料和电脑储存的数据等。视听资料具有生动逼真、便于使用、易于保管等特点，但由于其可以通过剪接手段伪造变换，不能被认定为绝对可靠的证据。因此，人民法院对视听资料，应当辨别真伪，并结合本案的其他证据，审查确定其能否作为认定事实的依据。

5. 电子数据

作为证据类型的电子数据，是指以电子、电磁、光学等形式或者类似形式储存在计算机中的信息作为证明案件事实的证据资料，既包括计算机程序及其所处理的信息，也包括其他应用专门技术设备检测得到的信息资料。

6. 证人证言

证人是指知晓案件事实并应当事人的要求和法院的传唤到法庭作证的人。证人就案件事实向法院所做的陈述称为证人证言。《民事诉讼法》第七十五条规定："凡是知道案件情况的单位和个人，都有义务出庭作证。有关单位的负责人应当支持证人作证。不能正确表达意思的人，不能作证。"《民事诉讼法》第七十六条规定："经人民法院通知，证人应当出庭作证。有下列情形之一的，经人民法院许可，可以通过书面证言、视听传输技术或者视听资料等方式作证：（一）因健康原因不能出庭的；（二）因路途遥远，交通不便不能出庭的；（三）因自然灾害等不可抗力不能出庭的；（四）其他有正当理由不能出庭的。"

7. 鉴定意见

鉴定意见是鉴定人运用专业知识、专门技术对案件中的专门性问题进行分析、鉴别、判断后做出的结论。鉴定结论通常有医学鉴定意见、文书鉴定意见、痕迹鉴定意见、事故鉴定意见、产品质量鉴定意见、会计鉴定意见、行为能力鉴定意见等。在民事诉讼中，当事人可以就查明事实的专门性问题向人民法院申请鉴定。当事人申请鉴定的，由双方当事人协商确定具备资格的鉴定人；协商不成的，由人民法院指定。当事人未申请鉴定，人民法院对专门性问题认为需要鉴定的，应当委托具备资格的鉴定人进行鉴定。鉴定人有权了解进行鉴定所需要的案件材料，必要时可以询问当事人、证人。鉴定人应当提出书面鉴定意见，在鉴定书上签名或者盖章。

8. 勘验笔录

所谓勘验，是指人民法院审判人员，在诉讼过程中，为了查明一定的事实，对与案件争议有关的现场、物品或者物体亲自进行或者指定有关人员进行查验、拍照、测量的行为。勘验的情况与结果制成的笔录叫勘验笔录。勘验笔录是一种独立的证据，也是一种固定和保全证据的方法。

📖 知识窗

不能单独作为认定案件事实依据的证据

《最高人民法院关于民事诉讼证据的若干规定》第九十条规定："下列证据不能单独作为认定案件事实的依据：

(一) 当事人的陈述；

(二) 无民事行为能力人或者限制民事行为能力人所做的与其年龄、智力状况或者精神健康状况不相当的证言；

(三) 与一方当事人或者其代理人有利害关系的证人陈述的证言；

(四) 存有疑点的视听资料、电子数据；

(五) 无法与原件、原物核对的复印件、复制品。

(三) 举证责任和举证期限

1. 举证责任

举证责任是指诉讼当事人对自己提出的主张，依法负有的提供证据的义务。

在我国，民事诉讼当事人举证责任的一般原则是：谁主张，谁举证。不能举证或者逾期不举证的，承担不利后果。《民事诉讼法》第六十七条第一款规定："当事人对自己提出的主张，有责任提供证据。"

但在法律有特别规定的情形下，由人民法院承担举证责任或者实行举证责任倒置。《民事诉讼法》第六十七条第二款规定："当事人及其诉讼代理人因客观原因不能自行收集的证据，或者人民法院认为审理案件需要的证据，人民法院应当调查收集。"根据最高人民法院关于民事诉讼证据的相关规定，下列侵权诉讼，实行举证责任倒置：

(1) 因新产品制造方法发明专利引起的专利侵权诉讼，由制造同样产品的单位或者个人对其产品制造方法不同于专利方法承担举证责任；

(2) 高度危险作业致人损害的侵权诉讼，由加害人就受害人故意造成损害的事实承担举证责任；

(3) 因环境污染引起的损害赔偿诉讼，由加害人就法律规定的免责事由及其行为与损害结果之间不存在因果关系承担举证责任；

(4) 建筑物或者其他设施以及建筑物上的搁置物、悬挂物发生倒塌、脱落、坠落致人损害的侵权诉讼，由所有人或者管理人对其无过错承担举证责任；

(5) 饲养动物致人损害的侵权诉讼，由动物饲养人或者管理人就受害人有过错或者第三人有过错承担举证责任；

(6) 因缺陷产品致人损害的侵权诉讼，由产品的生产者就法律规定的免责事由承担举证责任；

(7) 因共同危险行为致人损害的侵权诉讼，由实施危险行为的人就其行为与损害结果之间不存在因果关系承担举证责任；

(8) 因医疗行为引起的侵权诉讼，由医疗机构就医疗行为与损害结果之间不存在因果关系及不存在医疗过错承担举证责任。

2. 举证期限

举证期限是指当事人向人民法院履行提供证据责任的期间。

规定举证期限是为了达到庭前固定争议点和固定证据的目的，以克服"证据随时提出主义"的弊端。

《民事诉讼法》第六十八条规定："当事人对自己提出的主张应当及时提供证据。人民法院根据当事人的主张和案件审理情况，确定当事人应当提供的证据及其期限。"

一般来讲，人民法院确定的举证期限，第一审普通程序案件不会少于十五日，当事人提供新的证据的第二审案件不会少于十日。当事人在该期限内提供证据确有困难的，可以向人民法院申请延长期限，人民法院根据当事人的申请适当延长。当事人逾期提供证据的，人民法院应当责令其说明理由；拒不说明理由或者理由不成立的，人民法院根据不同情形可以不予采纳该证据，或者采纳该证据但予以训诫、罚款。

三、民事诉讼管辖

民事诉讼管辖，是指各级法院之间和同级法院之间受理第一审民事案件的分工和权限。根据《民事诉讼法》的规定，管辖包括级别管辖、地域管辖、专属管辖、协议管辖、共同管辖、移送管辖、指定管辖和管辖权转移。

（一）级别管辖

级别管辖是指民事案件的第一审审判权在上下级人民法院之间的分工。级别管辖是从纵向的方面来确定第一审案件由哪级法院来管辖。根据《民事诉讼法》第十八至二十一条的规定，基层人民法院管辖第一审民事案件，但法律另有规定的除外；中级人民法院管辖重大涉外案件，在本辖区有重大影响的案件以及最高人民法院确定由中级人民法院管辖的案件；高级人民法院管辖在本辖区有重大影响的第一审民事案件；最高人民法院管辖在全国有重大影响的案件和认为应当由本院审理的案件。

> **案例：** 日本某产业株式会社与重庆市某养殖公司签订了一份价值 50 万美元的鳗鱼供应合同。合同约定，如果双方在履行合同中发生争议，由被告住所地人民法院管辖。双方在履行合同过程中，由于重庆市某养殖公司未按合同规定的时间、数量供货，致使日本某产业株式会社与日本零售商签订的合同不能履行，并被日本零售商追偿。
>
> **想一想：** 如果日本某产业株式会社为维护自己的合法权益，应当向重庆市的哪一级人民法院提起诉讼？

（二）地域管辖

地域管辖是指同级人民法院之间，按照各自司法辖区对第一审民事案件审理的分工。地域管辖是在级别管辖的基础上，从横向的方面来确定第一审民事案件由哪个法院来管辖。根据《民事诉讼法》第二十二至三十六条的规定，地域管辖的确定一般采用"原告就被告"的原则，即由案件被告的住所地人民法院管辖，被告住所地与经常居住地不一致的，由经常居住地人民法院管辖。就公民而言，住所地是指其户籍所在地；经常居住地是指公民离开住所地至起诉时已连续居住一年以上的地方，但住院就医的地方除外。就法人而言，住所地是指其主要营业地或者主要办事机构所在地。对不在中华人民共和国领域内居住的人提起的有关身份关系的诉讼，对下落不明或者宣告失踪的人提起的有关身份关系的诉讼，对被采取强制性教育措施的人提起的诉讼，对被监禁的人提起的诉讼，由原告住所地人民法院管辖，原告住所地与经常居住地不一致的，由原告经常居住地人民法院管辖。追索赡养费案件的几个被告住所地不在同一辖区的，可以由原告住所地人民法院管辖。

案例：谢某(男)与丁某(女)所在的户籍地均为甲县某农村，某年10月1日，双方在甲县民政局登记结婚。次年3月1日，双方共同在乙县开办了一家餐饮企业，6月7日在乙县县城购置了二手房并居住在乙县。三年后，双方因夫妻感情出现裂痕，产生矛盾，由于未就房产的分割问题达成一致意见，女方丁某准备向人民法院提起离婚诉讼。

想一想：丁某应当向甲县还是乙县人民法院提起离婚诉讼？为什么？

(三)专属管辖

专属管辖是指法律规定的某些特殊类型的第一审民事案件，只能由特定的人民法院管辖，其他人民法院无权管辖，也不允许当事人以协议变更管辖。根据《民事诉讼法》第三十四条的规定，下列案件，由人民法院专属管辖：

第一，因不动产纠纷提起的诉讼，由不动产所在地人民法院管辖；

第二，因港口作业中发生纠纷提起的诉讼，由港口所在地人民法院管辖；

第三，因继承遗产纠纷提起的诉讼，由被继承人死亡时住所地或者主要遗产所在地人民法院管辖。

(四)协议管辖

协议管辖是指双方当事人在合同纠纷或者财产权益纠纷发生之前或者发生之后，以协议方式选择解决他们之间纠纷的法院管辖。《民事诉讼法》第三十五条规定："合同或者其他财产权益纠纷的当事人可以书面协议选择被告住所地、合同履行地、合同签订地、原告住所地、标的物所在地等与争议有实际联系的地点的人民法院管辖，但不得违反本法对级别管辖和专属管辖的规定。"

(五)共同管辖

共同管辖是指法律规定两个以上人民法院对同一案件都有管辖权的情形。形成共同管辖的原因有两个：一是诉讼主体为复数且他们不在同一个人民法院的辖区，如同一诉讼的几个被告的住所地或者经常居住地在两个以上人民法院辖区，各该人民法院对本案都有管辖权；二是诉讼客体为复数且它们不在同一个人民法院的辖区，如同一个案件的诉讼标的物分布在两个以上人民法院的辖区或者侵权地在不同人民法院的辖区，各该人民法院对本案都有管辖权。《民事诉讼法》第三十六条规定："两个以上人民法院都有管辖权的诉讼，原告可以向其中一个人民法院起诉；原告向两个以上有管辖权的人民法院起诉的，由最先立案的人民法院管辖。"

(六)移送管辖

移送管辖是指地方人民法院受理某一案件后，发现自己对该案件没有管辖权，为保证该案件的审理，依照法律规定，将该案件移送至有管辖权的人民法院。《民事诉讼法》第三十七条规定："人民法院发现受理的案件不属于本院管辖的，应当移送有管辖权的人民法院，受移送的人民法院应当受理。受移送的人民法院认为受移送的案件依照规定不属于本院管辖的，应当报请上级人民法院指定管辖，不得再自行移送。"

(七)指定管辖

指定管辖是指在特殊情况下，上级人民法院指定某一下级人民法院对某一案件行使管辖权。根据《民事诉讼法》第三十八条的规定，指定管辖适用于以下三种情形：

第一，有管辖权的人民法院由于特殊原因，不能行使管辖权的，由上级人民法院指定管辖；

第二，人民法院之间因管辖权发生争议，协商解决不了的，报请它们的共同上级人民法院指定管辖；

第三，受移送的人民法院认为受移送的案件依照规定不属于本院管辖的，应当报请上级人民法院指定管辖，不得再自行移送。

(八)管辖权转移

管辖权转移是指经上级人民法院决定或者同意，将某个案件的管辖权由上级人民法院转交给下级人民法院，或者由下级人民法院转交给上级人民法院。就管辖权转移的实质而言，是根据具体案情对级别管辖的一种变通、调整和补充。《民事诉讼法》第三十九条规定："上级人民法院有权审理下级人民法院管辖的第一审民事案件；确有必要将本院管辖的第一审民事案件交下级人民法院审理的，应当报请其上级人民法院批准。下级人民法院对它所管辖的第一审民事案件，认为需要由上级人民法院审理的，可以报请上级人民法院审理。"

✎ **阅读延伸**

专门法院的受案范围

我国除设立地方法院外，还设有军事法院、海事法院、铁路运输法院等专门法院。它们的管辖范围分别是：

第一，当事人双方均是军队内部单位的经济纠纷案件，由军事法院管辖。但仅有一方当事人是军队内部单位的民事案件，应由有管辖权的地方人民法院受理。

第二，海事法院受理当事人因海事侵权纠纷、海商合同纠纷(包括海上运输合同、海船租用合同、海上保赔合同、海船船员劳务合同等)及法律规定的其他海事纠纷提起的诉讼。

第三，铁路运输法院的管辖范围主要包括：(1)铁路运输合同纠纷；(2)代办托运、包装整理、仓储保管、接取送达等铁路运输延伸服务合同纠纷；(3)铁路系统内部的经济纠纷案件；(4)对铁路造成损害的侵权纠纷案件。

四、民事诉讼审判程序

民事诉讼审判程序，是指人民法院审理民事案件适用的程序，可以分为第一审程序、第二审程序和审判监督程序。

(一)第一审程序

第一审程序包括第一审普通程序和简易程序。

1. 第一审普通程序

第一审普通程序简称普通程序，是指人民法院审理和裁判第一审民事案件通常适用的程序。普通程序是诉讼程序中最基本、最核心的一种程序，是诉讼程序的基础，具有审判程序通则的功能。

(1)起诉和受理。

起诉必须符合下列条件：①原告是与本案有直接利害关系的公民、法人和其他组织；②有明确的被告；③有具体的诉讼请求和事实、理由；④属于人民法院受理民事诉讼的范围和受诉人民法院管辖。

起诉应当向人民法院递交起诉状，并按照被告人数提出副本。书写起诉状确有困难的，可以口头起诉，由人民法院记入笔录，并告知对方当事人。

人民法院应当保障当事人依照法律规定享有的起诉权利。对符合起诉条件的，应当在七日内立案，并通知当事人；对不符合起诉条件的，应当在七日内作出裁定书，不予受理；原告对裁定不服的，可以提起上诉。

（2）审理前的主要准备工作。

第一，人民法院应当在立案之日起五日内将起诉状副本发送被告，被告应当在收到之日起十五日内提出答辩状。被告提出答辩状的，人民法院应当在收到答辩状之日起五日内将答辩状副本发送原告。被告不提出答辩状的，不影响人民法院审理。

第二，人民法院对决定受理的案件，应当在受理案件通知书和应诉通知书中向当事人告知有关的权利义务，或者口头告知。

第三，普通程序的审判组织应当采用合议制。合议庭组成人员确定后，应当在三日内告知当事人。

第四，审判人员必须认真审核诉讼材料，调查收集必要的证据。

第五，人民法院对受理的案件，分别情形，予以处理：（1）当事人没有争议，符合督促程序规定条件的，可以转入督促程序；（2）开庭前可以调解的，采取调解方式及时解决纠纷；（3）根据案件情况，确定适用简易程序或者普通程序；（4）需要开庭审理的，通过要求当事人交换证据等方式，明确争议焦点。

第六，人民法院审理民事案件，应当在开庭三日前通知当事人和其他诉讼参与人。公开审理的，应当公告当事人姓名、案由和开庭的时间、地点。

（3）开庭审理流程。

第一，庭前准备。开庭审理前，书记员应当查明当事人和其他诉讼参与人是否到庭，宣布法庭纪律。开庭审理时，由审判长或者独立审判员核对当事人，宣布案由，宣布审判人员、书记员名单，告知当事人有关的诉讼权利义务，询问当事人是否提出回避申请。

第二，法庭调查。法庭调查是在法庭上出示与案件有关的全部证据，对案件事实进行全面调查并有当事人进行质证的程序。

法庭调查按照下列程序进行：①当事人陈述；②告知证人的权利义务，证人作证，宣读未到庭的证人证言；③出示书证、物证、视听资料和电子数据；④宣读鉴定意见；⑤宣读勘验笔录。

第三，法庭辩论。法庭辩论是当事人及其诉讼代理人在法庭上行使辩论权，针对有争议的事实和法律适用问题进行辩论的程序。法庭辩论的目的，是通过当事人及其诉讼代理人的辩论，对有争议的问题逐一进行审查和核实，借此查明案件的真实情况和正确适用法律。

法庭辩论按照下列顺序进行：①原告及其诉讼代理人发言；②被告及其诉讼代理人答辩；③第三人及其诉讼代理人发言或者答辩；④互相辩论。法庭辩论终结，由审判长或者独任审判员按照原告、被告、第三人的先后顺序征询各方最后意见。

第四，当事人最后陈述。法庭辩论完毕后，由各方当事人发表对案件的总结陈词。

第五，阅读法庭笔录并签名或者盖章。书记员应当将法庭审理的全部活动记入笔录，由审判人员和书记员签名。法庭笔录应当庭宣读，也可以告知当事人和其他诉讼参与人当庭或者在五日内阅读。当事人和其他诉讼参与人认为对自己的陈述记录有遗漏或者差错的，有权申请补正，如果不予补正，应当将申请记录在案。法庭笔录由当事人和其他诉讼参与人签名或者盖章。拒绝签名盖章的，说明情况附卷。

第六，宣判。宣判分为当庭宣判和定期宣判两种。法庭辩论终结，应当依法做出判决。判决前能够调解的，还可以进行调解。调解书经双方当事人签收后，即具有法律效力。调解未达成协议或者调解书送达前一方反悔的，人民法院应当及时判决。

人民法院对公开审理或者不公开审理的案件，一律公开宣告判决。当庭宣判的，应当在十日内发送判决书；定期宣判的，宣判后立即发给判决书。宣告判决时，必须告知当事人的上诉权利、上诉期限和上诉的法院。宣告离婚判决，必须告知当事人在判决发生法律效力前不得另行结婚。

最高人民法院的判决、裁定，以及依法不准上诉或者超过上诉期没有上诉的判决、裁定，是发生法律效力的判决、裁定。

(4) 第一审普通程序的审限。

人民法院适用普通程序审理的案件，应当在立案之日起六个月内审结。有特殊情况需要延长的，经本院院长批准，可以延长六个月；还需要延长的，报请上级人民法院批准。

2. 简易程序

基层人民法院和它派出的法庭审理事实清楚、权利义务关系明确、争议不大的简单的民事案件，适用简易程序。基层人民法院和它派出的法庭审理其他民事案件，如果当事人双方约定，也可以适用简易程序。

对简单的民事案件，原告可以口头起诉。当事人双方可以同时到基层人民法院或者它派出的法庭，请求解决纠纷。基层人民法院或者它派出的法庭可以当即审理，也可以另定日期审理。

基层人民法院和它派出的法庭审理简单的民事案件，可以用简便方式传唤当事人和证人、送达诉讼文书、审理案件，但应当保障当事人陈述意见的权利。

简单的民事案件由独立审判员一人审理。

人民法院使用简易程序审理案件，应当在立案之日起三个月内审结。有特殊情况需要延长的，经本院院长批准，可以延长一个月。

人民法院在审理过程中，发现案件不宜适用简易程序的，应裁定转为普通程序。

(二) 第二审程序

第二审程序又称上诉程序或者终审程序，是指由于民事诉讼当事人不服地方各级人民法院尚未生效的第一审判决、裁定，在法定上诉期间内，向上一级人民法院提起上诉而引起的诉讼程序。由于我国实行两审终审制，因此，上诉案件经二审法院审理后做出的判决、裁定即为终审的判决、裁定，诉讼程序即告终结。

1. 上诉期间

当事人不服地方人民法院第一审判决的，有权在判决书送达之日起十五日内向上一级人民法院提起上诉。当事人不服地方人民法院第一审裁定的，有权在裁定书送达之日起十日内向上一级人民法院提起上诉。

2. 上诉状

当事人提起上诉，应当递交上诉状。上诉状应当通过原审人民法院提出，并按照对方当事人或者代表人的人数提出副本。当事人直接向第二审人民法院上诉的，第二审人民法院应当在五日内将上诉状移交原审人民法院。

3. 原审人民法院工作

原审人民法院收到上诉状，应当在五日内将上诉状副本送达对方当事人，对方当事人在收到之日起十五日内提出答辩状。人民法院应当在收到答辩状之日起五日内将副本送达上诉人。对方当事人不提出答辩状的，不影响人民法院审理。 原审人民法院收到上诉状、答辩状，应当在五日内连同全部案卷和证据，报送第二审人民法院。

4. 第二审人民法院对上诉案件的处理

第二审人民法院对上诉案件的处理，分为以下三种情况。

第一，第二审人民法院对上诉案件，经过审理，按照下列情形，分别处理：（1）原判决、裁定认定事实清楚，适用法律正确的，以判决、裁定方式驳回上诉，维持原判决、裁定。（2）原判决、裁定认定事实错误或者适用法律错误的，以判决、裁定方式依法改判、撤销或者变更。（3）原判决认定基本事实不清的，裁定撤销原判决，发回原审人民法院重审，或者查清事实后改判。（4）原判决遗漏当事人或者违法缺席判决等严重违反法定程序的，裁定撤销原判决，发回原审人民法院重审。原审人民法院对发回重审的案件做出判决后，当事人提起上诉的，第二审人民法院不得再次发回重审。（5）第二审人民法院对不服第一审人民法院裁定的上诉案件的处理，一律使用裁定。

第二，第二审人民法院审理上诉案件，可以进行调解。调解达成协议，应当制作调解书，由审判人员、书记员署名，加盖人民法院印章。调解书送达后，原审人民法院的判决即视为撤销。

第三，第二审人民法院判决宣告前，上诉人申请撤回上诉的，是否准许，由第二审人民法院裁定。

资料卡

《民事诉讼法》第二百一十三条规定："按照审判监督程序决定再审的案件，裁定中止原判决、裁定、调解书的执行，但追索赡养费、扶养费、抚育费、抚恤金、医疗费用、劳动报酬等案件，可以不中止执行。"

5. 第二审程序的审限

人民法院审理对判决的上诉案件，应当在第二审立案之日起三个月内审结。有特殊情况需要延长的，由本院院长批准。人民法院审理对裁定的上诉案件，应当在第二审立案之日起三十日内做出终审裁定。

（三）审判监督程序

审判监督程序又称再审程序，是指由有审判监督权的法定机关和人员提起，或者由当事人申请，由人民法院对已经发生法律效力的判决、裁定、调解书再次审理的程序。目的在于对已生效而确实有错误的判决、裁定、调解书，通过再次审理予以纠正，以保证国家法律的正确实施。审判监督程序包括人民法院决定再审的程序、当事人申请再审的程序、人民检察院提出抗诉或者检察建议引起再审的程序。

1. 人民法院决定再审的程序

各级人民法院院长对本院已经发生法律效力的判决、裁定、调解书，发现确有错误，认为需要再审的，应当提交审判委员会讨论决定。最高人民法院对地方各级人民法院已经发生法律效力的判决、裁定、调解书，上级人民法院对下级人民法院已经发生法律效力的判决、裁定、调解书，发现确有错误的，有权提审或者指令下级人民法院再审。

2. 当事人申请再审的程序

当事人对已经发生法律效力的判决、裁定，认为有错误的，可以向上一级人民法院申请再审；当事人一方人数众多或者当事人双方为公民的案件，也可以向原审人民法院申请再审。当事人申请再审的，不停止原判决、裁定的执行。

（1）当事人申请再审的条件。

当事人提出再审申请，人民法院不一定再审，只有当事人的申请符合下列情形之一的，人民法院才应当再审：

第一，有新的证据，足以推翻原判决、裁定的；

第二，原判决、裁定认定的基本事实缺乏证据证明的；

第三，原判决、裁定认定事实的主要证据是伪造的；

第四，原判决、裁定认定事实的主要证据未经质证的；

第五，对审理案件需要的主要证据，当事人因客观原因不能自行收集，书面申请人民法院调查收集，人民法院未调查收集的；

第六，原判决、裁定适用法律确有错误的；

第七，审判组织的组成不合法或者依法应当回避的审判人员没有回避的；

第八，无诉讼行为能力人未经法定代理人代为诉讼或者应当参加诉讼的当事人，因不能归责于本人或者其诉讼代理人的事由，未参加诉讼的；

第九，违反法律规定，剥夺当事人辩论权利的；

第十，未经传票传唤，缺席判决的；

第十一，原判决、裁定遗漏或者超出诉讼请求的；

第十二，据以做出原判决、裁定的法律文书被撤销或者变更的；

第十三，审判人员审理该案件时有贪污受贿，徇私舞弊，枉法裁判行为的；

第十三，当事人对已经发生法律效力的调解书，提出证据证明调解违反自愿原则或者调解协议的内容违反法律的。

（2）当事人可以申请再审的期限。

当事人申请再审，应当在判决、裁定发生法律效力后六个月内提出；有下列情形之一的，当事人自知道或者应当知道之日起六个月内提出：

第一，有新的证据，足以推翻原判决、裁定的；

第二，原判决、裁定认定事实的主要证据是伪造的；

第三，据已做出原判决、裁定的法律文书被撤销或者变更的；

第四，审判人员审理该案件时有贪污受贿，徇私舞弊，枉法裁判行为的。

（3）人民法院审查再审申请的期限。

人民法院应当自收到再审申请书之日起三个月内审查，符合《民事诉讼法》规定的，裁定再审；不符合本法规定的，裁定驳回申请。有特殊情况需要延长的，由本院院长批准。

阅读延伸

人民法院按照审判监督程序再审的案件，发生法律效力的判决、裁定是由第一审法院做出的，按照第一审程序审理，所做的判决、裁定，当事人可以上诉；发生法律效力的判决、裁定是由第二审法院做出的，按照第二审程序审理，所做的判决、裁定是发生法律效力的判决、裁定；上级人民法院按照审判监督程序提审的，按照第二审程序审理，所做的判决、裁定是发生法律效力的判决、裁定。人民法院审理再审案件，应当另行组成合议庭。

3. 人民检察院提出抗诉或者检察建议引起再审的程序

最高人民检察院对各级人民法院已经发生法律效力的判决、裁定，上级人民检察院对下级人民法院已经发生法律效力的判决、裁定，发现有本法第二百零七条规定情形之一的，或者发现调解书损害国家利益、社会公共利益的，应当提出抗诉。

地方各级人民检察院对同级人民法院已经发生法律效力的判决、裁定，发现有本法第二百零七条规定情形之一的，或者发现调解书损害国家利益、社会公共利益的，可以向同级人民法院提出检察建议，并报上级人民检察院备案；也可以提请上级人民检察院向同级人民法院提出抗诉。

各级人民检察院对审判监督程序以外的其他审判程序中审判人员的违法行为，有权向同级人民法院提出检察建议。

有下列情形之一的，当事人可以向人民检察院申请检察建议或者抗诉。人民检察院对当事人的申请应当在三个月内进行审查，做出提出或者不予提出检察建议或者抗诉的决定。当事人不得再次向人民检察院申请检察建议或者抗诉：

第一，人民法院驳回再审申请的；

第二，人民法院逾期未对再审申请做出裁定的；

第三，再审判决、裁定有明显错误的。

> **📖 知识窗**
>
> **民事起诉状格式**
>
> 标题：民事起诉状
>
> 原告：姓名、性别、出生年月、民族、住址、公民身份号码、工作单位、职业、联系方式。
>
> 被告：姓名、性别、出生年月、民族、住址、公民身份号码、工作单位、职业、联系方式。
>
> 请求事项：写明向法院起诉所要达到的目的。
>
> 事实和理由：写明起诉或者提出主张的事实依据和法律依据，包括证据情况和证人姓名及联系地址。
>
> 此致
>
> ××××人民法院
>
> 具状人：（签名或盖章）
>
> ××××年×月×日
>
> 附：1. 本诉状副本×份（按被告人数确定）；
>
> 2. 证据××份；
>
> 3. 其他材料××份。

五、民事诉讼执行程序

民事诉讼执行程序，是指《民事诉讼法》规定的由法定组织和人员运用国家强制力量，根据生效法律文书的规定，强制民事义务人履行所负义务的程序。

（一）执行条件

执行程序的发生，必须具备一定的条件。这些条件包括：

第一，必须具有作为执行根据的法律文书，包括人民法院做出的民事判决书、裁定书、调解书、支付令，仲裁机构做出的裁决书、调解书，公证机关制作的依法赋予强制执行效力的债权文书，行政机关制作的依法由人民法院执行的决定书；

第二，作为执行根据的法律文书，必须已经发生法律效力，并具有给付内容；

第三，负有义务的一方当事人故意拖延、逃避或者拒绝履行义务。

（二）执行管辖

发生法律效力的民事判决、裁定，以及刑事判决、裁定中的财产部分，由第一审人民法院或者与第一审人民法院同级的被执行的财产所在地人民法院执行。法律规定由人民法院执行的其他法律文书，由被执行人住所地或者被执行的财产所在地人民法院执行。

人民法院自收到申请执行书之日起超过六个月未执行的，申请执行人可以向上一级人民法院申请执行。上一级人民法院经审查，可以责令原人民法院在一定期限内执行，也可以决定由本院执行或者指令其他人民法院执行。

(三)申请执行和移送执行

发生法律效力的民事判决、裁定，当事人必须履行，一方拒绝履行的，对方当事人可以向人民法院申请执行，也可以由审判员移送执行员执行。调解书和其他应当由人民法院执行的法律文书，当事人必须履行，一方拒绝履行的，对方当事人可以向人民法院申请执行。

申请执行是指根据生效法律文书，享有权利的一方当事人在对方故意拖延、逃避或者拒绝履行义务的情况下，向人民法院提出申请，请求人民法院强制执行。申请执行的期间为二年。申请执行时效的中止、中断，适用法律有关诉讼时效中止、中断的规定。前款规定的期间，从法律文书规定履行期间的最后一日起计算；法律文书规定分期履行的，从最后一期履行期限届满之日起计算；法律文书未规定履行期间的，从法律文书生效之日起计算。

移送执行是指人民法院审判人员审结案件后，将生效的判决书、裁定书移交给执行员执行。审判实践中，执行程序一般由当事人提出申请开始，但在某些特殊情况下，如追索国家财产案件的判决，追索赡养费、扶养费、抚养费案件的判决等，人民法院往往不经当事人申请而直接移送执行。

移送执行与申请执行的主要区别在于：

第一，移送执行是基于人民法院的职权行为而开始，申请执行则是基于当事人行使申请执行权而开始；

第二，移送执行没有时间限制，申请执行则须遵守执行期限；

第三，移送执行的，权利人无权决定延期执行或者申请人民法院不予执行，申请执行的，申请人则可以决定延期执行或者撤销执行申请；

第四，移送执行是由审判组织直接向执行机构送交执行书，申请执行则是由申请人向执行法院提交申请执行书；

第五，移送执行的案件范围有适当的限制，申请执行的案件范围则没有限制。

(四)执行措施

在案件的执行过程中，被执行人未按执行通知履行法律文书确定的义务，人民法院有权根据不同情形，依法采取多种执行措施，以保证生效法律文书确认的内容能够得到履行。现在，我们只简要介绍以下几种执行措施。

1. 被执行人报告财产义务

被执行人未按执行通知履行法律文书确定的义务，应当报告当前以及收到执行通知之日前一年的财产情况。被执行人拒绝报告或者虚假报告的，人民法院可以根据情节轻重对被执行人或者其法定代理人、有关单位的主要负责人或者直接责任人员予以罚款、拘留。

2. 扣留、提取收入

被执行人未按执行通知履行法律文书确定的义务，人民法院有权扣留、提取被执行人应当履行义务部分的收入，但应当保留被执行人及其所扶养家属的生活必需费用。

3. 查封、扣押财产

人民法院查封、扣押财产时，被执行人是公民的，应当通知被执行人或者他的成年家属到场；

被执行人是法人或者其他组织的，应当通知其法定代表人或者主要负责人到场。拒不到场的，不影响执行。被执行人是公民的，其工作单位或者财产所在地的基层组织应当派人参加。对被查封、扣押的财产，执行员必须造具清单，由在场人签名或者盖章后，交被执行人一份。被执行人是公民的，也可以交他的成年家属一份。

4. 拍卖和变卖被查封、扣押的财产

财产被查封、扣押后，执行员应当责令被执行人在指定期间履行法律文书确定的义务。被执行人逾期不履行的，人民法院应当拍卖被查封、扣押的财产；不适于拍卖或者当事人双方同意不进行拍卖的，人民法院可以委托有关单位变卖或者自行变卖。国家禁止自由买卖的物品，交有关单位按照国家规定的价格收购。

5. 搜查措施

被执行人不履行法律文书确定的义务，并隐匿财产的，人民法院有权发出搜查令，对被执行人及其住所或者财产隐匿地进行搜查。采取这一措施，由院长签发搜查令。

思考与练习

一、选择题

1. 《中华人民共和国民法典》调整（　　）。
　　A. 所有的财产关系　　　　　　B. 平等主体之间的财产关系
　　C. 领导和下属的关系　　　　　D. 经济管理关系

2. 甲将乙较胖的脸型十分形象地画了一幅漫画，并以《肥猪》为名，张贴在教室里，乙理直气壮地对甲进行了交涉。这是乙在积极维护自己的（　　）。
　　A. 名誉权和肖像权　　　　　　B. 荣誉权和姓名权
　　C. 名誉权和荣誉权　　　　　　D. 肖像权和姓名权

3. 赵某十七周岁，某大学的学生，智力超常而且生活自理能力很强，根据法律的有关规定，赵某是（　　）。
　　A. 完全民事行为能力人　　　　B. 可视为完全民事行为能力人
　　C. 限制民事行为能力人　　　　D. 无民事行为能力人

4. 甲将在校园拾得的人民币 50 元据为己有，依据我国民法有关规定，甲和失主之间产生（　　）。
　　A. 侵权关系　　　　　　　　　B. 无因管理关系
　　C. 财产所有权关系　　　　　　D. 不当得利关系

5. 我国民法的基本原则主要包括以下几项（　　）。
　　A. 平等原则　　　　　　　　　B. 公平原则
　　C. 诚信原则　　　　　　　　　D. 公序良俗原则

6. 财产所有权的类型主要有（　　）。
　　A. 国家所有权　　　　　　　　B. 集体所有权
　　C. 社会团体法人所有权　　　　D. 私人所有权

7. 以下情况中，哪些属于侵犯肖像权的行为（　　）。

A．未经本人同意，使用其肖像作为广告、刊物封面

B．将他人的照片与自己的照片合成制成结婚照

C．在报纸上发布通缉令而使用被通缉人的肖像

D．为了寻找失踪人，在报刊等媒体上刊登下落不明者的照片

8．根据我国专利法的有关规定，《专利法》的客体包括（　　）。

A．发明　　　　B．实用新型　　　　C．外观设计　　　D．荣誉

9．司法机关和仲裁机关在确定当事人的民事责任时，遵循着一些基本准则，这就是民事责任的归责原则，它是民法据以确定行为人承担民事责任的理由、标准或者说最终决定性的根据。我国民法所体现的承担民事责任的原则有（　　）。

A．过错责任原则　　　　　　　B．平等责任原则

C．无过错责任原则　　　　　　D．公平责任原则

二、判断题

1．自然人的民事权利能力始于出生，终于死亡。　　　　　　　　　　（　　）

2．根据《商标法》规定，商标权有效期为50年。　　　　　　　　　　（　　）

3．法人就是法定代表人，是指具有民事权利能力和民事行为能力，依法独立享有民事权利和承担民事义务的组织。　　　　　　　　　　　　　　　　　　　　　　　　（　　）

4．任何民事法律行为都可以委托他人代理进行。　　　　　　　　　　（　　）

5．侵权行为人承担了民事赔偿责任，就可以不承担行政责任。　　　　（　　）

6．连带赔偿责任人之间有约定的按照约定承担各自的责任；没有约定的，按照等份责任承担。　　　　　　　　　　　　　　　　　　　　　　　　　　　　　　　　　（　　）

7．《民事诉讼法》明确规定的诉讼证据种类有七种。　　　　　　　　（　　）

8．十六周岁以上不满十八周岁的自然人，以自己的劳动收入作为主要生活来源的，视为完全民事行为能力人。　　　　　　　　　　　　　　　　　　　　　　　　　　　　（　　）

三、简答题

1．什么是法人？法人的成立应当具备哪些条件？

2．自然人、法人和非法人组织所享有的民事权利主要包括哪些？

3．承担民事责任的方式有哪些？

第六章 婚姻家庭与继承

 学习目标

通过对《民法典》中婚姻家庭编和继承编的学习，把握婚姻家庭与继承法律制度的实质性内容，为建立平等、和睦、文明的婚姻家庭关系以及依法传承家庭财富奠定坚实可靠的法律基础。

 导入案例

齐某某与姚某某于某年结婚，婚后一直与齐某某的母亲王某某共同生活，四年后二人生育一子齐某斌。齐某斌十岁时，齐某某向姚某某提出离婚，姚不同意，齐某某遂向法院起诉。经调解，双方同意离婚，对子女抚养也达成了协议，但对齐某某祖上遗留的 16 幅古画的归属发生争议，齐某某认为应归自己所有，姚某某认为是夫妻共同财产应归自己一半。诉讼中，齐某某母亲王某某和儿子齐某斌以有独立请求权的第三人的身份参加诉讼，主张该古画是王某某和齐某斌的共同财产，理由是齐某某父亲去世时留有口头遗嘱：所遗古画，一半归王某某所有，一半归孙子齐某斌所有。

想一想： 齐家祖上的 16 幅古画究竟是家庭共同财产还是齐姚夫妻的共同财产？应当如何分割继承？

第一节 婚姻家庭法律制度

婚姻家庭法律制度是规范夫妻关系和家庭关系的基本准则。

中华人民共和国成立以来，我国婚姻家庭立法大致经历了以下几个阶段。

（1）1950 年颁布第一部《中华人民共和国婚姻法》（以下简称《婚姻法》）。

（2）1980 年第五届全国人民代表大会第三次会议通过了新的《婚姻法》，并于 2001 年进行了修改。

（3）1991 年第七届全国人大常委会第二十三次会议通过了《中华人民共和国收养法》（以下简称《收养法》），并于 1998 年做了修改。

（4）以现行《婚姻法》《收养法》为基础，在坚持婚姻自由、一夫一妻等基本原则的前提下，结合社会发展需要，修改完善了部分规定，并增加了新的规定，将其写入《民法典》第五编"婚姻家庭"。我国《民法典》已于 2020 年 5 月 28 日由第十三届全国人民代表大会第三次会议表决通过，并自 2021 年 1 月 1 日起施行。原《婚姻法》同时废止。

一、婚姻家庭法律制度的基本原则

婚姻家庭法律制度的基本原则，是我们维系一个幸福、平等、和睦、文明家庭的行为准则。根据《民法典》婚姻家庭编的相关规定，我国《婚姻法》的基本原则主要有以下几条。

第一，婚姻自由原则。婚姻自由是指男女双方有权依法自主自愿地决定自己的婚姻，既不受对方的强迫，也不受第三人的非法干涉。禁止包办、买卖婚姻和其他干涉婚姻自由的行为。禁止借婚姻索取财物。婚姻自由包括结婚自由和离婚自由。

第二，一夫一妻原则。一夫一妻是指一男一女结为夫妻的婚姻制度。在这一制度下，任何人无论地位高低、财产多少，都不得同时有两个或者两个以上的配偶。已婚者在配偶死亡(包括宣告死亡)或者离婚之前，不得再行结婚，一切公开和隐蔽的一夫多妻或者一妻多夫的两性关系都是违法的。《民法典》第一千零四十二条第二款规定："禁止重婚。禁止有配偶者与他人同居。"

第三，男女平等原则。男女平等是指男女两性在婚姻家庭关系中，享有同等的权利，负担同等的义务。男女平等原则的内容主要包括以下几点：

(1)男女双方在结婚和离婚问题上的权利义务平等；

(2)登记结婚后，根据男女双方的约定，女方可以成为男方家庭的成员，男方也可以成为女方家庭的成员；

(3)夫妻之间在人身关系和财产关系上的权利义务平等；

(4)夫妻双方在赡养各方老人问题上的权利义务平等；

(5)父母在抚养和教育子女问题上的权利义务平等；

(6)子女可以随父姓，也可以随母姓；

(7)兄弟姐妹等一切男性和女性的家庭成员在家庭中的权利义务平等。

第四，保护妇女、未成年人、老年人、残疾人的合法权益的原则。这一原则包含了以下几个方面的内容。

(1)保护妇女的合法权益。这是对男女平等原则的必要补充。妇女的合法权益能否得到切实的保护，是衡量一个国家文明程度的重要标志之一。我国现行民法有关保护妇女合法权益的条款，都有很强的针对性。例如：女方在怀孕期间和分娩后一年内，男方不得提出离婚等。

(2)保护未成年人的合法权益。这是振兴国家和民族的需要，是培养和造就国家建设接班人的需要，也是巩固和发展社会主义婚姻家庭的需要。

(3)保护老年人的合法权益。尊敬、赡养和爱护老年人是中华民族的传统美德。老年人为国家、民族、社会和家庭贡献了毕生的精力，为后代创造了巨大的物质财富和精神财富。当他们年老体衰、丧失劳动能力的时候，有权获得国家和社会的物质帮助以及来自家庭的赡养扶助。

(4)保护残疾人的合法权益。残疾人权益保障程度是社会文明的一面镜子，残疾人权益保障越完善，社会文明程度就越高。为了保障残疾人权益，国家相应颁布了《中华人民共和国残疾人保障法》《残疾人就业条例》《无障碍环境建设条例》等相关法律、行政法规，并号召全社会，摈弃偏见和歧视，学会尊重理解残疾人，关心关爱残疾人，让残疾人更加真切地感受到来自社会和家庭的温暖。

第五，夫妻应当互相忠实、互相尊重、互相关爱的原则。在婚姻关系中，夫妻应当彼此相互关爱和尊重，相互信任和忠诚，不得欺骗、侮辱、歧视、遗弃配偶，不得为第三者利益损害配偶的利益。夫妻各方都应承担专一的性生活义务，不得有婚外性行为，反对通奸、姘居、重婚、"包二奶"、"傍大款"、"养小蜜"等婚外异性行为。

第六，家庭成员应当敬老爱幼，互相帮助，维护平等、和睦、文明的婚姻家庭关系的原则。所有的家庭成员，尤其是在家庭中处于主导地位、对家庭负有不可推卸责任的夫妻，在组建家庭、建造自己的物质生活的同时，要注重家庭文化与精神文明的建设，禁止家庭暴力，禁止家庭成员间的虐待和遗弃。

第七，收养应当遵循最有利于被收养人的原则，保障被收养人和收养人的合法权益。禁止借收养名义买卖未成年人。

> **案例：** 小古是家里的独生子，小姚是家里的独生女，他们于某年5月在朋友聚会上相识，同年年底结婚，两年后生育一女。由于恋爱时双方父母都对自己的子女干预过，因此双方家庭都不看好他们的这段恋情。婚后，由于各自对自己的子女一方"保护"有加，为此小家庭"战争"不断，最终导致感情破裂。结婚八年后，男方起诉到法院，请求判决离婚。在分割夫妻共同财产时，小古认为他在外面赚钱辛苦，收入高，他应该多分；小姚认为她在家带孩子辛苦，又要照顾小古的生活，她应该多分，加之她认为女性离婚后再婚较男方困难，所以应当多分。在小孩的抚养问题上，她认为小孩是她所生，应当将小孩判给她；小古及其父母认为小孩是古家之后，小孩应当判给他们抚养。
>
> **想一想：** 假如你是法官，应该如何判决此案？

二、结婚

结婚是指男女双方依照法定条件和程序确立夫妻关系的民事法律行为。

（一）结婚的实质性要件

1. 结婚的必备条件

第一，结婚应当男女双方完全自愿，禁止任何一方对另一方加以强迫，禁止任何组织或者个人加以干涉。

第二，结婚必须达到法定婚龄。《民法典》第一千零四十七条规定："结婚年龄，男不得早于二十二周岁，女不得早于二十周岁。"

婚姻自由

第三，结婚必须符合一夫一妻制。要求结婚的人必须是没有配偶的人，符合这一条件的男女包括未曾结过婚的，以及虽然结过婚，但已经与原配偶离婚的，或者其原配偶已经死亡的人。

2. 结婚的禁止性条件

第一，直系血亲或者三代以内的旁系血亲禁止结婚。

想一想

哪些人不能结婚？

所谓直系血亲，是指和自己有直接血缘关系的亲属，具体是指直接生育自己和自己所生育的上下各代的亲属，包括父母和子女，祖父母、外祖父母和孙子女、外孙子女。

所谓旁系血亲，是指出于同一祖父母、外祖父母，除直系血亲以外的血亲，具体包括兄弟姐妹（含同父异母、同母异父的兄弟姐妹），伯、叔、姑、舅、姨与侄（侄儿或者侄女）、甥（甥儿或者甥女），堂兄弟姐妹，表兄弟姐妹。

📖 知识窗

禁止一定范围内血亲结婚的原因

禁止直系血亲和三代以内的旁系血亲结婚，主要是为了优生优育和遵守人类的婚姻伦理。人类两性关系的发展证明，血缘过近的亲属间通婚，容易把双方生理上的缺陷遗传给后代，影响家庭幸福，危害民族健康。而没有血缘关系或者血缘关系较远的婚姻，能创造出在体质上和智力上都更加强健的后代。因此，各国法律都禁止一定范围内的血亲结婚。

第二，患有医学上认为不应该结婚的疾病，禁止结婚。

所谓患有医学上认为不应当结婚的疾病，是指从医学角度来看，患有某种身体或者精神上的、很可能在结婚以后影响其配偶以及后代健康的疾病。

我国民法没有具体规定哪些疾病是禁止结婚的，但在司法实践中，人们通常认为，禁止结婚的疾病主要有以下几类：(1)患性病未治愈的；(2)重症精神病(包括精神分裂症、躁狂抑郁症和其他精神病发病期间)；(3)先天痴呆症(包括重症智力低下者)；(4)非常严重的遗传性疾病。

(二)结婚的程序性要件

《民法典》第一千零四十九条规定："要求结婚的男女双方应当亲自到婚姻登记机关申请结婚登记。符合本法规定的，予以登记，发给结婚证。完成结婚登记，即确立婚姻关系。未办理结婚登记的，应当补办登记。"

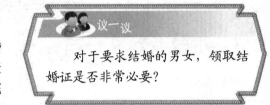

议一议

对于要求结婚的男女，领取结婚证是否非常必要？

📝 阅读延伸

1. 我国现行《婚姻登记条例》经 2003 年 7 月 30 日国务院 16 次常务会议通过，自 2003 年 10 月 1 日起施行。

2. 结婚登记是国家对婚姻关系的建立进行监督和管理的制度。结婚除了必须符合法律规定的条件外，还必须履行法定的程序，按照《婚姻登记条例》执行。事实上，坚持和完善婚姻登记制度，有利于保障婚姻自由、一夫一妻原则的贯彻实施，有利于婚姻当事人及其子女的合法权益，有利于预防婚姻家庭纠纷。同时，婚姻登记的过程，也是在婚姻问题上进行法制宣传和教育的重要环节。

《婚姻登记条例》的颁布和实施，实际上就是从法律层面再次强调：婚姻登记是结婚的必经法律程序。不经登记就以夫妻名义同居，事实上就是非婚姻状态，其形式和内容都无法受到法律的有效保护。

1. 结婚登记机关

我国《婚姻登记条例》第二条第一款规定："内地居民办理婚姻登记的机关是县级人民政府民政部门或者乡(镇)人民政府，省、自治区、直辖市人民政府可以按照便民原则确定农村居民办理婚姻登记的具体机关。"

我国《婚姻登记条例》第二条第二款规定："中国公民同外国人，内地居民同香港特别行政区居民(以下简称香港居民)、澳门特别行政区居民(以下简称澳门居民)、台湾地区居民(以下简称台湾居民)、华侨办理婚姻登记的机关是省、自治区、直辖市人民政府民政部门或者省、自治区、直辖市人民政府民政部门确定的机关。"

内地居民结婚，男女双方应当共同到一方当事人常住户口所在地的婚姻登记机关办理结婚登记。

中国公民同外国人在中国内地结婚的，内地居民同香港居民、澳门居民、台湾居民、华侨在中国内地结婚的，男女双方应当共同到内地居民常住户口所在地的婚姻登记机关办理结婚登记。

2. 结婚登记程序

结婚登记程序分为申请、审查和登记三部分。

申请是指婚姻当事人双方正式向婚姻登记机关进行申报，提出结婚登记的请求。申请不能一方单独提出，也不能委托代理人或者提交书面意见代替本人亲自到场提出。

知识窗

办理结婚登记应当出具的证件和证明材料

第一，办理结婚登记的内地居民应当出具的证件和证明材料：

(1)本人的户口簿、身份证；

(2)本人无配偶以及与对方当事人没有直系血亲和三代以内旁系血亲关系的签字声明。

第二，办理结婚登记的香港居民、澳门居民、台湾居民应当出具的证件和证明材料：

(1)本人的有效通行证、身份证；

(2)经居住地公证机构公证的本人无配偶以及与对方当事人没有直系血亲和三代以内旁系血亲关系的声明。

第三，办理结婚登记的华侨应当出具的证件和证明材料：

(1)本人的有效护照；

(2)居住国公证机构或者有权机关出具的、经中华人民共和国驻该国使(领)馆认证的本人无配偶以及与对方当事人没有直系血亲和三代以内旁系血亲关系的证明，或者中华人民共和国驻该国使(领)馆出具的本人无配偶以及与对方当事人没有直系血亲和三代以内旁系血亲关系的证明。

第四，办理结婚登记的外国人应当出具的证件和证明材料：

(1)本人的有效护照或者其他有效的国际旅行证件；

(2)所在国公证机构或者有权机关出具的、经中华人民共和国驻该国使(领)馆认证或者该国驻华使(领)馆认证的本人无配偶的证明，或者所在国驻华使(领)馆出具的本人无配偶的证明。

审查是指婚姻登记机关对当事人的申请进行审查，查明结婚申请是否符合结婚条件。不明之处，应当向当事人询问，必要时，可要求当事人提供有关证明材料。

登记，即对当事人结婚的合法性加以确认，进行正式的登记和记载，核发结婚证。

我国《婚姻登记条例》第七条规定："婚姻登记机关应当对结婚登记当事人出具的证件、证明材料进行审查并询问相关情况。对当事人符合结婚条件的，应当当场予以登记，发给结婚证；对当事人不符合结婚条件不予登记的，应当向当事人说明理由。"

知识窗

婚姻登记机关不予登记的情形

我国《婚姻登记条例》第六条规定："办理结婚登记的当事人有下列情形之一的，婚姻登记机关不予登记：

(一)未到法定结婚年龄的；

(二)非双方自愿的；

(三)一方或者双方已有配偶的；

(四)属于直系血亲或者三代以内旁系血亲的；

(五)患有医学上认为不应当结婚的疾病的。"

(三)无效婚姻和可撤销的婚姻

1. 无效婚姻

无效婚姻，是指因不具备法定结婚实质条件或者形式条件的男女结合，在法律上不具有婚姻效力的婚姻。

《民法典》第一千零五十一条规定："有下列情形之一的，婚姻无效：(一)重婚；(二)有禁止结婚的亲属关系；(三)未到法定婚龄。"

2. 可撤销的婚姻

可撤销的婚姻，是指当事人因意思表示不真实而成立的婚姻，或者当事人成立的婚姻在结婚的要件上有欠缺，法律赋予一定的当事人以撤销婚姻的请求权，该当事人可以通过行使撤销婚姻的请求权，而使该婚姻无效的婚姻。

可撤销的婚姻在相对人行使撤销请求权之前为有效，这是与无效婚姻的根本区别。即只要当事人未行使撤销请求权，该婚姻就属于有效状态；当权利人行使撤销请求权，婚姻被有关国家机关撤销后，其效力追溯到行为之日起自始无效。

在我国，可撤销的婚姻有以下两种情况。

(1)因胁迫结婚的，受胁迫的一方可以向人民法院请求撤销婚姻。请求撤销婚姻的，应当自胁迫行为终止之日起一年内提出。被非法限制人身自由的当事人请求撤销婚姻的，应当自恢复人身自由之日起一年内提出。

(2)一方患有重大疾病的，应当在结婚登记前如实告知另一方；不如实告知的，另一方可以向人民法院请求撤销婚姻。请求撤销婚姻的，应当自知道或者应当知道撤销事由之日起一年内提出。

据此，请求权人行使撤销婚姻请求权的期间是一年，即权利人在此期间不行使权利，法定期间届满，便发生该项权利消灭的法律后果，请求权人便不能请求撤销其婚姻，只能通过离婚来解除其婚姻关系。

📝 阅读延伸

胁 迫 婚

所谓胁迫婚，是指非法地以将要使他人产生损害或者以直接对他人实施损害相威胁，使他人产生恐惧或者因受到损害而结婚。

胁迫的手段有两种：一种是非法地以将要使他人产生损害相威胁，而使他人产生恐惧，逼迫他人与其结婚。将要发生的损害可以是涉及生命、身体、财产、名誉、自由、健康等方面的，并且没有法律依据。同时，这种损害必须是相当严重的，足以使受胁迫者感到恐惧，如以不与其结婚即毁坏对方相貌相威胁等。另一种是直接对他人实施不法行为，给他人造成损害，逼迫他人与其结婚。这种直接损害可以是对肉体的损害，如绑架对方等；也可以是对精神的损害，如诽谤对方等。

当事人在受到胁迫而结婚时，其缔结婚姻关系的行为并不是出于其真实的意思表示，这就违反了民法关于"婚姻自由""结婚应当男女双方完全自愿"的规定，因而法律赋予受胁迫的一方以撤销婚姻的请求权，使受胁迫的一方可以根据自己的意愿，选择自己是否与对方结为夫妻。

---

3. 法律后果

无效的或者被撤销的婚姻自始没有法律约束力，当事人不具有夫妻的权利义务。同居期间所得的财产，由当事人协议处理；协议不成的，由人民法院根据照顾无过错方的原则判决。对重婚导致的无效婚姻的财产处理，不得侵害合法婚姻当事人的财产权益。当事人所生子女，适用民法关于父母子女的规定。婚姻无效或者被撤销的，无过错方有权请求损害赔偿。

> **案例：**吴某的母亲与张某的父亲系同胞兄妹。张某与吴某系姑表兄妹，均各自成家立业多年。吴某因其丈夫车祸丧生，现独自抚养小孩。张某为了多得拆迁补偿款，于是与吴某协商，他与其妻假离婚后，又与吴某假结婚，如果多得了补偿款，愿意给吴某 20%的"补偿"。吴某同意了张某的请求。张某与妻子"离婚"后，与吴某办理了结婚手续。张某如愿以偿，多得了约20万元的补偿，但吴某要求张某按约定支付20%的"补偿"时，张某却找各种理由拒绝。于是，吴某将张某诉至法院，请求法院判处张某按约给付。
>
> **想一想：**（1）张某与吴某的婚姻是否有效？为什么？（2）吴某的诉讼请求是否能得到法院的支持？为什么？

三、家庭关系

（一）夫妻关系

夫妻关系是人类社会发展到一定历史阶段的产物，是指符合结婚条件的男女，以共同生活为目的，依法结为配偶的特殊人际关系。夫妻关系包括夫妻间的人身关系和夫妻间的财产关系两个方面的内容。

1. 夫妻间的人身关系

夫妻间的人身关系，是指与夫妻人格和身份相关而不具有直接经济因素的权利义务关系。它主要包括以下几个方面的内容。

第一，夫妻在婚姻家庭中地位平等。夫妻在婚姻家庭中地位平等，主要是指夫妻间权利义务的平等，包括夫妻在人身方面和财产方面权利义务一律平等，不允许出现一方只享有权利或者只尽义务的不合理现象。贯彻执行这一规定，对破除夫权、家长制的残余影响，建立新型的夫妻关系具有十分重要的意义。

第二，夫妻双方都有各自使用自己姓名的权利。姓名权是一种重要的人身权利，有无独立的姓名权，往往是有无独立人格的一种标志。《民法典》第一千零五十六条规定："夫妻双方都有各自使用自己姓名的权利。"子女可以随父姓，也可以随母姓。

第三，夫妻双方都有自由权。自由权是夫妻人身关系中最重要的实质性内容。《民法典》第一千零五十七条规定："夫妻双方都有参加生产、工作、学习和社会活动的自由，一方不得对另一方加以限制或者干涉。"

第四，夫妻有相互扶养的义务。需要扶养的一方，在另一方不履行扶养义务时，有要求其给付扶养费的权利。

此外，夫妻间的人身关系还包括夫妻住所选定权、夫妻同居与忠实的义务等内容。

2. 夫妻间的财产关系

夫妻间的财产关系，是指夫妻双方在财产、抚养和遗产继承等方面的权利义务关系。我国民法对夫妻财产制采取的是法定夫妻财产制与约定夫妻财产制相结合的模式。

(1) 法定夫妻财产制。

法定夫妻财产制，是指夫妻双方在婚前、婚后都没有约定或者约定无效时，直接适用有关法律规定的夫妻财产制度。我国民法明确规定了夫妻共同所有财产和夫妻一方的个人财产的范围。

我国民法规定，夫妻在婚姻关系存续期间所得的下列财产，归夫妻共同所有：工资、奖金、劳务报酬；生产、经营、投资的收益；知识产权的收益；继承或者受赠的财产，但具有只归一方情形的除外；其他应当归共同所有的财产。夫妻对共同所有的财产，有平等的处理权。

同时，我国民法也明确规定了夫妻一方财产的范围：一方的婚前财产；一方因受到人身损害获得的赔偿或者补偿；遗嘱或者赠予合同中确定只归一方的财产；一方专用的生活用品；其他应当归一方的财产。

(2) 约定夫妻财产制。

约定夫妻财产制是相对于法定夫妻财产制而言的。它是指夫妻双方通过协商，对婚前、婚后取得的财产的归属、处分以及在婚姻关系解除后的财产分割达成协议，并优先于法定夫妻财产制适用的夫妻财产制度。

我国《民法典》第一千零六十五条规定："男女双方可以约定婚姻关系存续期间所得的财产以及婚前财产归各自所有、共同所有或者部分各自所有、部分共同所有。"

约定应当采用书面形式，采用口头形式或者其他形式的无效。没有约定或者约定不明确的，适用法定夫妻财产制的相关规定。

夫妻对婚姻关系存续期间所得的财产以及婚前财产的约定，对双方具有约束力。约定的内容在第三人知晓时，对外具有对抗的效力，否则无对抗的效力。为逃避债务的虚假约定或者协议离婚分割财产的行为，应被认定为无效行为。夫妻共同负担的债务，由夫妻共同所有的财产清偿；夫妻一方所负的债务，由其个人所有的财产清偿。如果夫妻在婚姻关系存续期间所得的财产约定归各自所有，而第三人又不知道该约定的，则以夫妻在婚姻关系存续期间所得的财产清偿。

此外，关于夫妻间的财产关系，我国民法还规定了夫妻有相互继承遗产的权利和相互扶养的义务等内容。

📖 知识窗

夫妻相互扶养的义务

夫妻相互扶养的义务是法定的，具有法律强制性，无论夫妻双方就财产的归属做出怎样的规定，都不能免除扶养义务。《民法典》第一千零五十九条规定："夫妻有相互扶养的义务。需要扶养的一方，在另一方不履行扶养义务时，有要求其给付扶养费的权利。"根据这一规定，当夫妻一方没有固定收入，或者缺乏生活来源，或者无独立生活能力，或者生活困难，或者因患病、年老等原因需要扶养，在另一方不履行扶养义务时，需要扶养的一方有权要求另一方承担扶养义务，给付扶养费，以维持其生活所必需。当夫妻间因履行扶养义务问题发生争执时，需要扶养的一方既可以向人民调解组织提出调解申请，也可以向人民法院提起追索扶养费的民事诉讼。夫妻一方不履行法定的扶养义务，情节恶劣，后果严重，致使需要扶养的一方陷入生活无着的境地，从而构成遗弃罪的，则在承担刑事法律责任的同时，应当继续承担扶养义务。

(二) 父母子女关系

在我国现行的婚姻家庭法律制度中，根据父母子女关系形成的原因不同，将父母子女关系分为两大类型：一是自然血亲的父母子女关系；二是拟制血亲的父母子女关系。

父母子女种类

我国现行的婚姻家庭法律制度，将父母分为四个种类：(1)父母，即有婚姻关系的亲生父母；(2)生父母，即没有婚姻关系的亲生父母，以及因收养关系的成立，养子女对其亲生父母的称呼；(3)养父母；(4)继父母。将子女也分为四个种类：(1)婚生子女；(2)非婚生子女；(3)养子女；(4)继子女。

1. 自然血亲的父母子女关系

自然血亲是指出自同一祖先，有自然血缘联系的亲属。自然血亲无论旁系还是直系，都只能因出生这一事实而发生，其血缘上的联系也只能因死亡而消灭。

自然血亲可分为全血缘血亲和半血缘血亲。全血缘血亲是指同胞兄弟姐妹，他们的血缘来自一对共同的男女。半血缘血亲是指同父异母或者同母异父的兄弟姐妹，他们的血缘关系仅有一半相连。

自然血亲的父母子女关系包括父母与婚生子女的关系以及父母与非婚生子女的关系。

(1)父母与婚生子女的关系。

父母与婚生子女的关系，是指在婚姻关系存续期间受孕或者出生的子女与父母形成的权利义务关系。

在现代科技条件下，受孕既包括传统的自然受精，也包括人工受精和试管婴儿。在夫妻关系存续期间，双方一致同意进行人工受精或者试管婴儿的，所生子女应视为夫妻双方的婚生子女。

① 父母的权利和义务。

第一，父母对未成年子女或者不能独立生活的成年子女有抚养的义务，即父母有哺育、照料未成年子女或者不能独立生活的成年子女的生活，提供必要的生活条件，保障其健康的义务。抚养义务的行使有两种方式：一是直接地与子女在一起生活；二是间接地提供抚养费，部分履行照顾子女生活的义务。

第二，父母有教育、保护未成年子女的权利和义务。根据未成年人保护法、义务教育法的相关规定，父母有预防、制止子女的各种不良行为的义务，以促进子女全面、健康地发展。在未成年子女对他人造成损害时，父母有依法承担民事责任的义务。

第三，成年子女不履行赡养义务的，缺乏劳动能力或者生活困难的父母，有要求成年子女给付赡养费的权利。

第四，父母有继承子女遗产的权利。

第五，父母有法定代理的义务。父母是未成年子女的监护人，具有法定的代理义务。

② 子女的权利和义务。

第一，父母不履行抚养义务的，未成年子女或者不能独立生活的成年子女，有要求父母给付抚养费的权利。所谓不能独立生活的成年子女，是指尚在校接受高中及其以下学历教育或者丧失、部分丧失劳动能力并非主观原因而无法维持正常生活的成年子女。抚养费包括子女的生活费、教育费、医疗费等费用。

第二，子女对父母有赡养扶助的义务。成年子女不履行赡养义务的，缺乏劳动能力或者生活困难的父母，有要求成年子女给付赡养费的权利，并且不因父母的婚姻关系变化而终止。

第三，子女有继承父母遗产的权利。

第四，子女有尊重父母的婚姻权利的义务，不得干涉父母离婚、再婚以及婚后的生活。

(2)父母与非婚生子女的关系。

父母与非婚生子女的关系，是指没有合法婚姻关系的男女与其所生育的子女之间的关系。

非婚生子女享有与婚生子女同等的权利，任何组织或者个人不得加以危害和歧视。不直接抚养非婚生子女的生父或者生母，应当负担未成年子女或者不能独立生活的成年子女的抚养费。当然，非婚生子女也应当承担与婚生子女同等的义务。

2. 拟制血亲的父母子女关系

拟制血亲的父母子女关系，是指当事人之间本来没有血缘关系，但基于收养、再婚或者事实上的抚养行为，法律承认他们之间与自然血亲的父母子女关系一样，从而构成的父母子女关系。

这种父母子女的权利义务关系，既可因法律行为而设立，也可因法律行为如收养解除、继父与生母或者继母与生父离婚以及抚养关系的变化而终止。

依据我国法律的规定，拟制血亲的父母子女关系包括养父母与养子女的关系、继父母与受其抚养教育的继子女的关系。

(1)养父母与养子女的关系。

根据《民法典》第一千一百一十一条和第一千一百一十二条的规定，养父母与养子女的关系应当包括以下四点内容：

第一，国家保护合法的收养关系；

第二，养父母与养子女之间的权利义务关系，与自然血亲的父母与子女之间的权利义务关系相同；

第三，养子女与生父母以及其他近亲属的权利义务关系，因收养关系的成立而消除；

第四，养子女可以随养父或者养母的姓氏，经当事人协商一致，也可以保留原姓氏。

(2)继父母与受其抚养教育的继子女的关系。

继父母与受其抚养教育的继子女的关系，是指生父母离婚或者其中一方死亡，另一方带子女再婚而形成的权利义务关系。

根据《民法典》第一千零七十二条的规定，继父母与受其抚养教育的继子女的关系应当包括以下两点内容：

第一，继父母与继子女间，不得虐待或者歧视；

第二，继父或者继母和受其抚养教育的继子女间的权利义务关系，适用自然血亲的父母子女关系的规定。

案例：吴某的丈夫因病去世，留下一子屈某某。后经人介绍，吴某与路某相识，不久就登记结婚，并将屈某某带来一起生活。屈某某高中毕业后，在家庭的资助下买了一辆三轮车跑运输，并将收入如数上交父母。一家三口都有收入，生活比较富裕。谁知天有不测风云，吴某突发心脏病死亡。两年后，屈某某在跑运输中不慎跌伤，右腿骨折。出院后，屈某某因伤势未愈无法工作，生活困难，多次要求路某抚养，但继父路某态度冷淡，均予以拒绝。在此种情况下，屈某某向当地人民法院提起诉讼，要求路某给付其抚养费。

想一想：(1)吴某死后，屈某某与路某之间是否就没有关系了？(2)屈某某有权要求路某给付其抚养费吗？

(三)祖孙关系

有负担能力的祖父母、外祖父母，对于父母已经死亡或者父母无力抚养的未成年孙子女、外孙子女，有抚养的义务。有负担能力的孙子女、外孙子女，对于子女已经死亡或者子女无力赡养的祖父母、外祖父母，有赡养的义务。

（四）兄姐与弟妹关系

有负担能力的兄、姐，对于父母已经死亡或者父母无力抚养的未成年弟、妹，有扶养的义务。由兄、姐扶养长大的有负担能力的弟、妹，对于缺乏劳动能力又缺乏生活来源的兄、姐，有扶养的义务。

四、离婚

离婚是指夫妻双方依照法定的条件和程序解除婚姻关系的民事法律行为。《民法典》第一千零八十条规定："完成离婚登记，或者离婚判决书、调解书生效，即解除婚姻关系。"

（一）离婚方式

从离婚方式上来讲，离婚分为自愿离婚和诉讼离婚。

1. 自愿离婚

自愿离婚又称协议离婚，是指婚姻关系因双方当事人的合意而解除的离婚方式。

《民法典》第一千零七十六条规定："夫妻双方自愿离婚的，应当签订书面离婚协议，并亲自到婚姻登记机关申请离婚登记。离婚协议应当载明双方自愿离婚的意思表示和对子女抚养、财产以及债务处理等事项协商一致的意见。"第一千零七十八条规定："婚姻登记机关查明双方确实是自愿离婚，并已经对子女抚养、财产以及债务处理等事项协商一致的，予以登记，发给离婚证。"

从以上的规定中，我们可以发现自愿离婚的条件和程序等内容。

（1）自愿离婚的条件。

第一，自愿离婚的主体要件。必须是依法办理了结婚登记的合法配偶，既不包括非法同居的男女双方，也不包括事实婚姻。

第二，自愿离婚的合意要件。要求"双方确实是自愿离婚"，即配偶双方就离婚问题达成了一致的意思表示，并且这种意思表示必须真实、自愿。因受对方或者他人的欺诈、胁迫，或者因重大误解所做出的离婚的意思表示无效。

第三，自愿离婚的其他要件。自愿离婚必须具备"已经对子女抚养、财产以及债务处理等事项协商一致"的法定要件。"对子女抚养事项协商一致"，包括对子女由何方承担监护责任，对子女的抚养费和教育费如何负担，对子女的姓氏是否改变等问题的"协商一致"；"对财产以及债务处理等事项协商一致"，包括对共同财产合理的分割与处理，对住房的分配，对生活困难方的经济帮助，对共同债务的分担等问题的"协商一致"。

（2）自愿离婚的主管机关。

《婚姻登记条例》第十条规定："内地居民自愿离婚的，男女双方应当共同到一方当事人常住户口所在地的婚姻登记机关办理离婚登记。中国公民同外国人在中国内地自愿离婚的，内地居民同香港居民、澳门居民、台湾居民、华侨在中国内地自愿离婚的，男女双方应当共同到内地居民常住户口所在地的婚姻登记机关办理离婚登记。"

（3）自愿离婚应出具的证件和证明材料。

依据《婚姻登记条例》的规定，办理离婚登记的内地居民应当出具的证件和证明材料包括：

① 本人的户口簿、身份证；

② 本人的结婚证；

③ 双方当事人共同签署的离婚协议书。

办理离婚登记的香港居民、澳门居民、台湾居民、华侨、外国人除应当出具本人的结婚证、双方当事人共同签署的离婚协议书外，香港居民、澳门居民、台湾居民还应当出具本人的有效通行证、身份证，华侨、外国人还应当出具本人的有效护照或者其他有效国际旅行证件。

2. 诉讼离婚

诉讼离婚是指夫妻双方就是否离婚或者财产的分割、债务的分担、子女的抚养等问题无法达成一致意见，而向人民法院起诉，人民法院经过审理后，通过调解或者判决解除婚姻关系的离婚方式。

《民法典》第一千零七十九条规定："夫妻一方要求离婚的，可以由有关组织进行调解或者直接向人民法院提起离婚诉讼。人民法院审理离婚案件，应当进行调解；如果感情确已破裂，调解无效的，应当准予离婚。"

(1) 调解。

人民法院在审理离婚案件时，首先要进行调解，调解是人民法院审理离婚案件的必经程序。

在诉讼过程中进行调解，有利于对当事人进行法制宣传教育和思想指导工作，妥善、慎重地处理离婚案件，而且对调解所达成的协议，当事人一般愿意执行，这不仅有效预防了纠纷的进一步恶化，也减少了法院的执行工作。

通过诉讼内调解，一般有三种结果：第一，调解后双方当事人和好，原告撤诉，诉讼结束；第二，双方当事人达成离婚协议，人民法院按协议制作离婚调解书，调解书送达后，即发生法律效力，婚姻关系自此解除；第三，调解无效，立即进入下一诉讼程序。

(2) 判决。

对于调解无效的离婚案件，人民法院应当以事实为根据，以法律为准绳，做出涉及离婚与否以及财产分割、子女抚养等问题的判决。凡判决不准离婚和调解和好的离婚案件，没有新情况、新理由，原告在六个月内不得重新起诉离婚，被告则不受此期间的限制。

人民法院审理离婚案件，应当进行调解；如果感情确已破裂，调解无效的，应当准予离婚。有下列情形之一，调解无效的，应当准予离婚：

第一，重婚或者与他人同居；

第二，实施家庭暴力或者虐待、遗弃家庭成员；

第三，有赌博、吸毒等恶习屡教不改；

第四，因感情不和分居满两年；

第五，其他导致夫妻感情破裂的情形；

第六，一方被宣告失踪，另一方提起离婚诉讼；

第七，经人民法院判决不准离婚后，双方又分居满一年，一方再次提起离婚诉讼。

考虑到现役军人和妇女的特殊情况，为了保护现役军人的利益和妇女的合法权益，《民法典》第一千零八十一条规定："现役军人的配偶要求离婚，应当征得军人同意，但是军人一方有重大过错的除外。"第一千零八十二条规定："女方在怀孕期间、分娩后一年内或者终止妊娠后六个月内，男方不得提出离婚；但是，女方提出离婚或者人民法院认为确有必要受理男方离婚请求的除外。"

案例： 某日，郭某和邓某自愿登记结婚，随后双方均去厦门打工。结婚四年后，因夫妻感情出现危机，郭某向人民法院提起离婚诉讼，该案经调解结案。事后邓某并未改过自新，反而变本

加厉地对郭某进行报复，就在调解结案后的第八天晚上，邓某对郭某拳脚相加，造成郭某肋骨骨折。事发后的第二天，郭某到人民法院坚决要求与邓某离婚。

想一想：人民法院会受理郭某的离婚诉讼吗？

（二）离婚损害赔偿制度

离婚损害赔偿，是指夫妻一方有过错致使婚姻家庭关系破裂，离婚时对无过错的一方所受的损失，有过错的一方应当承担的民事赔偿责任。

在一方有过错而导致婚姻家庭关系破裂的离婚案件中，无过错方的身心健康往往会受到极大伤害，处理不慎，也极有可能引发恶性事件，增加社会的不稳定因素。为了保护离婚诉讼中无过错方的合法权益，《民法典》第一千零九十一条规定："有下列情形之一，导致离婚的，无过错方有权请求损害赔偿：（一）重婚；（二）与他人同居；（三）实施家庭暴力；（四）虐待、遗弃家庭成员；（五）有其他重大过错。"

损害赔偿包括物质损害赔偿和精神损害赔偿。一般而言，对于离婚损害赔偿中的物质损害，应当遵循填补损失的原则，离婚过错方承担赔偿责任的大小，应当以其行为所造成的实际财产损害为限，损害多少就赔偿多少。对于离婚损害赔偿中的精神损害，赔偿数额的确定较之物质损害难度大。在确定离婚精神损害赔偿数额时，应当考虑以下因素：(1)侵权人的过错程度，法律另有规定的除外；(2)侵害的手段、场合、行为方式等具体情节；(3)侵权行为所造成的后果；(4)侵权人的获利情况；(5)侵权人承担责任的经济能力；(6)受诉法院所在地平均生活水平。

阅读延伸

离婚精神损害赔偿数额

在司法实践中，有的学者认为，离婚精神损害赔偿的数额应根据适用原则和侵权行为的不同类型，参照最高人民法院《关于确定民事侵权精神损害赔偿责任若干问题的解释》的"六因素法"确定赔偿标准。

一类是由过错方采取暴力或者其他不法手段殴打、残害、虐待、遗弃对方，造成人身伤害不良后果的，建议依照当地上年度职工平均工资标准，结合伤情、死亡情况，赔偿10年至20年；后果严重者，向年限高的方向(15至20年)评算，最高额为10万元；后果特别严重者，赔偿可突破10万元。赔偿数额不包括人身伤害花去的医疗费、住院费、护理费、误工费和残疾者生活补助费等直接经济损失。

另一类是由过错方与他人通奸或者非法同居等"第三者插足"引起的离婚精神赔偿纠纷，可根据受害人遭受的不同程度精神损害，确定不等的赔偿数额。建议分为四档：造成一般精神损害的，赔偿数额在300～5000元；造成较严重精神损害的，赔偿数额在5000～10000元；造成严重精神损害的，赔偿数额在1万～5万元；造成特别严重精神损害的，赔偿数额可超过5万元；造成残疾和死亡的，按人身伤亡的损害赔偿标准进行评算。

（三）离婚的法律后果

离婚的法律后果，是指由于婚姻关系的解除所引起的有关权利义务的变化。根据《民法典》的规定，离婚的法律后果主要表现在以下三个方面。

1. 夫妻身份关系的解除

离婚后，基于夫妻所发生的一切权利和义务，都随着婚姻关系的解除而消失，如双方的亲属关系解除，双方都取得再婚的权利，相互扶养的义务解除，相互继承遗产的资格丧失等。

2. 夫妻财产关系的变更

离婚时，夫妻财产要进行依法分割，分割的基本方法是：

第一，离婚时，夫妻的共同财产一般应当均等分割，由双方协议处理；协议不成的，由人民法院根据财产的具体情况，按照照顾子女、女方和无过错方权益的原则判决。

第二，如果夫妻在离婚前对婚姻关系存续期间所得的财产以及婚前财产有所约定，依照约定处理。夫妻一方因抚育子女、照料老年人、协助另一方工作等负担较多义务的，离婚时有权向另一方请求补偿，另一方应当给予补偿。具体办法由双方协议；协议不成的，由人民法院判决。

第三，离婚时，夫妻共同债务应当共同偿还。共同财产不足清偿或者财产归各自所有的，由双方协议清偿；协议不成的，由人民法院判决。

第四，离婚时，如果一方生活困难，有负担能力的另一方应当给予适当帮助。具体办法由双方协议；协议不成的，由人民法院判决。

3. 离婚后子女的抚养与探视

父母离婚最大的受害者是无辜的孩子。虽然父母离婚了，但父母与子女间的关系不因父母离婚而消除。离婚后，子女无论由父或者母直接抚养，仍是父母双方的子女。离婚后，父母对于子女仍有抚养、教育、保护的权利和义务。

离婚后，不满两周岁的子女，以由母亲直接抚养为原则。已满两周岁的子女，父母双方对抚养问题协议不成的，由人民法院根据双方的具体情况，按照最有利于未成年子女的原则判决。子女已满八周岁的，应当尊重其真实意愿。

离婚后，子女由一方直接抚养的，另一方应当负担部分或者全部抚养费。负担费用的多少和期限的长短，由双方协议；协议不成的，由人民法院判决。关于子女抚养费的协议或者判决，不妨碍子女在必要时向父母任何一方提出超过协议或者判决原定数额的合理要求。

离婚后，不直接抚养子女的父或母，有探望子女的权利，另一方有协助的义务。行使探望权利的方式、时间由当事人协议；协议不成的，由人民法院判决。父或母探望子女，不利于子女身心健康的，由人民法院依法中止探望；中止的事由消失后，应当恢复探望。

第二节　继承法律制度

 导入案例

刘某是家中独子，自幼丧父，从小与母亲一起生活。刘某大学毕业时，母亲将一枚戒指交给刘某，并对他讲：这枚戒指是传家宝，希望你能传给下一代。后来，刘某与曹某相恋，两人决定结婚。曹某将要结婚的消息告诉了远在美国的姑姑，姑姑表示将给其1万美元作为贺礼。某年，曹某与刘某结婚。次年，曹某的姑姑回国探亲，将1万美元交给了曹某。曹某与刘某结婚时无房，租住他人的房屋。两年后，曹某与刘某生育一子刘甲。不久，刘某立下遗嘱，称祖传戒指在自己百年之后留给刘甲。结婚五年后，刘某母亲病逝，生前未留遗嘱，刘某一家搬进了母亲留下的房屋。结婚十年后，刘某去南方经商，从此再未与家人联系。在南方期间，刘某结识了女子邢某，二人租房同居，并生育一子刘乙。某日，刘某给邢某庆祝生日，将祖传戒指赠予邢某。又过了九年，刘某因车祸死亡。经查，刘某与邢某共有存款约20万元。

想一想： (1)刘某的遗产有哪些？(2)刘某遗产的继承人是谁？(3)刘某所立遗嘱能否生效？为什么？

继承是自然人死亡后发生的转移财产所有权的一种民事法律制度。继承法律制度调整因继承产生的民事关系。国家为保护自然人的继承权，1985年4月10日，第六届全国人民代表大会第三次会议表决通过了《中华人民共和国继承法》（以下简称《继承法》），并自1985年10月1日起施行。2020年5月28日，第十三届全国人民代表大会第三次会议表决通过了《民法典》，将《继承法》写入第六编"继承"，并自2021年1月1日起施行。原《继承法》同时废止。

一、继承法律制度概述

（一）继承权的概念及其特征

继承权是指继承人根据法律的规定或者被继承人所立的合法有效的遗嘱，享有的接受被继承人遗产的权利。

继承权具有以下几个方面的特征。

第一，继承权是自然人基于一定的身份关系享有的权利。继承权仅为自然人享有，法人、其他社会组织和国家也会接受遗产，但不是基于继承权接受的，即不是以继承人身份接受被继承人的遗产，而是通过受遗赠或者接受无人继承又无人受遗赠的遗产来接受的。

第二，继承权是依照法律的直接规定或者合法有效的遗嘱而享有的权利。法律没有规定为法定继承人的自然人，不能享有法定继承权；在合法有效的遗嘱中未被指定为继承人的自然人，不能享有遗嘱继承权。

第三，继承权的标的是遗产。但是，依照法律规定或者根据其性质不得继承的遗产，不得继承。

第四，继承权是继承人从被继承人死亡或者宣告死亡时才开始有效行使的权利。

（二）继承法律制度的基本原则

继承法律制度的基本原则，是指贯穿、渗透于继承法律体系之中，对整个继承法律制度起指导作用的法律准则。它是制定、实施、解释以及研究继承法律制度的出发点和依据。体现在《民法典》继承编中的基本原则主要包括以下五个方面的内容。

第一，国家保护自然人的继承权的原则。《宪法》第十三条规定"公民的合法的私有财产不受侵犯。国家依照法律规定保护公民的私有财产权和继承权。"这是我国继承法律制度的立法依据，也同时决定了我国继承法律制度的立法宗旨和首要任务。国家保护自然人的继承权，是我国继承法律制度的首要原则。

第二，继承权男女平等的原则。自然人无论男女都是平等的民事主体，《民法典》第一千一百二十六条明确规定："继承权男女平等。"这是《宪法》中"中华人民共和国公民在法律面前一律平等"在继承法律制度中的具体体现。

第三，权利义务相一致的原则。该原则是指：将继承人对被继承人生前所尽义务的情况以及对被继承人所遗留债务的清偿情况与继承人是否享有继承权以及如何行使继承权相结合，使继承人的继承权与其所承担的义务相一致。

第四，养老育幼、照顾老弱病残者的原则。养老育幼、照顾老弱病残者是人类文明的体现，也是家庭的一项重要职能。它既是一项道德要求，也是我国继承法律制度确立的一项基本原则。《民法典》中的"保留胎儿的继承份额"制度、对生活有特殊困难又缺乏劳动能力的继承人予以照顾等制度，都是这一原则的体现。

第五，互谅互让、团结和睦、协商处理继承问题的原则。这一原则要求继承人在遗产处理的过程中能相互体谅、谦让，在平等协商的基础上公平合理地分割遗产，实现物尽其用与家庭和睦的目标。

（三）遗产范围

遗产是自然人死亡时遗留的个人合法财产，包括：①公民的收入；②公民的房屋、储蓄和生活用品；③公民的林木、牲畜和家禽；④公民的文物、图书资料；⑤法律允许公民所有的生产资料；⑥公民的著作权、专利权中的财产权利；⑦公民的其他合法财产。但是，依照法律规定或者根据其性质不得继承的遗产，不得继承。

在认定遗产的范围时应当注意以下两个方面的问题：

第一，区分被继承人的遗产与共有财产。遗产只能是死者的个人合法财产。夫妻共同所有的财产，除有约定的外，遗产分割时，应当先将共同所有的财产的一半分出为配偶所有，其余的为被继承人的遗产；遗产在家庭共有财产之中的，遗产分割时，应当先分出他人的财产，其余的为被继承人的遗产。

第二，区分被继承人的遗产与保险金、抚恤金。对于保险金，如果保险合同指定了受益人的，则由受益人取得保险金；保险合同未指定受益人的，则保险金可以作为遗产加以继承。对于抚恤金，如果是职工、军人因公死亡或者是生病、其他意外事故死亡，由有关单位按规定给予死者家属而产生的，具有对死者家属的经济补偿性，不能作为遗产；但有关部门发给因公伤残而丧失劳动能力的职工、军人的生活补助，由于归个人所有，这类抚恤金可以作为遗产继承。

（四）继承权的取得和丧失

1. 继承权的取得

继承权的取得可以通过两种方式，一种是依照法律的规定而取得，一种是依照被继承人遗嘱的指定而取得。前者称之为法定继承权的取得，后者称之为遗嘱继承权的取得。

（1）法定继承权的取得。

法定继承权的取得，是指继承权不需要被继承人的意思介入，直接依照法律的规定而产生的继承权。继承人可以依法基于以下三种原因取得继承权：

第一，因婚姻关系取得。《民法典》第一千零六十一条明确规定："夫妻有相互继承遗产的权利。"

第二，因血缘关系取得。父母子女、兄弟姐妹之间相互享有继承权，这正是基于血缘关系而产生的。

第三，因抚养、赡养关系取得。有抚养关系的继父母与继子女之间以及有抚养关系的继兄弟姐妹之间享有继承权；丧偶儿媳对公婆，丧偶女婿对岳父母，尽了主要赡养义务的，作为第一顺序继承人。这是权利义务相一致原则的体现。

但是，法定继承权的实际取得还需要具备以下条件。

第一，被继承人死亡。

第二，继承人存在。也就是有属于《民法典》规定的继承人范围的人存在。

第三，继承人没有丧失继承权。

(2) 遗嘱继承权的取得。

遗嘱继承权的取得，是指被继承人依法用遗嘱的方式将个人财产授与法定继承人中的一人或者数人以继承权。遗嘱继承权的实际取得还需要具备以下条件。

第一，被继承人生前立有合法有效的遗嘱。无效的遗嘱不能作为产生继承权的依据，成立但因故未生效的遗嘱，如被立遗嘱人撤回的遗嘱、因指定的继承人先于立遗嘱人死亡的遗嘱等，也不能作为产生继承权的依据。

第二，立遗嘱人死亡。

第三，继承人未丧失继承权。

2. 继承权的丧失

继承权的丧失，是指继承人因对被继承人或者其他继承人有法律规定的违法行为而被依法剥夺继承权，从而丧失继承权的法律制度。

《民法典》第一千一百二十五条规定，继承人有下列行为之一的，丧失继承权。

第一，故意杀害被继承人的。故意杀害被继承人的，继承人不但应当被剥夺继承权，而且还应当受到相应的刑罚惩罚。

第二，为争夺遗产而杀害其他继承人的。只有继承人杀害的动机是争夺遗产，杀害的对象是其他继承人时，才能确定其丧失继承权；并不是出于争夺遗产的目的杀害其他继承人的，则不能剥夺其继承权。

第三，遗弃被继承人的，或者虐待被继承人情节严重的。遗弃被继承人，是指有赡养能力、抚养能力的继承人，拒绝赡养或者抚养没有独立生活能力或者丧失劳动能力的被继承人的行为。虐待被继承人，主要是指经常对被继承人进行肉体或者精神上的折磨，如侮辱、打骂、冻饿等。

第四，伪造、篡改、隐匿或者销毁遗嘱，情节严重的。这里所说的"情节严重"，是指伪造、篡改、隐匿或者销毁遗嘱的行为侵害了生活有特殊困难又缺乏劳动能力的继承人的利益，并造成其生活困难。

第五，以欺诈、胁迫手段迫使或者妨碍被继承人设立、变更或者撤回遗嘱，情节严重的。

继承人有以上第三项、第四项、第五项行为，确有悔改表现，被继承人表示宽恕或者事后在遗嘱中将其列为继承人的，该继承人不丧失继承权。

受遗赠人有以上第一项规定行为的，丧失受遗赠权。

案例： 甲因有第三者，要求与其妻离婚，法院判决不准离婚，即下毒杀妻，经抢救，其妻未死，甲被判刑。但甲妻并未与之离婚，且还督促甲悔改。甲刑满释放后，又与其妻共同生活了十几年，后妻死，留下不少遗产。

想一想： 甲有权继承其妻的遗产吗？

二、遗产继承的方式

在我国，遗产继承的方式分为法定继承、遗嘱继承、遗赠、遗赠扶养协议四种。继承开始后，按照法定继承办理；有遗嘱的，按照遗嘱继承或者遗赠办理；有遗赠扶养协议的，按照协议办理。

（一）法定继承

法定继承是指在被继承人没有对其遗产的处理立有遗嘱的情况下，由法律直接规定继承人的范围、继承顺序、遗产分配原则的一种继承方式。法定继承具有以下几个方面的特征。

第一，法定继承是遗嘱继承的补充。法定继承虽是常见的、主要的继承方式，但继承开始后，应先适用遗嘱继承，只有在不适用遗嘱继承时才适用法定继承。因此，从效力上说，遗嘱继承的效力优先于法定继承，法定继承是对遗嘱继承的补充。

第二，法定继承是对遗嘱继承的限制。各国法律虽然都承认遗嘱继承的优先效力，但也无不对遗嘱继承予以一定的限制。例如，许多国家的法律都规定了法定继承人的特留份。我国民法规定，遗嘱应当为缺乏劳动能力又没有生活来源的继承人保留必要的遗产份额。因此，尽管遗嘱继承限制了法定继承的适用范围，但同时法定继承也是对遗嘱继承的一定限制。

第三，法定继承中的继承人是法律基于继承人与被继承人之间的亲属关系规定的，而不是由被继承人指定的。因此，法定继承具有以身份关系为基础的特点。

第四，法定继承中关于继承人、继承的顺序以及遗产的分配原则的规定是强制性的，任何人不得改变。

1. 法定继承的继承范围

法定继承的继承范围包括法定继承人的范围和法定财产继承的范围。

(1)法定继承人的范围。

在我国，法定继承人的范围包括：配偶、子女、父母、兄弟姐妹、祖父母、外祖父母。在考虑法定继承人时，应当注意以下几个方面的问题。

第一，子女作为法定继承人，其继承权不受性别、年龄、婚生与非婚生的限制。

第二，养子女与亲生子女一样，享有同等的继承权。但是，由于"养子女与生父母以及其他近亲属间的权利义务关系，因收养关系的成立而消除"(《民法典》第一千一百一十一条第二款)，从而养子女丧失了对生父母的遗产继承权。继子女与继父母之间的继承权，根据民法的有关规定，只能以相互有扶养关系的为限。

第三，丧偶儿媳与公婆之间、丧偶女婿与岳父母之间相互继承遗产的权利，在审判实践中也依他们之间的扶养关系而定。《民法典》第一千一百二十九条规定："丧偶儿媳对公婆，丧偶女婿对岳父母，尽了主要赡养义务的，作为第一顺序继承人。"

第四，对父亲死后才出生的子女，即遗腹子，世界各国的继承法都特别规定了保留其应有的继承份额。如果胎儿出生后存活，就取得这份遗产；如果胎儿娩出时是死体的，保留的份额按照法定继承办理。

第五，兄弟姐妹是最近的旁系血亲，不仅同一父母的兄弟姐妹，就是半血缘关系的同父异母或者同母异父的兄弟姐妹间也都相互享有继承权。

第六，祖父母和外祖父母享有同等的继承权。

(2)法定继承财产的范围。

《民法典》第一千一百五十四条规定："有下列情形之一的，遗产中的有关部分按照法定继承办理：(一)遗嘱继承人放弃继承或者受遗赠人放弃受遗赠；(二)遗嘱继承人丧失继承权或者受遗赠人丧失受遗赠权；(三)遗嘱继承人、受遗赠人先于遗嘱人死亡或者终止；(四)遗嘱无效部分所涉及的遗产；(五)遗嘱未处分的遗产。"

2. 法定继承的继承顺序

根据继承人与被继承人血缘关系的远近以及在经济上相互依赖的程度，我国继承法律制度规定了继承人在继承遗产时的两个法定继承先后顺序：第一顺序为配偶、子女(包括婚生子女、非婚生子女、养子女和有扶养关系的继子女)、父母(包括生父母、养父母和有扶养关系的继父母)；第二顺序为兄弟姐妹(包括同父母的兄弟姐妹、同父异母或者同母异父的兄弟姐妹、养兄弟姐妹、有扶养关系的继兄弟姐妹)、祖父母、外祖父母。我国以法定继承为主,死者遗产依法定继承的顺序进行。继承开始后,由第一顺序继承人继承,第二顺序继承人不继承;没有第一顺序继承人继承的,由第二顺序继承人继承。如果没有第二顺序继承人,或者他们放弃继承,或者被剥夺继承权

时,遗产就成为无人继承的遗产,分别不同情况归国家或者集体所有。

3. 法定继承的继承份额

在我国,同一顺序继承人继承遗产的份额,一般应当均等。继承人协商同意的,也可以不均等。在分配遗产份额时,为了体现公平、公正,应当考虑以下几个方面的因素。

第一,对生活有特殊困难又缺乏劳动能力的继承人,分配遗产时,应当予以照顾。

第二,对被继承人尽了主要扶养义务或者与被继承人共同生活的继承人,分配遗产时,可以多分。

第三,有扶养能力和有扶养条件的继承人,不尽扶养义务的,分配遗产时,应当不分或者少分。

第四,对继承人以外的依靠被继承人扶养的人,或者继承人以外的对被继承人扶养较多的人,可以分给适当的遗产。

4. 代位继承和转继承

(1)代位继承。代位继承是指被继承人的子女或者兄弟姐妹先于被继承人死亡,由被继承人的子女的直系晚辈血亲或者兄弟姐妹的子女继承遗产的继承制度。代位继承中,死亡的继承人是被代位人,代替他行使继承权以取得遗产的人是代位继承人。代位继承的条件有以下三个。

第一,被代位人先于被继承人死亡。

第二,只有生前享有继承权的继承人,其晚辈才享有代位继承权。

第三,代位继承人只限于被代位人的直系晚辈血亲。作为被继承人的子女,只有其子女的子女、孙子女、外孙子女等,才可以成为代位继承人,并且不受辈分限制;作为被继承人的兄弟姐妹,只有其子女,才可以成为代位继承人。这些晚辈,可以是婚生子女,也可以是非婚生子女、养子女或者有扶养关系的继子女。

由于代位继承一般只能代替已经死去的被代位人继承,所以,不论代位继承人的人数多少,他们代位继承的只能是被代位人有权继承的遗产份额,并对此进行再分配,而不能同其他法定继承人一样按人分配。

(2)转继承。转继承是指继承人在继承开始后实际接受遗产份额前死亡,该继承人的继承人代其实际接受其有权继承的遗产份额。转继承人就是实际接受遗产的死亡继承人的继承人。转继承中,死亡的继承人是被转继承人,代替他行使继承权以取得遗产的人是转继承人。转继承的条件有以下几点。

第一,只有在被继承人死亡之后,遗产分割之前,继承人也相继死亡,才发生转继承。

第二,只有死亡的继承人在被继承人死亡后,并没有放弃继承的,才发生转继承(遗嘱另有安排的除外)。

第三,只能由继承人的继承人直接分割被转继承人的遗产。

转继承一经成立,已死亡的继承人应取得的被继承人的遗产份额即成为其遗产转由其继承人

继承，并由转继承人直接参与被转继承人遗产的分配。转继承人一般只能继承被转继承人有权继承的遗产份额。

✏️ **阅读延伸**

代位继承与转继承的区别

代位继承与转继承都是因继承人死亡无法行使继承权而发生的、由继承人的继承人行使被继承人的财产继承权，但二者之间存在明显的区别。

第一，继承人死亡的时间不同。代位继承是被继承人的继承人先于被继承人死亡或者与被继承人同时死亡；转继承是被继承人的继承人在继承活动开始之后，遗产处理之前死亡。

第二，继承的内容不同。代位继承是被继承人的子女的直系晚辈血亲或者兄弟姐妹的子女直接参与对被继承人遗产的分割，与其他有继承权的人共同参与继承活动；转继承的继承人只能对其继承人应继承的遗产份额进行分割，不能与被继承人的其他合法继承人共同分割被继承人的遗产。

第三，继承人的范围不同。代位继承只能发生在被继承人的子女的直系晚辈血亲或者兄弟姐妹的子女范围内；转继承人却不局限于此，还可以有其他人。

案例： 张某，女，孤老太，有弟妹四人。张某于 1966 年冬死亡时，因其房产、存款等均已被抄没，故四个弟妹当时未继承。1976 年，张某的二弟也死亡。1982 年落实政策，查抄的房产、存款等均发还。张某二弟之独子要求继承一份遗产。一审法院依据原《继承法》第十条、第十一条之规定做出判决：甥对姑的遗产无代位继承权，张某的遗产应由其健在的三个弟妹继承，各继承一等份。

想一想： 依据现行《民法典》，一审法院的判决是否正确？为什么？

（二）遗嘱继承

遗嘱是自然人生前在法律允许的范围内，按照法律规定的方式对其个人财产或者其他事务所做的个人处分，并于自然人死亡时发生效力的法律行为；是自然人生前对其死亡后遗产所做的处分或者处理其他事务的嘱咐和嘱托。遗嘱继承是指按照被继承人所立的合法有效的遗嘱而接受其遗产的继承方式。其中，依照遗嘱的指定享有继承权的人为遗嘱继承人，生前设立遗嘱的被继承人称为遗嘱人或者立遗嘱人。遗嘱继承具有以下几个方面的特征。

第一，遗嘱继承以被继承人死亡和立有合法有效的遗嘱为发生根据。

第二，遗嘱继承直接体现着被继承人的遗愿。虽然遗嘱继承人只能是法定继承人范围之内的自然人，但遗嘱人不仅可以指定遗产的继承人，还可以指定继承人的顺序、遗产的分配方式等事项。因此，遗嘱继承中始终贯彻着被继承人的意思，直接体现着被继承人的意志。

第三，遗嘱继承的效力优于法定继承的效力。继承开始后，有遗嘱的，按照遗嘱继承办理；没有遗嘱的，按照法定继承办理。

1. 遗嘱的有效要件

遗嘱必须具备法律规定的条件才能发生法律效力。一般认为，遗嘱的有效条件包括法定的实质要件和法定的形式要件。

（1）遗嘱有效的实质要件。

第一，遗嘱人必须具有遗嘱能力。遗嘱能力是指自然人依

想一想

在现实生活中，常见到丈夫立遗嘱不经妻子同意便处分了全部夫妻财产，这种遗嘱是否有效？

法享有的设立遗嘱以及依法自由处分其财产的行为能力。遗嘱是一种民事法律行为，设立人必须具有相应的民事行为能力。依照我国民法的相关规定，只有完全民事行为能力人，才具有设立遗嘱的行为能力，不具有完全民事行为能力的人，不具有遗嘱能力。因此，遗嘱人必须是完全民事行为能力人。《民法典》第一千一百四十三条第一款规定："无民事行为能力人或者限制民事行为能力人所立的遗嘱无效。"

第二，遗嘱必须是遗嘱人的真实意思表示。《民法典》第一千一百四十三条第二、三、四款规定："遗嘱必须表示遗嘱人的真实意思，受欺诈、胁迫所立的遗嘱无效。伪造的遗嘱无效。遗嘱被篡改的，篡改的内容无效。"

第三，遗嘱不得取消缺乏劳动能力又没有生活来源的继承人的继承权，不得取消为胎儿保留的必要的继承份额。《民法典》第一千一百四十一条规定："遗嘱应当为缺乏劳动能力又没有生活来源的继承人保留必要的遗产份额。"《民法典》第一千一百五十五条规定："遗产分割时，应当保留胎儿的继承份额。"这些规定属于强制性规定，遗嘱取消缺乏劳动能力又没有生活来源的继承人的继承权的、取消为胎儿保留的必要的继承份额的，不能有效；遗嘱人未保留缺乏劳动能力又没有生活来源的继承人的遗产份额的、未保留胎儿必要的继承份额的，在遗产处理时，应当为该继承人和胎儿留下必要的遗产，所剩余的部分，才可参照遗嘱确定的分配原则处理。

第四，遗嘱中所处分的财产必须是遗嘱人的个人财产。既然遗嘱是遗嘱人处分其个人财产的民事法律行为，那么遗嘱人就只能对自己个人的合法财产做出处置。遗嘱人以遗嘱处分了属于国家、集体或者他人所有的财产的，遗嘱的该部分内容无效。

第五，遗嘱不得违反社会公共利益和社会公德。违反社会公共利益和社会公德的民事法律行为无效。遗嘱若损害了社会公共利益或者其内容违反了社会公德，则也不能有效。

(2)遗嘱有效的形式要件。

根据民法的相关规定，遗嘱的形式有自书遗嘱、代书遗嘱、打印遗嘱、录音录像遗嘱、口头遗嘱和公证遗嘱六种。

第一，自书遗嘱。自书遗嘱必须由立遗嘱人全文亲笔书写，签名，注明年、月、日。自书遗嘱不需要见证人在场见证即具有法律效力。

第二，代书遗嘱。代书遗嘱是指因遗嘱人不能书写而委托他人代为书写的遗嘱。代书遗嘱应当有两个以上见证人在场见证，由其中一人代书，并由遗嘱人、代书人和其他见证人签名，注明年、月、日。

第三，打印遗嘱。打印遗嘱应当有两个以上见证人在场见证。遗嘱人和见证人应当在遗嘱每一页签名，注明年、月、日。

第四，录音录像遗嘱。录音录像遗嘱是指遗嘱人以录音录像形式立的遗嘱。为防止录音录像遗嘱被人篡改或者录制假遗嘱弊端的发生，录音录像遗嘱应当有两个以上见证人在场见证。遗嘱人和见证人应当在录音录像中记录其姓名或者肖像，以及年、月、日。

第五，口头遗嘱。遗嘱人在危急情况下，可以立口头遗嘱。口头遗嘱应当有两个以上见证人在场见证。危急情况消除后，遗嘱人能够以书面或者录音录像形式立遗嘱的，所立的口头遗嘱无效。

第六，公证遗嘱。公证遗嘱由遗嘱人经公证机关办理。办理遗嘱公证需要遗嘱人亲自到其户籍所在地的公证机关申请办理，不能委托他人代理。如果遗嘱人因病或者其他特殊原因不能亲自到公证机关办理遗嘱公证时，可要求公证机关派公证员前往遗嘱人所在地办理。值得注意的是，遗嘱人如果要变更或者撤销原公证遗嘱，也必须由原公证机关办理。

遗嘱见证人资格

《民法典》规定的六种遗嘱形式中，除自书遗嘱外，都把见证人作为合法有效遗嘱的重要条件之一。因为见证人的证明真实与否直接关系到遗嘱的法律效力，所以法律规定见证人必须具备一定的资格，不具备这些资格不能作为遗嘱见证人，其所见证的遗嘱无效。

关于见证人的资格，《民法典》未做正面规定，但第一千一百四十条却从反面规定了下列人员不能作为遗嘱见证人：

(1) 无民事行为能力人、限制民事行为能力人以及其他不具有见证能力的人；

(2) 继承人、受遗赠人；

(3) 与继承人、受遗赠人有利害关系的人。

在目前情况下，找符合条件的律师作为遗嘱见证人较为稳妥。

2. 遗嘱的内容

遗嘱的内容，就是遗嘱人对处理遗产以及其他事务的意思表示。一般情况下，遗嘱的内容应该包括：

(1) 指明遗产的名称和数量；

(2) 指定遗嘱继承人或者受遗赠人；

(3) 指明遗产的分配方法和具体遗嘱继承人或者受遗赠人接受遗产的项目和份额；

(4) 指明某项遗产的用途和使用目的；

(5) 指定遗嘱执行人。

3. 遗嘱的撤回和变更

遗嘱的撤回，是指立遗嘱人取消自己所立的遗嘱。撤回原遗嘱，遗嘱的内容即无效。遗嘱的变更，是指立遗嘱人对自己所立遗嘱的内容进行变动、更改。遗嘱的变更包括补充一些新内容和部分撤回一些原遗嘱的内容。

遗嘱人在设立遗嘱以后，由于主客观原因，可以撤回原遗嘱的全部内容，也可以变更遗嘱的某些内容。遗嘱人撤回或者变更原遗嘱，一般应当采用原立遗嘱的方式、程序进行，也可以采用新立遗嘱撤回或者变更原遗嘱。《民法典》第一千一百四十二条第二款还特别规定："立遗嘱后，遗嘱人实施与遗嘱内容相反的民事法律行为的，视为对遗嘱相关内容的撤回。"遗嘱人立有数份遗嘱，内容相抵触的，以最后的遗嘱为准。

案例： 江某的父亲早亡，母亲名下有一幢房产、10 万元存款。早在十年前，江某的母亲亲笔立有一份遗嘱，指定所有的财产由江某兄妹三人平分。五年前，由于江某的二弟媳与其母亲关系不好，母亲又亲笔立下一份遗嘱且进行了公证，取消了二弟的继承权。今年 10 月，江某的母亲因病住院。在母亲病重住院的日子里，二弟与弟媳也在床前床后伺候。母亲有感于二弟、二弟媳的变化，在临终前，当着全家人和两位医生的面说："恢复二弟的继承权，还是按第一份遗嘱分配我的财产吧。"

想一想： 应该按哪一份遗嘱来分配江某母亲留下的遗产？为什么？

4. 遗嘱的执行

所谓遗嘱的执行，是指在遗嘱发生法律效力后，为实现自然人在遗嘱中对遗产所做的处分以及其他有关事项而采取的积极的必要行为。简言之，遗嘱的执行就是为了实现遗嘱内容所进行的必要行为。

遗嘱人可以指定遗嘱执行人。继承开始后，遗嘱执行人为遗产管理人；没有遗嘱执行人的，继承人应当及时推选遗产管理人；继承人未推选的，由继承人共同担任遗产管理人；没有继承人或者继承人均放弃继承的，由被继承人生前住所地的民政部门或者村民委员会担任遗产管理人。对遗产管理人的确定有争议的，利害关系人可以向人民法院申请指定遗产管理人。

遗产管理人应当履行下列职责：（1）清理遗产并制作遗产清单；（2）向继承人报告遗产情况；（3）采取必要措施防止遗产毁损、灭失；（4）处理被继承人的债权债务；（5）按照遗嘱或者依照法律规定分割遗产；（6）实施与管理遗产有关的其他必要行为。遗产管理人应当依法履行职责，因故意或者重大过失造成继承人、受遗赠人、债权人损害的，应当承担民事责任。

继承开始后，知道被继承人死亡的继承人应当及时通知其他继承人和遗嘱执行人。继承人中无人知道被继承人死亡或者知道被继承人死亡而不能通知的，由被继承人生前所在单位或者住所地的居民委员会、村民委员会负责通知。

存有遗产的人，应当妥善保管遗产，任何组织或者个人不得侵吞或者争抢。

（三）遗赠

遗赠是自然人通过立遗嘱的方式，将个人财产赠予国家、集体或者法定继承人以外的组织、个人的一种民事法律行为。遗赠是遗嘱继承的一种特殊形式。遗赠具有以下几个方面的特征。

第一，遗赠是一种要式法律行为，遗赠必须采取遗嘱的六种法定形式之一。

第二，遗赠是单方的民事法律行为，遗赠人不需要征得任何人的同意，只要遗赠人用遗嘱表明了遗赠的意思，在遗赠人死亡时，就发生法律效力。

第三，遗赠人行使遗赠权不得违反法律的规定，如不得以遗赠方式逃避其应当承担的法定义务，遗赠还应当为缺乏劳动能力又没有生活来源的继承人保留必要的遗产份额等。

第四，遗赠的标的只能是遗赠人财产中的权利，不能是遗赠人财产中的义务。但是，遗赠可以附有义务，受遗赠人也应当履行义务。受遗赠人没有正当理由不履行义务的，经利害关系人或者有关组织请求，人民法院可以取消其接受附义务部分遗产的权利，由提出请求的利害关系人或者有关组织履行义务，接受遗产。

第五，遗赠是遗赠人死亡时发生法律效力的行为。

第六，接受遗赠的权利人具有不可替代性。如果受遗赠人先于遗赠人死亡，则该遗赠无效。但如果继承开始后，受遗赠人已明确表示接受遗赠，其在遗产分配前死亡，他接受遗赠的权力则可以转移给他的继承人。

> ✎ **阅读延伸**
>
> #### 遗赠与遗嘱继承的区别
>
> （1）受遗赠人与遗嘱继承人的范围不同。受遗赠人既可以是法定继承人以外的自然人，也可以是国家、集体或者其他组织；而遗嘱继承人只能是法定继承人中的一人或者数人。
>
> （2）受遗赠权与遗嘱继承权客体的范围不同。受遗赠权的客体只能是遗产中的权利，不包括遗产中的义务；而遗嘱继承权的客体是遗产，既包括遗产中的权利，又包括遗产中的义务。
>
> （3）受遗赠权与遗嘱继承权的行使方式不同。受遗赠人接受遗赠的，应于法定期间内做出接受遗赠的表示。受遗赠人应当在知道受遗赠后六十日内，做出接受或者放弃受遗赠的表示；到期没有表示的，视为放弃受遗赠。而在遗嘱继承中，遗嘱继承人在继承开始后到遗产处理前，没有以书面形式做出放弃继承的表示的，视为接受继承。

(四)遗赠扶养协议

遗赠扶养协议是受扶养的自然人和扶养人之间关于扶养人承担自然人生养死葬的义务,受扶养人将遗产赠送给扶养人的协议。

1. 遗赠扶养协议与遗赠的区别

第一,遗赠扶养协议是双方的民事法律行为,只有在遗赠方和扶养方双方自愿协商一致的基础上才能成立。凡不违反国家法律规定、不损害公共利益、不违反社会主义道德准则的遗赠扶养协议都具有法律约束力,双方都必须遵守,切实履行。遗赠扶养协议中的任何一方都不能随意变更或者解除,如果一方要变更或者解除,必须征得另一方同意。而遗赠是遗嘱人单方的民事法律行为,不需要征得他人的同意即可发生法律效力。

第二,遗赠扶养协议是有偿的、相互附有条件的,它体现了权利义务相一致的原则;而遗赠是财产所有人生前以遗嘱的方式将其个人财产赠予国家、集体、其他组织或者个人的行为,它不以受遗赠人为其尽扶养义务为条件。

第三,遗赠扶养协议不仅有遗赠财产的内容,还包括扶养的内容;而遗赠只有遗赠财产的内容,没有扶养的内容。

第四,遗赠扶养协议从协议成立之时起开始发生法律效力,而遗赠是从遗嘱人死亡之时起开始发生法律效力。

第五,被继承人生前与他人订有遗赠扶养协议,同时又立有遗嘱的,继承开始后,如果遗赠扶养协议与遗嘱相抵触的,按遗赠扶养协议办理,与遗赠扶养协议相抵触的遗嘱全部或者部分无效。

2. 遗赠扶养协议的效力

第一,遗赠扶养协议的法律效力高于法定继承和遗嘱继承。在财产继承中,如果各种继承方式并存,应首先执行遗赠扶养协议,其次是遗嘱继承和遗赠,最后才是法定继承。

第二,遗赠扶养协议一经签订,双方必须认真遵守协议的各项规定。被扶养人对协议中指明的财产,在其生前可以占有、使用,但不能处分。如果遗赠的财产因此而灭失,扶养人有权要求解除遗赠扶养协议,并要求补偿已经支出的扶养费用。扶养人必须认真履行扶养义务。如果扶养人不尽扶养义务,或者以非法手段谋取被扶养人的财产,经被扶养人的亲属或者有关单位请求,人民法院可以剥夺扶养人的受遗赠权。如果扶养人不认真履行扶养义务,致使被扶养人经常处于生活困难、缺乏照料的情况时,人民法院可以酌情对遗赠财产的数额给予限制。

第三,遗赠扶养协议的执行期限一般较长,在此期间,如果一方反悔而使协议解除,便会发生两种法律后果:(1)扶养人无正当理由不履行协议规定的义务,导致协议解除的,不能享受遗赠的权利；其已支付的扶养费用，一般也不予补偿。(2)受扶养人无正当理由不履行协议，致使协议解除的，应当补偿扶养人已支付的扶养费用。

第四，遗赠扶养协议签订后，遗赠人与其子女、扶养人与其父母之间的权利义务关系并不因此而解除。遗赠人的子女对遗赠人的赡养扶助义务，不因遗赠扶养协议而免除；同时，遗赠人的子女对其遗赠以外的财产也仍享有继承权。扶养人在与遗赠人订立遗赠扶养协议的情况下，由于不发生收养的法律效力，因而对自己的父母仍然有赡养扶助的义务，享有互相继承遗产的权利。

> **案例：** 张某中年丧妻，有一女在国外生活。张某有三间房屋，还有一幅宋朝字画。某年1月，张某与村民委员会订立协议，由村民委员会承担张某生养死葬的义务，而张某则在死后将自己的三间房屋和一幅宋朝字画赠予村委会。李某和张某是有多年交情的老朋友，为了表达友情，两年后的6月，张某亲笔立下遗嘱，表示要将自己所有的一幅宋朝字画赠予李某。立下遗嘱后的第二年，张某去世。李某拿着张某的遗嘱要求村委会交付字画，遭到村委会的拒绝。
>
> **想一想：** 应该如何处理张某遗产中的这幅宋朝字画？为什么？

三、无人继承又无人受遗赠的遗产的处理

所谓无人继承又无人受遗赠的遗产，主要是指以下几种情况：

第一，被继承人既无法定继承人，又无遗嘱指定的遗嘱继承人或者受遗赠人；

第二，被继承人虽然有法定继承人或者遗嘱继承人，但是全体继承人都放弃了继承，或者全体继承人都丧失了继承权；

第三，被继承人没有法定继承人，只用遗嘱处分了部分遗产，剩余部分未做处分。

对于无人继承又无人受遗赠的遗产，首先应当用来支付为丧葬死者所花掉的必要的费用，清偿死者生前欠下的债务，给予对死者生前尽过一定照料责任的人以适当补偿。余下的遗产，根据《民法典》第一千一百六十条的规定："无人继承又无人受遗赠的遗产，归国家所有，用于公益事业；死者生前是集体所有制组织成员的，归所在集体所有制组织所有。"

阅读延伸

无人继承又无人受遗赠的遗产的认定

无人继承又无人受遗赠的遗产，无论是归国家所有还是归集体所有制组织所有，都不是按照继承遗产的程序转移，而是根据《民事诉讼法》有关无主财产的程序转移。关于如何认定无人继承又无人受遗赠的遗产为无主财产的案件，《民事诉讼法》规定了一套完整的程序。

根据《民事诉讼法》的规定，关于认定无人继承又无人受遗赠的遗产的案件，应当首先由公民、法人或者其他组织向遗产所在地基层人民法院提出申请。该人民法院应予受理。无论是法人、其他组织还是公民个人申请认定无人继承又无人受遗赠的遗产为无主财产，都应当提出书面申请书，在申请书上应写明财产的种类、数量以及要求认定无人继承又无人受遗赠的遗产为无主财产的根据。人民法院对无人继承又无人受遗赠的遗产的认定申请，经审查核实，公布认领公告。公告满一年后无人要求继承和接受遗赠的，即判决认定该项遗产为无主财产。

根据《民法典》的规定，该项无人继承又无人受遗赠的遗产，收归国家或者集体所有制组织所有。但是，必须明确，认定遗产为无主财产，这只是法律上推定该项遗产没有继承人又没有受遗赠人，因此，这种推定有可能与事实不符，也就是说，在事实上有可能有继承人或者有受遗赠人。如果在判决认定该项财产为无人继承又无人受遗赠的遗产后，合法继承人或者受遗赠人出现，

而且在《民法典》规定的诉讼时效内对该项遗产提出请求的，经人民法院审查属实，应当做出新判决，撤销原判决，将该项遗产判归合法继承人或者受遗赠人所有。

思考与练习

一、选择题

1．我国《民法典》婚姻家庭编是调整（　　）的法律。

A．婚姻关系　　　B．夫妻关系　　　C．恋爱关系　　　D．婚姻家庭关系

2．就法律意义而言，婚姻自由包括（　　）。

A．恋爱自由　　　B．订婚自由　　　C．结婚自由　　　D．离婚不允许

3．依照民法的相关规定，下列关于重婚的表述，哪些是不正确的（　　）。

A．重婚是结婚的禁止条件

B．重婚的婚姻关系在双方都自愿的情况下有效

C．不知他人有配偶而与之结婚的，也可构成重婚罪

D．重婚是破坏一夫一妻制的违法行为

4．继承开始的时间是（　　）。

A．法院宣判的时间　　　　　　　B．立好遗嘱的时间

C．被继承人失踪的时间　　　　　D．被继承人死亡的时间

5．受遗赠人包括（　　）。

A．法定继承人　　B．国家和集体　　C．组织和个人　　D．希望工程

6．代位继承适用于（　　）。

A．遗嘱继承　　　B．遗赠继承　　　C．法定继承　　　D．涉外继承

7．女儿出嫁后，不和父母生活在一起，对父母遗产（　　）。

A．有平等继承权　　　　　　　　B．有一定继承权

C．只继承母亲的遗产　　　　　　D．不再有继承权

8．甲与乙离婚时，将二人共同居住的房子判给了乙，一年后乙因车祸死亡，由于乙没孩子也没再婚，房产该由（　　）继承。

A．前夫甲　　　　　　　　　　　B．乙的父母或者兄弟姐妹

C．乙的男朋友　　　　　　　　　D．甲的父母或者兄弟姐妹

9．小宝父母在洪水中双亡，家中财产被水冲走，其外公外婆将生活无依无靠且才六岁的小宝接去抚养。两年后外公外婆去世，在分割遗产时小宝应（　　）。

A．和其他继承人相等

B．继承其母应得份额

C．多于其他继承人

D．因没劳动收入，在继承其母亲所得份额后，应适当多于其他继承人

二、判断题

1．有配偶者因感情不和又与他人结婚的也是重婚。　　　　　　　　　　（　　）

2．婚约一经订立，就具有法律约束力。　　　　　　　　　　　　　　　（　　）

3．夫妻离婚，孩子归哪一方就由哪一方抚养，另一方从离婚之日起不再负担抚养。（　　）

4．我国民法规定，父母有教育、保护未成年子女的义务，成年子女有赡养扶助父母的义务。
（　　）

5．现役军人的配偶不能首先提出离婚。（　　）

6．继承人丧失继承权的，可以让其晚辈直系血亲代位继承。（　　）

7．丧偶儿媳带着年迈公婆改嫁，虽仍照顾公婆生活，但不能做第一顺序继承人。（　　）

8．李某自小被父母遗弃，所以父母去世后，他不能继承遗产。（　　）

9．收养关系成立后，养子女有义务赡养养父母而不再赡养生父母，有权利继承养父母遗产
而无权利继承生父母遗产。（　　）

10．同一顺序继承人继承遗产的份额，一般应当均等。（　　）

三、简答题

1．请简述我国婚姻法律制度的基本原则。

2．哪些婚姻是无效婚姻？

3．请简述继承权丧失的几种情形。

第七章 刑法与刑事诉讼

 学习目标

    了解和掌握我国刑法的基本内容，自觉遵守法律，积极同犯罪行为做斗争，维护社会主义法制，预防走向犯罪深渊。

 导入案例

    某日 21 时 30 分许，刘海龙醉酒驾驶一辆皖 A 牌照的宝马轿车(后经检测，刘海龙血液酒精含量 87mg/100ml)，带着刘某某(男)、刘某(女)、唐某某(女)沿昆山市震川路西行至顺帆路路口时，向右强行闯入非机动车道，与正常骑自行车的于海明险些碰擦，双方遂发生争执。经双方同行人员劝解，交通争执基本平息，但刘海龙突然下车，上前推搡、踢打于海明。虽经劝架，可刘海龙仍然持续追打，后返回宝马轿车，拿出一把尖角双面开刃、全长 59 厘米的砍刀，连续用刀击打于海明颈部、腰部、腿部。击打中，刘海龙手中砍刀甩脱，于海明抢到砍刀，并在争夺中捅刺、砍击刘海龙 5 刀，刺砍过程持续 7 秒。刘海龙受伤后跑向宝马轿车，于海明继续追砍 2 刀，均未砍中。刘海龙继续跑向宝马轿车东北侧，于海明追赶数米后被同行人员拉住，然后走向宝马轿车，将车内刘海龙的手机取出，放入自己口袋。民警到达现场后，于海明将手机和砍刀主动交给处警民警。据于海明称，拿走刘海龙手机是为了防止刘打电话召集人员报复。刘海龙后经送医抢救无效于当日死亡。经法医鉴定并结合视频监控认定，刘海龙连续被刺砍 5 刀，死因为失血性休克。经检查，于海明的颈部左侧和左胸季肋部各有 1 处条形挫伤。

    想一想：于海明的行为是否构成正当防卫？请详细说明理由。

第一节 刑法概述

    《中华人民共和国刑法》(以下简称《刑法》)于 1954 年第一届全国人民代表大会第一次会议通过中国第一部宪法以后开始起草，先后修订过 38 个稿本，于 1979 年 7 月 1 日由第五届全国人民代表大会第二次会议通过，自 1980 年 1 月 1 日起施行。1997 年 3 月 14 日，第八届全国人民代表大会第五次会议对其进行了一次修订，自 1997 年 10 月 1 日起施行。后来，为了适应社会发展的要求，到 2020 年 12 月 26 日止，全国人大常委会又对其进行了 11 次较大的修改、补充，并加以完善。这个最后一次的修正版本即为现行刑法。

一、刑法的概念和任务

    刑法是国家的基本法律之一，是规定犯罪、刑事责任和刑罚的法律规范的总称。具体来说，刑法就是掌握政权的统治阶级为了维护本阶级政治上的统治和经济上的利益，根据其阶级意志，规定哪些行为是犯罪并应当负何种刑事责任，给予犯罪分子何种刑事处罚的法律规范。

我国刑法的任务，是用刑罚同一切犯罪行为做斗争，以保卫国家安全，保卫人民民主专政的政权和社会主义制度，保护国有财产和劳动群众集体所有的财产，保护公民私人所有的财产，保护公民的人身权利、民主权利和其他权利，维护社会秩序、经济秩序，保障社会主义建设事业的顺利进行。归根结底，我国刑法的立法宗旨就是惩罚犯罪，保护人民。

二、刑法的基本原则

刑法的基本原则是制定和适用刑法过程中必须始终严格遵循的、刑法本身所固有的、全局性的准则。它是刑法的灵魂和核心，是刑法内在精神的集中体现。我国刑法规定了以下三个基本原则。

（一）罪刑法定原则

《刑法》第三条规定："法律明文规定为犯罪行为的，依照法律定罪处刑；法律没有明文规定为犯罪行为的，不得定罪处刑。"也就是说，法无明文规定不为罪，法无明文规定不处罚。即是否构成犯罪只能依据法律来确定，刑法没有明文规定为是犯罪行为的，任何组织和任何人都不能认为是犯罪；刑法没有明文规定为是犯罪行为的，任何组织和任何人都不能定罪处罚。

（二）适用刑法人人平等原则

《刑法》第四条规定："对任何人犯罪，在适用法律上一律平等。不允许任何人有超越法律的特权。"这是《宪法》规定的"中华人民共和国公民在法律面前一律平等"这一公民的基本权利在刑法上的具体体现。这一原则表明：一方面，任何人犯罪，不因身份、地位、职务高低而有所不同，都应当追究其刑事责任，一律平等地定罪、量刑和执行刑罚，不允许任何超越法律的特权存在；另一方面，任何人受到犯罪行为侵害，其权利都应该受到法律的平等保护，不应该厚此薄彼，不应该区别对待。

（三）罪责刑相适应原则

《刑法》第五条规定："刑罚的轻重，应当与犯罪分子所犯罪行和承担的刑事责任相适应。"这一原则的具体要求是：有罪当罚，无罪不罚；轻罪轻罚，重罪重罚；一罪一罚，数罪并罚；同罪同罚，罪罚相当。

案例：战士小王晚饭后在营房门前练习投手榴弹，不曾想将路过的另一名战士头部打成重伤。小王因此被判处有期徒刑 10 个月，缓刑 1 年。

想一想：（1）小王是军人，伤害另一名战士也非自己所愿，人民法院能否不对小王进行刑事处罚？（2）对小王进行处罚的法律依据是什么？

三、刑法的适用范围

刑法的适用范围是指刑法适用于什么地方、什么人和什么时间，以及是否有溯及既往的效力的总称。刑法的适用范围，又叫刑法的效力范围，它指的是一个国家的刑法在什么范围、在什么时间是有效的。

根据属地管辖权原则，《刑法》第六条规定："凡在中华人民共和国领域内犯罪的，除法律有特别规定的以外，都适用本法。凡在中华人民共和国船舶或者航空器内犯罪的，也适用本法。犯罪的行为或者结果有一项发生在中华人民共和国领域内的，就认为是在中华人民共和国领域内犯罪。"

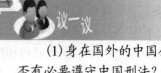

（1）身在国外的中国公民，是否有必要遵守中国刑法？

（2）我国刑法在哪些情况下必须对身在国外的犯罪分子进行处罚？

根据属人管辖权原则，《刑法》第七条规定："中华人民共和国公民在中华人民共和国领域外犯本法规定之罪的，适用本法，但是按本法规定的最高刑为三年以下有期徒刑的，可以不予追究。中华人民共和国国家工作人员和军人在中华人民共和国领域外犯本法规定之罪的，适用本法。"

根据保护管辖权原则，《刑法》第八条规定："外国人在中华人民共和国领域外对中华人民共和国国家或者公民犯罪，而按本法规定的最低刑为三年以上有期徒刑的，可以适用本法，但是按照犯罪地的法律不受处罚的除外。"

根据普遍管辖权原则，《刑法》第九条规定："对于中华人民共和国缔结或者参加的国际条约所规定的罪行，中华人民共和国在所承担条约义务的范围内行使刑事管辖权的，适用本法。"

关于刑法溯及力问题，我国刑法坚持从旧兼从轻原则。《刑法》第十二条规定："中华人民共和国成立以后本法施行以前的行为，如果当时的法律不认为是犯罪的，适用当时的法律；如果当时的法律认为是犯罪的，依照本法总则第四章第八节的规定应当追诉的，按照当时的法律追究刑事责任，但是如果本法不认为是犯罪或者处刑较轻的，适用本法。本法施行以前，依照当时的法律已经做出的生效判决，继续有效。"

第二节　犯　罪

一、犯罪的概念和基本特征

《刑法》第十三条规定："一切危害国家主权、领土完整和安全，分裂国家、颠覆人民民主专政的政权和推翻社会主义制度，破坏社会秩序和经济秩序，侵犯国有财产或者劳动群众集体所有的财产，侵犯公民私人所有的财产，侵犯公民的人身权利、民主权利和其他权利，以及其他危害社会的行为，依照法律应当受刑罚处罚的，都是犯罪，但是情节显著轻微危害不大的，不认为是犯罪。"

犯罪具有以下三个基本特征。

（一）社会危害性

犯罪的社会危害性，是指犯罪对刑法保护的社会关系所造成的或者可能造成的这样或者那样的危害。如果某种行为根本不可能对社会造成危害，刑法就没有必要把它规定为犯罪；某种行为虽然具有一定的社会危害性，但是情节显著轻微危害不大的，也不认为是犯罪。严重的社会危害性是犯罪最本质、最基本的特征。

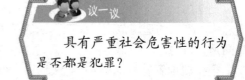

具有严重社会危害性的行为是否都是犯罪？

（二）刑事违法性

具有社会危害性的行为并不都是犯罪行为，因为一种行为对社会危害的程度有大有小，只有当危害社会的行为触犯刑法的时候才构成犯罪。刑事违法性是犯罪的法律特征。

（三）应受刑罚惩罚性

任何违法行为都应承担相应的法律后果，对于违反刑法的行为来说，则要承担刑罚惩罚的结果。也就是说，犯罪行为的社会危害性不是一般意义上的社会危害性，而是应受刑罚惩罚的社会危害性。之所以将某种行为规定为犯罪，是因为该行为达到了受刑罚惩罚的程度，需要而且应当以刑罚进行抑制。刑罚惩罚性，是犯罪严重的社会危害性和刑事违法性的必然法律后果。

犯罪的三个基本特征相互联系、紧密结合、缺一不可，它们共同构成了区分罪与非罪的标准。

> **案例：** 李某，男，30岁，某县农民。某年6月，李某与所在村民组签订了当年上交承包款1万元的合同。同年12月，李某因无钱履行合同，遂起欺骗之意，企图利用制造假案的手段，哄骗所在村民组，以求得领导的同情，达到不按合同上交承包款的目的。同年12月15日晚，李某携带刀子来到村外的路上，见四周无人，使用刀子在左臂轻轻划了两刀，形成一条伤及皮肤4厘米长的痕迹，随即将刀扔掉，倒在路上。当过路行人发现李某时，李某谎称天黑，被人击中头部昏倒，刺伤左臂，抢走身上现金15 000元。
>
> **想一想：** 李某的行为是否构成犯罪？为什么？

二、故意犯罪、过失犯罪、不可抗力和意外事件

故意犯罪是行为人明知自己的行为会发生危害社会的结果，并且希望或者放任这种结果发生而构成的犯罪。故意犯罪，应当负刑事责任。

过失犯罪是行为人应当预见自己的行为可能发生危害社会的结果，因为疏忽大意而没有预见，或者已经预见而轻信能够避免，以致发生这种结果而构成的犯罪。过失犯罪的危害性小于故意犯罪，对其处罚要比故意犯罪轻。过失犯罪，法律有规定的才负刑事责任。

不可抗力是指行为在客观上虽然造成了损害结果，但是不是出于故意或者过失，而是由于不能抗拒的原因所引起的情形。在不可抗力的情况下，行为人虽然已经认识到危害结果的发生，但是意志上却受到外力的强制，丧失意志自由，因而主观上不具有犯罪心理，不负刑事责任。

意外事件是指行为在客观上虽然造成了损害结果，但是不是出于故意或者过失，而是由于不能预见的原因所引起的情形。在意外事件的情况下，行为人不仅对于危害结果的发生没有认识，而且根据当时的情况也不可能认识，因而主观上不具备犯罪心理，不负刑事责任。

> **案例1：** 某年3月，浙江省浦江县农民李某与同在工厂打工的女青年项某相识并相恋，不久项某怀孕。同年6月，李某提出要跟项某分手，并要求项某去医院做流产手术。项某坚决不同意，几次欲跳楼自杀。同年9月5日中午，李某与项某发生争吵，争吵中，李某用打火机扔打项某。项某感到绝望，走到走廊里，喝下了事先准备好的一瓶敌敌畏，后又走进李某的房间并告之。此时，李某不但没有及时救人，反而一走了之。临走时，李某由于害怕被别人知道，还将房门锁上。李某走后很长时间，项某才被人发现并送往医院，终因救治无效死亡。案发后，李某向公安机关投案自首。

案例2：叶小勇与金雨均系王瑾亲友。某日，王瑾结婚。当晚10时30分许，叶小勇、金雨在王瑾家闹洞房结束后，为庆祝王瑾婚礼，二人各搬一个同种类的"满堂红"烟花，放置在某综合市场布头交易区不足50米的路面上燃放。当时，被告人叶小勇先点燃自己放置的烟花，而后又去帮助金雨点放置的烟花未成，被告人金雨即自行点燃。至当晚10时50分许，布头交易区燃起大火。公安局指挥中心接到火警后，派消防车赶至现场，将火扑灭。但是，大火仍然烧毁了布头交易区以及综合市场内的部分摊位，过火面积有两千多平方米，火灾受损住户为93户，受损经营户为199户216个摊位。火灾后，其中86住户被迫搬离。经鉴定，火灾造成综合市场建筑结构严重损坏，其中部分承重结构承载力不能满足安全使用要求，构成局部危房。

案例3：王某，男，21岁，某市摊贩。杨某，男，23岁，某市摊贩。某日下午5时许，王某在自由市场卖猪肉，见邻摊有一卖菜的妇女与两名顾客争吵，便右手拿着剔骨刀走过去看热闹。往回走时，杨某与王某闹着玩，将王某抱住。王某对杨某说："别闹，我手里有刀，别扎着你。"王某边说边把右手的剔骨刀尖由原来的向下转为向后，以防刺伤杨某，但杨某仍用双手搂住王某的双肩向后推。王某站立不稳向后倒去，恰好被害人赵某站在王某身旁，王某手中的剔骨刀刺入赵某腹部，造成赵某腹部开放性外伤，脾刺伤。

案例4：沈某，男，33岁，汽车司机。某日下午，某县城镇供销社业务员吴某在外县某乡购买农副产品后，要找地方住宿。该乡保管员田某将吴某安排在该乡汽车库院内小东屋。田某曾对吴某说："晚上11点左右，汽车才回来。"吴某在小东屋躺了一会儿，因天气太热，便搬到院内睡觉，并用塑料布蒙头盖脚睡在地上。晚上11点左右，天下小雨，院内漆黑，司机沈某驾驶柴油解放车返回，同乘的副司机下车将车库门打开，沈某关灭大灯，只开小灯驶进院内，在调头倒车时，左前轮将睡在地上的吴某当场轧死。

想一想：(1)以上四个案例，分别属于故意犯罪、过失犯罪、不可抗力和意外事件中的哪一种？为什么？(2)在以上四个案例中，哪些当事人做出了危害社会的行为？他们是否应当负刑事责任？请说明理由。

三、刑事责任年龄

刑事责任年龄是指法律规定的、行为人对自己的行为应当负刑事责任必须达到的年龄。如果行为人未达到刑法规定的年龄标准，即使造成了严重的危害社会的结果，也不负任何刑事责任。我国刑法对刑事责任年龄做了如下规定。

第一，已满十六周岁的人犯罪，应当负刑事责任，即为完全负刑事责任年龄人。

第二，已满十四周岁不满十六周岁的人，犯故意杀人、故意伤害致人重伤或者死亡、强奸、抢劫、贩卖毒品、放火、爆炸、投放危险物质罪的，应当负刑事责任。

第三，已满十二周岁不满十四周岁的人，犯故意杀人、故意伤害

议一议

未满十二周岁的人不负刑事责任，已满十二周岁不满十六周岁的人只对部分犯罪负刑事责任，难道"熊孩子"就没人能管了吗？

罪，致人死亡或者以特别残忍手段致人重伤造成严重残疾，情节恶劣，经最高人民检察院核准追诉的，应当负刑事责任。

已满十二周岁不满十六周岁的人，为相对负刑事责任年龄人。如果相对负刑事责任年龄人不犯以上第二、第三规定之罪的，不予追究刑事责任。

第四，不满十二周岁的人，不管实施何种危害社会的行为，都不负刑事责任，即为完全不负刑事责任年龄人。

第五，已满十二周岁不满十八周岁的人犯罪，追究刑事责任的，应当从轻或者减轻处罚。

第六，因不满十六周岁不予刑事处罚的，责令其父母或者其他监护人加以管教；在必要的时候，依法进行专门矫治教育。

第七，已满七十五周岁的人故意犯罪的，可以从轻或者减轻处罚；过失犯罪的，应当从轻或者减轻处罚。

案例： 赵某，男，15岁，无业。赵某与张某因故结仇后，一直意欲报复张某。某日晚，赵某经过与韩某商议，赵某手持其从某武装部长家中偷来的一支"五四式"手枪，韩某手持尖刀闯入张某家中，以张的家人为人质，打电话给张某要求其拿10万元解决问题。张某向公安机关报了案。公安人员赶到事发现场，并采取措施解救人质。在搏斗过程中，公安人员崔某被赵某开枪打死，公安人员杨某被韩某用尖刀刺伤。韩某随后被击毙，赵某被击伤后抓获归案。

想一想： 对赵某的行为应当如何认定和处理？为什么？

对实施犯罪时的年龄，一律按照公历的年、月、日计算。过了周岁生日，从第二天起，为已满周岁。刑事审判中，通常情况下认定被告人的年龄与案件处理没有多大关系。但是，涉及未成年人犯罪案件时，年龄的准确认定则显得尤为重要，这关系到对被告人是否追究刑事责任，是否从轻或者减轻处罚，甚至是否适用死刑等，因此，对未成年人年龄的认定应当谨慎对待。审理未成年人刑事案件，对犯罪时的年龄没有查清，而又关系到应否追究刑事责任和判处何种刑罚的公诉案件，应当退回检察院补充侦查。

📖 知识窗

法律上的年龄认定

1. 书证：书证包括户籍证明、出生证、防疫保健卡、学籍卡等，这些都可以作为认定被告人年龄的依据。但也不能一概而论，若在依据书证认定被告人年龄有异议时，应当结合其他证据予以认定。

2. 被告人供述和证人证言：在一些书证无法取得或者书证存在瑕疵时，可以依靠被告人供述和证人证言认定。一般来说，接生人员、与被告人同月出生的邻居的父母、被告人的父母以及亲戚的证言都比较可靠，如果与其他证据不相矛盾或者有其他证据印证，可以采信。但并不是所有的证人证言都能证实被告人的年龄，应综合考虑，从而做出正确的评判。

3. 鉴定结论：随着现代先进科学技术的进步，根据一个人生长发育的特定规律，对一个人的年龄做出准确认定成为可能。常见的鉴定有骨龄的鉴定、牙齿的鉴定等。犯罪嫌疑人不讲真实姓名、住址，年龄不明的，可以委托进行骨龄鉴定或者其他科学鉴定。经审查，鉴定结论能够准确确定犯罪嫌疑人实施犯罪行为时的年龄，可以作为判断犯罪嫌疑人年龄的证据使用；如果鉴定结论不能准确确定犯罪嫌疑人实施犯罪行为时的年龄，而且鉴定结论又表明犯罪嫌疑人年龄在刑法规定的应负刑事责任年龄上下的，应当慎重处理。

刑事责任能力是行为人辨认和控制自己行为的能力，是行为人构成犯罪和承担刑事责任所必需的能力。不具备刑事责任能力的人，即使实施了客观上危害社会的行为，也不能成为犯罪主体，不能被追究刑事责任。刑事责任能力减弱的人，其刑事责任也相应地适当减轻。

刑事责任能力包括完全刑事责任能力、完全无刑事责任能力、相对无刑事责任能力、减轻刑事责任能力四种。一般来说，负刑事责任的行为人能够正确认识自己行为的社会性质、意义、作用和后果，并根据自己的意志加以控制；但对于一些特殊人员，如精神病人、又聋又哑的人或者盲人等，他们辨认和控制自己行为的能力较差或者没有，应该区别对待。

（一）精神病人的刑事责任能力

1. 完全无刑事责任能力的精神病人

《刑法》第十八第一款规定："精神病人在不能辨认或者不能控制自己行为的时候造成危害结果，经法定程序鉴定确定的，不负刑事责任，但是应当责令他的家属或者监护人严加看管和医疗；在必要的时候，由政府强制医疗。"由此可以看出：

第一，精神病人应否负刑事责任，关键在于行为时是否具有辨认或者控制自己行为的能力；

第二，行为时是否有辨认或者控制自己行为的能力，既不能根据行为人的供述来确定，也不能凭办案人员的主观判断来确定，而必须经过法定的鉴定程序予以确认；

第三，对因不具有刑事责任能力不负刑事责任的精神病人，并不是一概放任不管，而应当责令他的家属或者监护人严加看管和医疗，必要时也可以由政府强制医疗。

2. 完全刑事责任能力的精神病人

《刑法》第十八条第二款规定："间歇性的精神病人在精神正常的时候犯罪，应当负刑事责任。"间歇性精神病人在精神正常的时候，具有辨认或者控制自己行为的能力，因此，应当对自己的犯罪行为负刑事责任。

3. 减轻刑事责任能力的精神病人

《刑法》第十八条第三款规定："尚未完全丧失辨认或者控制自己行为能力的精神病人犯罪的，应当负刑事责任，但是可以从轻或者减轻处罚。"减轻刑事责任能力的精神病人，是介于前两种精神病人之间的一部分精神病人。与完全无刑事责任能力的精神病人相比，这种人并未完全丧失辨认和控制自己行为的能力，因此，不能像完全无刑事责任能力的精神病人那样，完全不负刑事责任。但是这种精神病人，其刑事责任能力毕竟又有所减弱，因此，我国刑法规定对这种人可以从轻或者减轻处罚。

（二）醉酒的人的刑事责任能力

《刑法》第十八第四款规定："醉酒的人犯罪，应当负刑事责任。"这里说的"醉酒"，是指生理醉酒，即饮酒过量，导致酒精中毒出现精神失常的情况。在醉酒状态下，行为人在某种程度上可能减弱辨认或者控制自己行为的能力，但并未完全丧失。而且醉酒的人对自己行为能力的减弱是人为的，是醉酒前应当预见并可以得到控制的。所以，醉酒的人犯罪，应当负刑事责任，并不得从轻或者减轻处罚。

（三）又聋又哑的人或者盲人的刑事责任能力

《刑法》第十九条规定："又聋又哑的人或者盲人犯罪，可以从轻、减轻或者免除处罚。"一方面，又聋又哑的人或者盲人，他们具有辨认和控制自己行为的能力，不应属于完全无刑事责任能力的人，因此，他们应对其实施的危害行为负刑事责任；另一方面，他们生理上的缺陷导致他们在接受教育以及参加社会实践活动等方面必然受到一定的局限，其辨认是非的能力比正常人要差，所以，法律规定对他们的犯罪行为可以从轻、减轻或者免除处罚。

五、不属于犯罪的两种情形

犯罪是具有一定社会危害性的行为，但并不意味着凡具有社会危害性的行为都是犯罪。有些行为虽然在客观上造成了一定的损害，表面上符合犯罪的客观要件，但实际上并不符合犯罪构成，依法不成立犯罪。正当防卫和紧急避险就是我国《刑法》明文规定的不属于犯罪的两种情形。

（一）正当防卫

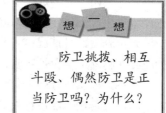

想一想

防卫挑拨、相互斗殴、偶然防卫是正当防卫吗？为什么？

1. 正当防卫的概念

正当防卫是指为了使国家、公共利益、本人或者他人的人身、财产和其他权利免受正在进行的不法侵害，而采取的制止不法侵害、对不法侵害人造成损害且没有明显超过必要限度的行为。正当防卫不负刑事责任。

2. 正当防卫的条件

为了避免正当防卫被利用作为免除刑事责任的借口，正当防卫的成立必须具有以下严格的限定条件。

第一，具有主观正当性。正当防卫要求防卫人必须具有防卫意识，也就是要求防卫人必须对正在进行的不法侵害有明确认识，并希望以防卫手段制止不法侵害，保护合法权益的心理状态。防卫挑拨、相互斗殴、偶然防卫等由于都是不具有防卫意识的行为，因而不属于正当防卫。

> **阅读延伸**
>
> （1）防卫挑拨：俗称"激将法"，是指为了侵害对方，故意激怒对方，让对方对自己先行侵害，然后以正当防卫为借口，给对方造成侵害的行为。因为防卫挑拨行为人主观上早已具有犯罪意识，所以其行为自然不可能构成正当防卫。
>
> （2）相互斗殴：是指双方都有侵害对方身体的意图而进行相互攻击的行为。在这种情况下，由于双方都没有防卫意识，因此，任何一方都不属于正当防卫。但是，在斗殴过程中或者结束后，一方求饶或者逃走，另一方继续侵害的，前者可以出于防卫意识而进行正当防卫。
>
> （3）偶然防卫：是指故意侵害他人合法权益的行为，巧合了正当防卫的其他条件。如甲故意用枪射击乙时，乙刚好在持枪瞄准丙实行故意杀人行为，但甲对乙的行为一无所知，在这种情况下，由于甲不具有保护丙的合法权益的主观意图，因此，甲的行为不构成正当防卫。

第二，必须存在现实的不法侵害行为。正当防卫是制止不法侵害、保护合法权益的行为，理所当然应当以存在现实的不法侵害为前提。因此，现实的不法侵害是正当防卫的起因条件。

不法侵害即违法侵害，包括犯罪行为和其他违法行为，对这两种行为都可以进行正当防卫。

但并非对任何违法犯罪行为都可以进行防卫，只有对那些具有攻击性、破坏性、紧迫性的不法侵害，在采取正当防卫可以减轻或者避免危害结果的情况下，才可以进行正当防卫。

不法侵害必须是现实存在的，如果防卫人误以为存在不法侵害，那么就构成假想防卫。假想防卫不属于正当防卫，如果行为人主观上有过失，且《刑法》规定为过失犯罪的，就按过失犯罪处理；如果行为人主观上没有过失，则按意外事件处理。故意针对合法行为进行"反击"的行为，如以暴力妨碍国家机关工作人员依法执行公务的，则不是假想防卫，而是故意违法犯罪行为。

案例： 某日晚，赖某在自己家附近遇见两个男青年正在侮辱他的女朋友，即上前制止，因被其中一男青年殴打而被迫还手。在对打时，便衣警察黄某路过，见状抓住赖某的左肩，但未表明其公安人员身份。赖某误以为黄某是对方的帮凶，便拔出刀来，刺中黄某左臂一刀后逃走。

想一想： 赖某的行为是否构成正当防卫？请详细说明理由。

第三，不法侵害正在进行。不法侵害正在进行，才使合法权益处于紧迫的被侵害或者被威胁之中，才使防卫行为成为保护合法权益的必要手段。不法侵害正在进行，是指不法侵害已经开始且尚未结束。不法侵害尚未开始或者已经结束，进行所谓"防卫"的，被称为防卫不适时。防卫不适时可分为两种情况：一是事前加害或者事前防卫，二是事后加害或者事后防卫。防卫不适时构成犯罪的，应当负刑事责任。

第四，必须针对不法侵害人本人进行防卫。正当防卫是制止不法侵害、保护合法权益的行为，而不法侵害是由不法侵害人直接实施的，针对不法侵害人进行防卫，使不法侵害人不再继续实施侵害，才能达到正当防卫的目的。即使在共同违法犯罪的情况下，也只能针对正在进行不法侵害的人进行防卫，不能针对没有进行不法侵害的人进行防卫。对于针对第三人进行所谓防卫的，应视不同情况处理。如果故意针对第三人进行所谓的防卫，应当以故意犯罪处理；如果误认为第三人是不法侵害人而进行所谓防卫的，则应当以假想防卫处理。

第五，没有明显超过必要限度造成重大损害。防卫行为必须没有明显超过必要限度造成重大损害，否则便是防卫过当。正当防卫明显超过必要限度造成重大损害的，应当负刑事责任，但是应当减轻或者免除处罚。其中的"必要限度"，应以制止不法侵害、保护合法权益所必需为标准。至于是否"必需"，则应通过全面分析案情来判断。一方面，要分析双方的手段、强度、人员多少与强弱，在现场所处的客观环境与形势。防卫手段通常是由现场的客观环境决定的，防卫人往往只能在现场获得最顺手的工具，不能要求防卫人在现场选择比较缓和的工具。另一方面，还要权衡防卫行为所保护的合法权益性质与防卫行为所造成的损害后果，即所保护的合法权益与所损害的利益之间，不能差距过大，不能为了保护微小权利而造成不法侵害者重伤或者死亡。

3. 特殊正当防卫

特殊正当防卫，又称"特别防卫""无限防卫""无过当防卫"，是指公民在某些特定情况下所实施的正当防卫行为，没有必要的限度限制，对其防卫行为的任何后果均不负刑事责任的情形。《刑法》第二十条第三款规定："对正在进行行凶、杀人、抢劫、强奸、绑架以及其他严重危及人身安全的暴力犯罪，采取防卫行为，造成不法侵害人伤亡的，不属于防卫过当，不负刑事责任。"

案例： 某日凌晨1时左右，赵某(男，24岁)下夜班后独自回家，路遇从网吧出来的张某、李某等五名少年。张某、李某等人即预谋向赵某索要财物。随后，李某故意上前与赵某相撞，张某等人借口李某被撞而拦住赵某，先以言语要挟，要求赵某将李某送去医院检查。当赵某道歉后继续前行时，张某、李某等人又从背后围追上来，欲殴打赵某劫取钱财，赵某遂用随身携带的菜刀挥舞两下，将冲在前面的张某砍中。后张某被送往医院，经抢救无效死亡。

想一想：赵某的行为是否属于正当防卫？应如何认定和处理？请详细说明理由。

(二)紧急避险

1. 紧急避险的概念

紧急避险是指为了使国家、公共利益、本人或者他人的人身、财产和其他权利免受正在发生的危险，在不得已的情况下采取的损害另一较小合法权益的行为。紧急避险造成损害的，不负刑事责任。

2. 紧急避险的条件

第一，合法权益面临现实危险。合法权益处于可能遭受具体损害的危险之中，才有实行紧急避险的需要，这是紧急避险的前提条件。危险的来源主要有：自然力量产生的危险，如洪水、地震等；机械、能源设备产生的危险，如飞机故障、油库自燃等；动物侵袭造成的危险；疾病等特殊情况形成的危险；人的危害行为造成的危险等。如果事实上并不存在危险，而行为人误认为存在危险，实施所谓避险行为的，属于假想避险，对此，应按照处理假想防卫的原则予以处理。

第二，危险正在发生。危险正在发生，是指危险已经发生或者迫在眉睫，并且尚未消除，如果不实行紧急避险，危险立即就会转化为现实危害，使有关的合法权益遭受不可挽回的损失。在危险尚未发生或者已经消除的情况下实行避险的，属于避险不适时，其处理原则与防卫不适时的处理原则相同。例如，海上大风已过，已经不存在对航行的威胁，但船长仍命令把货物扔下海去，这就是避险不适时。

第三，必须出于不得已而损害另一合法权益。必须出于不得已，是指在合法权益面临正在发生的危险时，没有其他合理方法可以排除危险，只有损害另一较小合法权益，才能保护较大合法权益。如果有其他方法排除危险，则不允许实行紧急避险。这样要求是因为，合法权益都是受法律保护的，不能轻易允许以损害一种合法权益的方法保护另一种合法权益。因此，只有在不可能采取或者没有其他合理方法时，才允许紧急避险。在可以或者具有其他合法方法避免危险的情况下，行为人采取避险行为的，应视行为人的主观心理状态和客观上所造成的损害分别认定为故意犯罪、过失犯罪或者意外事件。

第四，必须是出于保护合法权益的目的。行为人损害某一种合法权益，必须是出于避免较大的合法权益不受损失的正当目的。故意引起危险后以紧急避险为借口侵犯他人合法权益的，属于故意犯罪，而非紧急避险。

第五，没有超过必要限度造成不应有的损害。通常认为，紧急避险的必要限度，是指紧急避险行为所引起的损害小于所避免的损害。因为紧急避险是两种合法权益之间的冲突，紧急避险之所以不负刑事责任，就在于该行为保护了更大的利益。至于如何权衡权益的大小，则应当具体分析。一般来说，人身权利大于财产权利，人身权利中的生命权利重于其他人身权利，财产权利的大小应以财产价值的多少为标准来衡量，而不是以所有制性质来衡量。由此可见，不允许牺牲他人生命以保护财产，也不允许损害他人的重大财产以保护自己的较少财产。紧急避险超过必要限度造成不应有的损害的，应当负刑事责任，但是应当减轻或者免除处罚。

想一想

正当防卫和紧急避险有何区别？

紧急避险不适用于职务上、业务上负有特定责任的人。例如，执勤的警察在面临罪犯的不法侵害时，不能为了自己的利益进行紧急避险；发生火灾时，消防人员不能为了避免火灾对本人的危险而采取紧急避险。

> **案例：** 某天下午2时左右，原告艾某驾驶一辆农用四轮车(限载量1吨，限载人数2人)为他人运送货物，当时车上载货1.9吨多，驾驶室乘坐3人。途经某公路时，被告彭某、彭某某两兄弟以原告开车碰坏其摩托车为由，骑车快速追赶原告，并在追上原告后，突然强行超车，并连人带车横拦于正常行驶的原告车前方约4米处。原告发现后，为不伤及两被告，遂将方向盘向右猛打，致使人车货一起栽入路旁排水沟内，造成各项损失共计8258元。
>
> **想一想：** 原告的行为是否构成紧急避险？其损失应该由谁来承担？请详细说明理由。

六、犯罪预备、未遂和中止

犯罪预备、未遂和中止都是犯罪未完成的三种形态，即犯罪行为都没有最终完成，都没有达到犯罪既遂。

犯罪预备是指行为人为了犯罪，准备工具、制造条件的行为，但由于行为人意志以外的原因而未能着手实行犯罪行为的一种犯罪停止形态。犯罪预备行为包括为实施犯罪准备犯罪工具的行为和为实施犯罪制造条件的行为两种类型。对于预备犯，可以比照既遂犯从轻、减轻处罚或者免除处罚。

犯罪未遂是指行为人已经着手实行犯罪，但由于犯罪分子意志以外的原因而未能得逞的一种犯罪停止形态。以犯罪实行行为是否已经实行终了为标准，犯罪未遂分为实行终了未遂和未实行终了未遂；以犯罪行为的实行客观上能否构成犯罪既遂为标准，犯罪未遂分为能犯未遂和不能犯未遂。对于未遂犯，可以比照既遂犯从轻或者减轻处罚。

犯罪中止是指在犯罪过程中，行为人自动放弃犯罪或者自动有效地防止犯罪结果的发生而未完成犯罪的一种犯罪停止形态。它包括自动放弃犯罪的犯罪中止和自动有效地防止犯罪结果发生的犯罪中止两种类型。对于中止犯，没有造成损害的，应当免除处罚；造成损害的，应当减轻处罚。

第三节 刑 罚

一、刑罚的概念和特征

刑罚是刑法规定的，由国家审判机关依法对犯罪分子所适用的限制或者剥夺其某种权益的、最严厉的强制性法律制裁方法。刑罚具有以下特征。

第一，本质上的严厉性。刑罚的属性在于对犯罪人权益的限制或者剥夺，这表明它是一种最严厉的法律制裁措施。它不仅可以限制或者剥夺犯罪人的财产权利、政治权利、自由权利，甚至还可以剥夺犯罪人的生命。这种严厉性正是刑罚区别于其他法律制裁方法的本质特征。

第二，适用对象的特定性。刑罚处罚的对象只能是实施了犯罪行为的自然人。犯罪分子既是犯罪行为的实施者，也是刑罚的物质承担者。刑罚既不能适用于动植物或者其他非人的对象，也不能适用于违反了道德、法纪和仅有一般违法行为的人，更不能适用于与犯罪无关的人。

第三，根据的法定性。按照罪刑法定原则的要求，不仅犯罪需要由《刑法》事先做出明文规定，而且刑罚也必须由《刑法》明文规定。这就意味着，对《刑法》没有明文规定的制裁方法，不能以刑罚之名适用于犯罪分子。

第四，适用主体的单一性。刑罚适用的主体只能是代表国家行使审判权的人民法院，任何其他国家机关、企业、事业单位、人民团体和个人，都无权对犯罪人适用刑罚。

二、刑罚的种类

我国刑罚分为主刑和附加刑两大类。主刑的种类有管制、拘役、有期徒刑、无期徒刑、死刑。附加刑的种类有罚金、剥夺政治权利、没收财产。此外，对于犯罪的外国人，可以独立适用或者附加适用驱逐出境。

（一）主刑

主刑是对犯罪分子适用的主要刑罚方法。主刑只能独立适用，不能相互附加适用。也就是说，一个罪行只能适用一个主刑，不能同时适用两个或者两个以上主刑，也不能在附加刑独立适用时再适用主刑。

1. 管制

管制是指对犯罪分子不予关押，但限制其一定自由，依法实行社区矫正的刑罚方法。判处管制，可以根据犯罪情况，同时禁止犯罪分子在执行期间从事特定活动，进入特定区域、场所，接触特定的人。若有违反，由公安机关依照《中华人民共和国治安管理处罚法》（简称《治安管理处罚法》）的规定处罚。

管制是我国主刑中最轻的一种刑罚方法，适用于罪行较轻、社会危害性较小、不需要关押的犯罪分子。管制的期限为三个月以上二年以下，数罪并罚时，最高不能超过三年。管制的刑期，从判决执行之日起计算；判决执行前先行羁押的，羁押一日折抵刑期二日。

被判处管制的犯罪分子，在执行期间，应当遵守下列规定：①遵守法律、行政法规，服从监督；②未经执行机关批准，不得行使言论、出版、集会、结社、游行、示威的自由权利；③按照执行机关规定报告自己的活动情况；④遵守执行机关关于会客的规定；⑤离开所居住的市、县或者迁居，应当报经执行机关批准。

对于被判处管制的犯罪分子，在劳动中应当同工同酬。

被判处管制的犯罪分子，管制期满，执行机关应及时向本人和其所在单位或者居住地的群众宣布解除管制，并且发给本人解除管制通知书。附加剥夺政治权利的，同时宣布恢复政治权利。

2. 拘役

拘役是指短期剥夺犯罪分子人身自由，就近实行强制劳动改造的刑罚方法。它适用于罪行较轻、社会危害性不大，但需要短期关押的犯罪分子。

拘役和拘留有什么区别？

拘役的期限为一个月以上六个月以下，数罪并罚时，最高不能超过一年。拘役的刑期，从判决之日起计算；判决执行以前先行羁押的，羁押一日折抵刑期一日。

被判处拘役的犯罪分子，由公安机关就近执行。在执行期间，被判处拘役的犯罪分子每月可以回家一天至两天，每月回家的天数，应当计算在刑期之内。参加劳动的，可以酌量发给报酬。

3. 有期徒刑

有期徒刑是指在一定期限内剥夺犯罪分子的人身自由，并监禁于一定场所的刑罚方法。有期徒刑在我国刑罚体系中是一种适用范围最广泛的刑罚方法。它的刑期上限与无期徒刑相接，下限与拘役相连，中间跨度很大，具有较大的可分性。它既可以作为重刑适用于严重的犯罪行为，如情节恶劣、人身危险性较大的罪犯；也可以作为中度刑罚适用于危害居中的犯罪行为；还可以作为轻刑适用于危害较小的犯罪行为，如侮辱罪、诽谤罪、破坏选举罪、重婚罪、赌博罪、侮辱国旗国徽罪等。

百家号/法律900

有期徒刑的期限为六个月以上十五年以下，数罪并罚时，有期徒刑总和刑期不满三十五年的，最高不能超过二十年，总和刑期在三十五年以上的，最高不能超过二十五年。有期徒刑的刑期，从判决执行之日起计算；判决执行以前先行羁押的，羁押一日折抵刑期一日。

被判处有期徒刑的犯罪分子，在监狱或者其他执行场所执行；凡有劳动能力的，都应当参加劳动，接受教育和改造。

4．无期徒刑

无期徒刑是指终身剥夺犯罪分子的人身自由，并将其监禁于一定场所的刑罚方法。它主要适用于那些罪行严重，又不必判处死刑，但需要与社会永久隔离的犯罪分子。

无期徒刑是仅次于死刑的一种严厉的刑罚方法，被判处这一刑罚的犯罪分子有可能终身服刑，相当于国外的终身监禁。无期徒刑的刑期从判决宣判之日起计算，判决宣判前先行羁押的日期不能折抵刑期，无期徒刑减为有期徒刑后，执行有期徒刑，先行羁押的日期也不予折抵刑期。

被判处无期徒刑的犯罪分子与被判处有期徒刑的犯罪分子一样，都在监狱或者其他执行场所执行，接受教育和改造。在接受教育和改造期间，只要努力，确有悔改或者立功表现的，可以依法得到减刑或者假释，但最低服刑期限不能少于十三年。

5．死刑

死刑也称极刑，是指剥夺犯罪分子生命的最严厉的刑罚方法。它只适用于罪行极其严重的犯罪分子。

死刑直接关系到对自然人生命权的剥夺，适用死刑必须慎之又慎。在我国，死刑的执行不是在判决之日，而是必须由最高人民法院核准，并由最高人民法院院长签发执行死刑的命令，原审下级人民法院接到最高人民法院执行死刑的命令后，应当在七日以内交付执行。

同时，我国《刑法》也对死刑的适用做了严格的限制性规定，这些限制性规定有：

议一议

我国为什么采取保留死刑，严格限制死刑的立法宗旨？

第一，犯罪的时候不满十八周岁的人和审判的时候怀孕的妇女，不适用死刑。

第二，审判的时候已满七十五周岁的人，不适用死刑，但以特别残忍的手段致人死亡的除外。

第三，对于应当判处死刑的犯罪分子，如果不是必须立即执行的，可以判处死刑同时宣告缓期二年执行。判处死刑缓期执行的，在死刑缓期执行期间，如果没有故意犯罪，二年期满以后，减为无期徒刑；如果确有重大立功表现，二年期满以后，减为二十五年有期徒刑；如果故意犯罪，情节恶劣的，报请最高人民法院核准后执行死刑。

（二）附加刑

附加刑是指《刑法》规定的、补充主刑适用的刑罚方法。其特点是既能独立适用，也能附加适用。在独立适用时，主要针对较轻的犯罪。犯罪比较严重的，不独立适用附加刑，如果需要适用，也只能附加适用。

1. 罚金

罚金是人民法院判处犯罪分子向国家缴纳一定数额金钱的刑罚方法。从法律性质上讲，罚金是一种刑罚方法，而非经济制裁、民事制裁或者行政处罚。罚金主要适用于经济犯罪、财产犯罪和其他故意犯罪。

想一想

罚金与罚款有什么区别？

《刑法》总则中规定了裁量罚金数额的一般原则，即根据犯罪情节决定罚金数额。而在分则中，则对罚金数额的裁量做了多样化的规定，主要有五种情况：无限额罚金制、限额罚金制、比例罚金制、倍数罚金制、倍比罚金制。关于罚金的缴纳，也分五种情况：限期一次缴纳、限期分期缴纳、强制缴纳、随时追缴、减少或者免除缴纳。

阅读延伸

罚金数额裁量的立法规定

(1)无限额罚金制：指《刑法》分则仅规定选处、单处或者并处罚金，不规定罚金的具体数额限度，而是由人民法院依据《刑法》总则确定的原则——根据犯罪情节决定罚金数额——确定具体罚金数额。在无限额罚金的情况下，罚金的最低数额不能少于一千元；未成年人犯罪应当从轻或者减轻判处罚金的，罚金的最低数额不能少于五百元。

(2)限额罚金制：指《刑法》分则规定了罚金数额的下限和上限，人民法院只需要在规定的数额幅度内裁量罚金。例如，《刑法》第一百七十三条规定："变造货币，数额较大的，处三年以下有期徒刑或者拘役，并处或者单处一万元以上十万元以下罚金；数额巨大的，处三年以上十年以下有期徒刑，并处二万元以上二十万元以下罚金。"

(3)比例罚金制：以犯罪金额的百分比决定罚金的数额。例如，《刑法》第一百五十八条规定："申请公司登记使用虚假证明文件或者采取其他欺诈手段虚报注册资本，欺骗公司登记主管部门，取得公司登记，虚报注册资本数额巨大、后果严重或者有其他严重情节的，处三年以下有期徒刑或者拘役，并处或者单处虚报注册资本金额百分之一以上百分之五以下罚金。"

(4)倍数罚金制：以犯罪金额的倍数决定罚金的数额。例如，《刑法》第二百零二条规定："以暴力、威胁方法拒不缴纳税款的，处三年以下有期徒刑或者拘役，并处拒缴税款一倍以上五倍以下罚金；情节严重的，处三年以上七年以下有期徒刑，并处拒缴税款一倍以上五倍以下罚金。"

(5)倍比罚金制：同时以犯罪金额的比例和倍数决定罚金的数额。例如，《刑法》第一百四十条规定："生产者、销售者在产品中掺杂、掺假，以假充真，以次充好或者以不合格产品冒充合格产品，销售金额五万元以上不满二十万元的，处二年以下有期徒刑或者拘役，并处或者单处销售金额百分之五十以上二倍以下罚金；销售金额二十万元以上不满五十万元的，处二年以上七年以下有期徒刑，并处销售金额百分之五十以上二倍以下罚金；销售金额五十万元以上不满二百万元的，处七年以上有期徒刑，并处销售金额百分之五十以上二倍以下罚金；销售金额二百万元以上的，处十五年有期徒刑或者无期徒刑，并处销售金额百分之五十以上二倍以下罚金或者没收财产。"

2. 剥夺政治权利

剥夺政治权利是指依法剥夺犯罪分子一定期限内参加国家管理和政治活动权利的刑罚方法。

剥夺政治权利的对象主要是危害国家安全的犯罪分子和故意杀人、强奸、放火、爆炸、投毒、抢劫等严重破坏社会秩序的犯罪分子。

剥夺政治权利是指剥夺犯罪分子的以下权利：①选举权和被选举权；②言论、出版、集会、结社、游行、示威自由的权利；③担任国家机关职务的权利；④担任国有公司、企业、事业单位和人民团体领导职务的权利。

剥夺政治权利的期限有定期与终身之分，包括以下四种情况：①对于判处管制附加剥夺政治权利的，剥夺政治权利的期限与管制的期限相等，同时执行，即三个月以上二年以下；②对于判处拘役、有期徒刑附加剥夺政治权利或者单处剥夺政治权利的期限，为一年以上五年以下；③对于判处死刑、无期徒刑的犯罪分子，应当剥夺政治权利终身；④在死刑缓期执行减为有期徒刑或者无期徒刑减为有期徒刑的时候，应当把附加剥夺政治权利的期限改为三年以上十年以下。

剥夺政治权利由公安机关执行。被剥夺政治权利的犯罪分子，在执行期间，应当遵守法律、行政法规和国务院公安部门有关监督管理的规定，服从监督，不得行使政治权利。执行期满，应由执行机关通知本人，并向有关群众公开宣布恢复其政治权利。被剥夺政治权利的人在恢复政治权利后，重新享有法律赋予公民的政治权利。

3. 没收财产

没收财产是指将犯罪分子个人所有财产的一部分或者全部强制无偿地收归国有的刑罚方法。没收财产主要适用于危害国家安全罪、严重的经济犯罪、严重的财产犯罪以及其他严重的刑事犯罪，如组织他人偷越国（边）境罪等。

没收财产是指没收犯罪分子个人所有财产，即属于犯罪分子本人实际所有的财产和与他人共有财产中依法应得的份额。法院在判处没收财产的时候，应当严格区分犯罪分子个人所有财产与其家属或者他人财产的界限，只有依法确定为犯罪分子个人所有的财产，才能予以没收，不得没收属于犯罪分子家属或者他人所有的财产。没收犯罪分子全部财产的，应当对其个人及其扶养的家属保留必需的生活费用。没收财产以前犯罪分子所负的正当债务，需要以没收的财产偿还的，经债权人请求，应当偿还。

4. 驱逐出境

驱逐出境也称逐出国境，是指对犯罪的外国人强迫离开中国国（边）境的一种特殊的刑罚方法。它只适用于犯罪的外国人，不适用于犯罪的本国人，因此，我国《刑法》将其作为对犯罪的外国人适用的特殊刑种做了单独规定。

驱逐出境既可以独立适用，也可以附加适用。具体适用时，不仅要考虑犯罪情节、罪行轻重，还要考虑国际形势和犯罪人国籍国与我国的外交关系，如果单纯地从刑事处罚考虑，可能会给我国的外交工作增加难度。一般的掌握标准是：对于罪行较轻、不宜判处有期徒刑，而又需要驱逐出境的，可以单独判处驱逐出境；对于罪行严重，应判处有期徒刑的，必要时也可以附加判处驱逐出境。

单独判处驱逐出境的，从判决确定之日起执行；附加判处驱逐出境的，从主刑执行完毕之日起执行。

三、刑罚的具体运用

（一）量刑

量刑即刑罚裁量，是指人民法院根据《刑法》规定，在认定犯罪的基础上，对犯罪分子依法裁量决定刑罚的活动。

人民法院量刑的一般原则是：对犯罪分子决定刑罚的时候，应当根据犯罪的事实、犯罪的性质及情节和对社会的危害程度，依照《刑法》的有关规定判处。即人民法院在对犯罪分子量刑时，必须以事实为根据，以《刑法》规定为准绳。

人民法院量刑主要包括以下内容：①决定是否对犯罪分子判处刑罚；②决定对犯罪分子判处何种刑罚和多重的刑罚；③决定对犯罪分子所判处的刑罚是否立即执行；④决定将数个宣告刑合并为执行刑。

（二）累犯

累犯分为一般累犯和特别累犯两种。

1. 一般累犯

一般累犯也称普通累犯，《刑法》第六十五条规定："被判处有期徒刑以上刑罚的犯罪分子，刑罚执行完毕或者赦免以后，在五年以内再犯应当判处有期徒刑以上刑罚之罪的，是累犯，应当从重处罚，但是过失犯罪和不满十八周岁的人犯罪的除外。"一般累犯的构成要件是：

（1）前罪和后罪必须都是故意犯罪。如果前后两罪或者其中一罪是过失犯罪，都不构成累犯。

（2）前罪和后罪被判处的刑罚必须都是有期徒刑以上。"有期徒刑以上"包括有期徒刑、无期徒刑和死刑。如果前后两罪或者其中一罪没有被判处有期徒刑以上刑罚的，则不构成累犯。

（3）后罪必须发生在前罪刑罚执行完毕或者赦免以后的五年之内。如果后罪发生在前罪刑罚的执行期间、缓刑期间、假释考验期间或者发生在前罪执行或者赦免以后的 5 年之后，亦不构成累犯。

（4）犯罪分子应满十八周岁。

2. 特别累犯

《刑法》第六十六条规定："危害国家安全犯罪、恐怖活动犯罪、黑社会性质的组织犯罪的犯罪分子，在刑罚执行完毕或者赦免以后，在任何时候再犯上述任一类罪的，都以累犯论处。"辨别特别累犯，应注意以下几个方面的问题。

第一，前罪和后罪必须都是危害国家安全犯罪、恐怖活动犯罪、黑社会性质的组织犯罪。如果前后两罪或者其中一罪不是危害国家安全犯罪、恐怖活动犯罪、黑社会性质的组织犯罪，则不能构成特别累犯，只能构成一般累犯。

第二，前罪被判处的刑罚和后罪应判处的刑罚的种类及其轻重不受限制。即使前后两罪或者其中一罪被判处或者应判处管制、拘役或者单处某种附加刑的，也不影响其成立。

第三，前罪的刑罚执行完毕或者赦免以后，任何时候再犯危害国家安全罪、恐怖活动罪、黑社会性质的组织犯罪，即构成特别累犯，不受前后两罪相距时间长短的限制。

> **案例：** 被告人杨某，在某年 11 月因犯故意伤害罪被判处有期徒刑 4 年，第四年的 7 月刑满释放。同年 9 月，在一副食店购物时，被告人杨某乘店主不备，顺手盗取了店主李某放在抽屉里的现金 1200 元。同年 12 月，被告人杨某到公安机关投案自首，并退清了所盗赃款。
>
> **想一想：**（1）被告人杨某盗窃财物的行为是否构成犯罪？（2）杨某是否构成累犯？

(三) 自首

自首是指犯罪以后自动投案，如实供述自己罪行的行为，或者被采取强制措施的犯罪嫌疑人、被告人和正在服刑的罪犯，如实供述司法机关还未掌握的本人其他罪行的行为。

自首必须同时具备以下三个要件：①犯罪以后自动投案；②必须如实供述自己的罪行；③必须愿意接受审查和裁判。

对于自首的犯罪分子，可以从轻或者减轻处罚。其中，犯罪较轻的，可以免除处罚。犯罪嫌疑人虽不具有自首情节，但是如实供述自己罪行的，可以从轻处罚；因其如实供述自己罪行，避免特别严重后果发生的，可以减轻处罚。

(四) 立功

立功是指犯罪分子有揭发他人犯罪行为，查证属实的，或者提供重要线索，从而得以侦破其他案件等的行为。构成立功必须符合以下条件。

第一，从时间来看，作为量刑制度的立功，应发生在归案以后判决宣告以前。

第二，从表现来看，具有以下情形之一：①揭发他人的犯罪行为；②提供侦破其他案件的重要线索；③协助司法机关缉捕其他罪犯；④犯罪人在羁押期间，遇有其他在押犯自杀、脱逃或者其他严重破坏监视的行为，及时向看守人员报告；⑤遇有自然灾害、意外事故时，奋不顾身加以排除等。

第三，从效果来看，立功不仅是一种表现，而且必须要有某种实际效果。揭发他人犯罪行为的立功表现，须经查证属实才能成立；如果经过查证，犯罪人揭发的情况不是犯罪事实或者无法证明，则不属于立功。提供重要线索的立功表现，须使犯罪案件得以侦破。其他立功表现，同样要具有立功效果。

对于有立功表现的，可以从轻或者减轻处罚；有重大立功表现的，可以减轻或者免除处罚。

(五) 数罪并罚

数罪并罚是指对犯有两种以上罪行的犯罪分子，人民法院依照《刑法》规定的原则和方法，对其所犯数罪进行的合并处罚。在我国，对犯罪分子适用数罪并罚，分为以下三种情况。

第一，判决宣告以前一人犯数罪的并罚。数罪中有一罪被判处死刑或者无期徒刑的，执行死刑或者无期徒刑。判决宣告以前一人犯其他数罪的，应当在总和刑期以下、数刑中最高刑期以上，酌情决定执行的刑期，但是管制最高不能超过三年，拘役最高不能超过一年，有期徒刑总和刑期不满三十五年的，最高不能超过二十年；总和刑期在三十五年以上的，最高不能超过二十五年。数罪中有判处有期徒刑和拘役的，执行有期徒刑。数罪中有判处有期徒刑和管制，或者拘役和管制的，有期徒刑、拘役执行完毕，管制仍须执行。数罪中有判处附加刑的，附加刑仍须执行，其中附加刑种类相同的，合并执行；种类不同的，分别执行。

第二，判决宣告以后，刑罚执行完毕以前，发现漏罪的并罚。判决宣告以后，刑罚执行完毕以前，发现被判刑的犯罪分子在判决宣告以前还有其他罪没有判决的，应当对新发现的罪做出判决，把前后两个判决所判处的刑罚，依照前一种情况规定的方法，决定执行的刑罚。已经执行的刑期，应当计算在新判决决定的刑期以内。

第三，判决宣告以后，刑罚执行完毕以前，又犯新罪的并罚。判决宣告以后，刑罚执行完毕以前，被判刑的犯罪分子又犯罪的，应当对新犯的罪做出判决，把前罪没有执行的刑罚和后罪所判处的刑罚，依照第一种情况规定的方法，决定执行的刑罚。

案例：张某，男，23岁，因犯盗窃罪于某年5月5日被人民法院判处有期徒刑5年。在服刑期间，张某因病于同年7月11日保外就医。从保外就医的当月起，张某又继续盗窃作案，在一年之内共盗窃23次，价值人民币45000元。

想一想：人民法院应当对张某如何进行数罪并罚？

（六）缓刑

缓刑是指人民法院对触犯刑法、经法定程序确认已构成犯罪、应受刑罚处罚的犯罪分子，先行宣告定罪，暂不执行所判刑罚的一种制度。根据我国《刑法》的有关规定，适用缓刑必须具备以下条件。

第一，对于被判处拘役、三年以下有期徒刑的犯罪分子，其中不满十八周岁的人、怀孕的妇女和已满七十五周岁的人，应当宣告缓刑。

第二，对于被判处拘役、三年以下有期徒刑的犯罪分子，同时符合下列条件的，可以宣告缓刑：①犯罪情节较轻；②有悔罪表现；③没有再犯罪的危险；④宣告缓刑对所居住社区没有重大不良影响。

宣告缓刑，可以根据犯罪情况，同时禁止犯罪分子在缓刑考验期限内从事特定活动，进入特定区域、场所，接触特定的人。

被宣告缓刑的犯罪分子，如果被判处附加刑，附加刑仍须执行。

对于累犯和犯罪集团的首要分子，不适用缓刑。

拘役的缓刑考验期限为原判刑期以上一年以下，但是不能少于二个月。有期徒刑的缓刑考验期限为原判刑期以上五年以下，但是不能少于一年。缓刑考验期限，从判决确定之日起计算。

对宣告缓刑的犯罪分子，在缓刑考验期限内，依法实行社区矫正。如果没有犯新罪或者没有发现判决宣告以前还有其他罪没有判决的，没有违反法律、行政法规或者国务院有关部门关于缓刑的监督管理规定的，没有违反人民法院判决中的禁止令的，缓刑考验期满，原判的刑罚就不再执行，并公开予以宣告。如果有犯新罪或者发现判决宣告以前还有其他罪没有判决的，应当撤销缓刑，对新犯的罪或者新发现的罪做出判决，实行数罪并罚；如果有违反法律、行政法规或者国务院有关部门关于缓刑的监督管理规定的，或者有违反人民法院判决中的禁止令的，情节严重的，应当撤销缓刑，执行原判刑罚。

案例：赵某，男，21岁。赵某于某年12月7日被人民法院以盗窃罪判处有期徒刑2年，缓刑2年。赵某在缓刑考验期内，某日骑车外出，将卖烤红薯的夏某自行车及烤筒撞倒。夏某指责赵某，赵某挥拳便打夏某的脸部、胸部，致夏某肋骨粉碎性骨折(轻伤)。夏某向人民法院提起自诉。

想一想：人民法院应当对赵某进行怎样的处罚？

（七）减刑

减刑是指依法被判处管制、拘役、有期徒刑、无期徒刑的犯罪分子，在具有法定的减刑情节时，由负责执行刑罚的机关报送材料，人民法院依法予以减轻原判刑罚的刑事司法活动。

减刑分为可以减刑、应当减刑两种。可以减刑与应当减刑的对象条件和限度条件相同，只是实质条件有所区别。对于犯罪分子适用减刑，必须符合以下条件。

第一，对象条件。减刑只适用于被判处管制、拘役、有期徒刑、无期徒刑的犯罪分子。

第二，实质条件。减刑的实质条件，因减刑的种类不同而有所区别。

可以减刑的实质条件：被判处管制、拘役、有期徒刑、无期徒刑的犯罪分子，在执行期间，如果认真遵守监规，接受教育改造，确有悔改表现，或者有立功表现，可以减刑。一般来说，犯罪分子只要具备可以减刑的实质条件之一，就可以减刑。当然，如果既有悔改表现又有立功表现，则可以在法定的减刑限度内给予更大幅度的减刑。

应当减刑的实质条件：被判处管制、拘役、有期徒刑、无期徒刑的犯罪分子，在执行期间，有下列重大立功表现之一的，应当减刑：①阻止他人重大犯罪活动的；②检举监狱内外重大犯罪活动，经查证属实的；③有发明创造或者重大技术革新的；④在日常生产、生活中舍己救人的；⑤在抗御自然灾害或者排除重大事故中，有突出表现的；⑥对国家和社会有其他重大贡献的。

根据《刑法》第七十八条的规定："减刑以后实际执行的刑期不能少于下列期限：（一）判处管制、拘役、有期徒刑的，不能少于原判刑期的二分之一；（二）判处无期徒刑的，不能少于十三年；（三）人民法院依照本法第五十条第二款规定限制减刑的死刑缓期执行的犯罪分子，缓期执行期满后依法减为无期徒刑的，不能少于二十五年，缓期执行期满后依法减为二十五年有期徒刑的，不能少于二十年。"

（八）假释

假释是指对被判处有期徒刑的犯罪分子，执行原判刑期二分之一以上；对被判处无期徒刑的犯罪分子，实际执行十三年以上，因犯罪分子认真遵守监规，接受教育改造，确有悔改表现，没有再犯罪的危险，而附条件地将其予以提前释放的制度。

对累犯以及因故意杀人、强奸、抢劫、绑架、放火、爆炸、投放危险物质或者有组织的暴力性犯罪被判处十年以上有期徒刑、无期徒刑的犯罪分子，不得假释。

有期徒刑的假释考验期限，为没有执行完毕的刑期；无期徒刑的假释考验期限为十年。假释考验期限，从假释之日起计算。

被宣告假释的犯罪分子，应当遵守以下规定：①遵守法律、行政法规，服从监督；②按照监督机关的规定报告自己的活动情况；③遵守监督机关关于会客的规定；④离开所居住的市、县或者迁居，应当报经监督机关批准。

对假释的犯罪分子，在假释考验期限内，依法实行社区矫正。被假释的犯罪分子，如果在假释考验期限内没有犯新罪，没有发现在判决宣告以前还有其他罪没有判决，没有违反法律、行政法规或者国务院有关部门关于假释的监督管理规定的行为，假释考验期满，就认为原判刑罚已经执行完毕，并公开予以宣告。被假释的犯罪分子，如果在假释考验期限内犯新罪，应当撤销假释，依照《刑法》规定实行数罪并罚。在假释考验期限内，如果发现被假释的犯罪分子在判决宣告以前还有其他罪没有判决的，应当撤销假释，依照《刑法》规定实行数罪并罚。被假释的犯罪分子，如果在假释考验期限内有违反法律、行政法规或者国务院有关部门关于假释的监督管理规定的行为，尚未构成新的犯罪的，应当依照法定程序撤销假释，收监执行未执行完毕的刑罚。

案例：犯罪人朱庆，某年3月，因犯盗窃罪被人民法院判处有期徒刑5年。两年后的10月，监狱根据朱庆的悔改表现，依法向当地中级人民法院提出假释建议书。人民法院审核了朱庆在狱中的悔改表现以及有关证据材料，依法裁定可以假释。但朱庆出狱后，在假释考验期限内，盗窃作案5起，窃得财物价值1800多元。

想一想：人民法院应当对朱庆进行怎样的处罚？

(九)追诉时效

追诉时效是指《刑法》规定的，对犯罪分子追究刑事责任的有效期限。如果超过这个期限，除法律另有规定外，就不能再追究犯罪分子的刑事责任；已经追究的，应当撤销案件，或者不予追诉，或者无罪释放。我国《刑法》规定，犯罪经过下列期限不再追诉：

(1)法定最高刑为不满五年有期徒刑的，经过五年；

(2)法定最高刑为五年以上不满十年有期徒刑的，经过十年；

(3)法定最高刑为十年以上有期徒刑的，经过十五年；

(4)法定最高刑为无期徒刑、死刑的，经过二十年。如果二十年以后认为必须追诉的，须报请最高人民检察院核准。

在人民检察院、公安机关、国家安全机关立案侦查或者在人民法院受理案件以后，逃避侦查或者审判的，不受追诉期限的限制。被害人在追诉期限内提出控告，人民法院、人民检察院、公安机关应当立案而不予立案的，不受追诉期限的限制。

追诉期限从犯罪之日起计算；犯罪行为有连续或者继续状态的，从犯罪行为终了之日起计算。在追诉期限以内又犯罪的，前罪追诉的期限从犯后罪之日起计算。

案例：刘某，男，32岁，工人。刘某于2019年3月12日，以欺骗手段强奸了一名患有精神病的女青年。于2021年7月4日被捕后，刘某又交代了其于2015年3月3日盗伐集体林木200棵的行为。

想一想：人民法院对刘某盗伐林木的行为是否还要追究？为什么？

第四节　常见犯罪行为及处罚

我国刑法分则以犯罪行为所侵犯的同类客体为依据，将犯罪分为十大类：①危害国家安全罪；②危害公共安全罪；③破坏社会主义市场经济秩序罪；④侵犯公民人身权利、民主权利罪；⑤侵犯财产罪；⑥妨害社会管理秩序罪；⑦危害国防利益罪；⑧贪污贿赂罪；⑨渎职罪；⑩军人违反职责罪。

危害国家安全罪，是指故意危害中华人民共和国主权独立、领土完整、政权和制度巩固等国家利益和安全的行为。如背叛国家罪、分裂国家罪、颠覆国家政权罪、间谍罪等。

危害公共安全罪，是指故意或者过失地危害或者足以危害不特定多数人的生命健康或者重大公私财产安全的行为。如放火罪、过失投放危险物质、破坏交通设施罪、破坏电力设备罪、暴力危及飞行安全罪、交通肇事罪、危险驾驶罪、消防责任事故罪等。

破坏社会主义市场经济秩序罪，是指违反国家市场经济管理法规，破坏国家市场经济管理制度，侵害社会主义市场经济秩序的行为。如生产销售不符合安全标准的食品罪、走私文物罪、虚报注册资本罪、非法吸收公众存款罪、信用卡诈骗罪、保险诈骗罪、逃税罪、假冒注册商标罪、侵犯著作权罪、虚假广告罪、强迫交易罪等。

侵犯公民人身权利、民主权利罪，是指故意或者过失地侵犯公民人身权利、民主权利的行为。如故意杀人罪、过失致人重伤罪、组织出卖人体器官罪、强奸罪、绑架罪、诬告陷害罪、强迫劳动罪、非法搜查罪、侵犯公民个人信息罪、遗弃罪等。

侵犯财产罪，是指以非法占有为目的，攫取公私财物，或者挪用、毁坏公私财物，或者破坏生产经营的行为。如抢劫罪、盗窃罪、诈骗罪、聚众哄抢罪、侵占罪、挪用资金罪、故意毁坏财物罪、破坏生产经营罪、拒不支付劳动报酬罪等。

妨害社会管理秩序罪，是指妨害国家机关对社会的管理活动，破坏社会秩序，情节严重的行为。如妨害公务罪、组织考试作弊罪、虚假诉讼罪、脱逃罪、偷越国(边)境罪、故意损毁名胜古迹罪、强迫卖血罪、非法行医罪、非法占用农用地罪、非法持有毒品罪、传播性病罪、组织淫秽表演罪等。

危害国防利益罪，是指违反国防法规，拒不履行国防义务或者以其他方式危害国防利益的行为。如阻碍军人执行职务罪、冒充军人招摇撞骗罪、接送不合格兵员罪、战时窝藏逃离部队军人罪等。

贪污贿赂罪，是指国家工作人员或者国有单位实施的贪污、受贿等侵犯国家廉政建设制度，以及与贪污、受贿犯罪密切相关的侵犯职务廉洁性的行为。如贪污罪、挪用公款罪、受贿罪、利用影响力受贿罪、行贿罪、介绍贿赂罪、巨额财产来源不明罪、隐瞒境外存款罪、私分国有资产罪、私分罚没财物罪等。

渎职罪，是指国家机关工作人员滥用职权、玩忽职守、徇私舞弊，妨害国家机关的正常活动，致使国家和人民利益遭受重大损失的行为。如滥用职权罪、泄露国家秘密罪、徇私枉法罪、私放在押人员罪、违法发放林木采伐许可证罪、食品监管渎职罪、传染病防治失职罪、动植物检疫失职罪、帮助犯罪分子逃避处罚罪等。

军人违反职责罪，是指军人违反职责，危害国家军事利益，依照法律应当受刑罚处罚的行为。如战时违抗命令罪、投降罪、战时临阵脱逃罪、指使部属违反职责罪、拒不救援友邻部队罪、故意泄露军事秘密罪、战时造谣惑众罪、战时自伤罪、逃离部队罪、遗失武器装备罪、虐待部属罪、私放俘虏罪等。

一、与国家考试有关的犯罪

(一)组织考试作弊罪

组织考试作弊罪，是指行为人在法律规定的国家考试中，实施了组织作弊的行为。

犯组织考试作弊罪的，处三年以下有期徒刑或者拘役，并处或者单处罚金；情节严重的，处三年以上七年以下有期徒刑，并处罚金。

"入刑"　　　　　　　新华社发 蒋跃新 作

(二)非法出售、提供试题、答案罪

非法出售、提供试题、答案罪，是指行为人为实施考试作弊，向他人非法出售或者提供法律规定的国家考试的试题、答案的行为。

犯非法出售、提供试题、答案罪的，处三年以下有期徒刑或者拘役，并处或者单处罚金；情节严重的，处三年以上七年以下有期徒刑，并处罚金。

(三)代替考试罪

代替考试罪，是指代替他人或者让他人代替自己参加法律规定的国家考试的行为。

犯代替考试罪的，处拘役或者管制，并处或者单处罚金。

> **📖 知识窗**
>
> **法律规定的国家考试**
>
> 法律规定的国家考试，是指国家法律规定的、由各级国家机关或者国家机关授权的部门组织的、公开面向全社会或者某类特定社会成员的考试。一般认为，法律规定的国家考试主要包括中考、高考、研究生入学考试、国家司法考试、注册会计师资格考试、医生执业资格考试、国家公务员招录考试等。而相对的如学校、行业系统内部等自行组织实施的考试，则不属于法律规定的国家考试，不是以上罪行的适用范畴。

二、盗窃罪

盗窃罪是指以非法占有为目的，秘密窃取公私财物数额较大或者多次盗窃公私财物的行为。

关于盗窃罪的界限认定，应注意以下几个方面。

第一，盗窃罪与一般盗窃行为的界限。

只要具备了数额较大或者多次盗窃其中之一的，就构成盗窃罪，否则只是一般盗窃行为。然而在实际中，盗窃案件的情况却十分复杂。为了正确把握罪与非罪的标准，在审理盗窃案件时，应当根据案件的具体情形认定盗窃罪的情节。根据最高人民法院《关于审理盗窃案件具体应用法律若干问题的解释》第六条的规定，一方面，盗窃公私财物接近"数额较大"的起点，具有下列情节之一的，可以追究刑事责任：①以破坏性手段盗窃造成公私财物损失的；②盗窃残疾人、孤寡老人或者丧失劳动能力人的财物的；③造成严重后果或者具有其他恶劣情节的。另一方面，盗窃公私财物虽已达到"数额较大"的起点，但情节轻微，并具有下列情节之一的，可不作为犯罪处理：①已满十六周岁不满十八周岁的未成年人作案的；②全部退赃、退赔的；③主动投案的；④被胁迫参加盗窃活动，没有分赃或者获赃较少的；⑤其他情节轻微、危害不大的。

第二，把盗窃自己家里的财物或者近亲属的财物与盗窃罪区别开来。

最高人民法院《关于审理盗窃案件具体应用法律若干问题的解释》第一条第四项规定："偷窃自己家里的财物或者近亲属的财物，一般可不按犯罪处理；对确有追究刑事责任必要的，处罚时也应与社会上作案的有所区别。"但是，如果行为人盗窃恶习太深，屡教不改，盗窃数额巨大，甚至勾结外人共同盗窃家庭及亲属财物，严重影响到家庭及亲属安宁，家庭其他成员或者被害亲属坚决要求追究刑事责任的，应当依法追究刑事责任。

第三，盗窃罪与买赃自用的界限。

与盗窃之人事先并无通谋，为贪图便宜或者方便，明知是赃物而购买自用的，应无偿追缴赃物，买主不构成犯罪；但买赃自用情节严重的，也可以按销赃罪定罪处罚。确实不知是赃物而购买自用的，应由罪犯承担损失，买主不构成盗窃罪，也不构成窝赃罪或者销赃罪，因为其行为不具有犯罪的性质。

第四，行为人误将公私财物当作自己的财物拿走，或者未经物主同意，擅自借用其物或者私自挪用代为保管的他人钱物，用后归还等情况，因不具有非法占有的目的，不构成盗窃罪。

盗窃公私财物，数额较大的，或者多次盗窃、入户盗窃、携带凶器盗窃、扒窃的，处三年以下有期徒刑、拘役或者管制，并处或者单处罚金；数额巨大或者有其他严重情节的，处三年以上十年以下有期徒刑，并处罚金；数额特别巨大或者有其他特别严重情节的，处十年以上有期徒刑或者无期徒刑，并处罚金或者没收财产。

案例：某日下午两点，废品收购站老板老林吃完午饭回家，在自家大院门口看到一名男子慌慌张张地从房子窗户往外爬。老林冲进院内将男子堵住，并拨打了报警电话。正在附近巡逻的派出所民警赶到现场将该男子抓住。经审查，当天嫌疑人孟某见大院没人，隔着玻璃看见屋内放着厚厚一沓钱，便钻进屋内准备将钱偷走，可是还没来得及拿钱，便听见院外有脚步声，由于害怕被人发现，想从窗户钻出，结果还是被抓。

想一想：孟某没有将钱偷出，其行为是否已经构成盗窃罪？

三、抢劫罪

抢劫罪是指以非法占有为目的，对财物的所有人或者保管人当场使用暴力、胁迫或者其他方法，强行将公私财物抢走的行为。所谓暴力，是指行为人对被害人的身体实行打击或者强制，较为常见的有殴打、捆绑、禁闭、伤害，直至杀害。所谓胁迫，是指行为人对被害人以立即实施暴力相威胁，实行精神强制，使被害人产生恐惧而不敢反抗，被迫当场交出财物或者任由财物被劫走。所谓其他方法，是指行为人实施暴力、胁迫方法以外的其他使被害人不知反抗或者不能反抗的方法。

犯抢劫罪的，处三年以上十年以下有期徒刑，并处罚金；有下列情形之一的，处十年以上有期徒刑、无期徒刑或者死刑，并处罚金或者没收财产：

(1)入户抢劫的；

(2)在公共交通工具上抢劫的；

(3)抢劫银行或者其他金融机构的；

(4)多次抢劫或者抢劫数额巨大的；

(5)抢劫致人重伤、死亡的；

(6) 冒充军警人员抢劫的；

(7) 持枪抢劫的；

(8) 抢劫军用物资或者抢险、救灾、救济物资的。

📝 阅读延伸

抢劫罪与抢夺罪的区别

抢夺罪是指以非法占有为目的，乘人不备，公开夺取数额较大的公私财物的行为。抢夺罪不同于抢劫罪，二者有很大的区别，主要表现在以下几个方面。

第一，客观行为不相同。抢劫罪表现为当场使用暴力、胁迫或者其他强制方法，强行劫取公私财物，而抢夺罪则表现为乘人不备，公然夺取数额较大的财物，使他人来不及反抗。

第二，客体不完全相同。抢劫罪不但侵犯了他人的财产权利，还侵犯了他人的人身权利，而抢夺罪则一般只侵犯了他人的财产权利。

第三，犯罪后果要求不同。构成抢劫罪对财物的数额没有要求，而构成抢夺罪则要求抢夺的财物数额较大。根据司法解释，抢夺公私财物价值人民币500元至2000元以上的，为"数额较大"。

第四，主观故意的内容不同。抢劫罪是希望或者准备以武力或者类似性质的力量迫使被害人失去财物，是希望在被害人不能反抗或者无法反抗的情况下取得财物，而抢夺罪则是以突然取得财物的故意实施的，是希望通过趁被害人不备而取得财物，而不是希望通过武力或者类似性质的力量迫使被害人失去财物。

第五，量刑的力度不同。由于抢劫罪比抢夺罪的社会危害性更大，因此抢劫罪在量刑上比抢夺罪更重。

案例： 某日下午，柏章燕到南京市江宁区的一名同乡处聚会。参加完聚会走出同乡住处时，天空恰好下起了雨。他在躲雨时，发现一名少女背包从自己身边走过。看到雨中人迹罕见，柏章燕顿生抢劫歹念，当即悄悄尾随少女身后。当少女走到江宁区和溧水区交界处时，柏章燕一把将少女扑倒在雨中。受惊的少女一边摆脱柏章燕的拉扯，一边高呼救命。两个人在雨中激烈地拉扯着，柏章燕伸出左手去捂少女的嘴巴，机智的少女一口咬住他的手指，痛得哇哇大叫的柏章燕只得放手。少女乘机拔腿就跑，柏章燕伸手强行拉断少女背包，狼狈返回住处。回到住处，柏章燕打开抢来的背包，发现里面除了零碎物品，现金只有一枚一角钱的硬币。他自叹"运气太差"，将零碎物品丢弃后，留下一角钱硬币，继续自己的打工生活。

想一想： (1)柏章燕的行为是否构成抢劫罪？(2)如果被害人报案，人民法院应当如何处理？

四、故意伤害罪

故意伤害罪是指故意非法伤害他人身体的行为。故意非法伤害他人身体的行为，既可以表现为积极的作为，也可以表现为消极的不作为。前者如拳打脚踢、刀砍枪击、棒打石砸、火烧水烫等行为，后者如负有保护幼儿责任的保姆，见幼儿拿刀往身上乱戳仍然不管，结果幼儿将自己眼睛刺瞎等行为。

故意伤害是否构成故意伤害罪，应注意区分故意伤害罪与一般打架斗殴行为的界限、轻伤害与轻微伤害的界限。一般打架斗殴行为和对被害人造成轻微伤害的行为，不属于犯罪，不能以故意伤害罪论处，只能依照《治安管理处罚法》予以处罚。

故意伤害他人身体的，处三年以下有期徒刑、拘役或者管制；致人重伤的，处三年以上十年以下有期徒刑；致人死亡或者以特别残忍的手段致人重伤造成严重残疾的，处十年以上有期徒刑、无期徒刑或者死刑。

📝 阅读延伸

1. 轻微伤

轻微伤是指各种外界因素作用于人体，造成局部组织、器官结构的轻微损害或者轻度短暂功能障碍的损伤。一般认为，轻微伤愈合后对人体正常生理功能及容貌体态无影响或者影响轻微。

2. 轻伤

轻伤是指由于物理、化学及生物等各种外界因素作用于人体，造成组织、器官结构的一定程度的损害或者部分功能障碍，尚未构成重伤又不属轻微伤害的损伤。此种损伤在受伤时或者治疗过程中对生命均无危险，劳动能力降低不超过三分之一。

3. 重伤

重伤是指使人肢体残废、容貌毁损、丧失听觉、丧失视觉、丧失其他器官功能或者其他对于人身健康有重大伤害的损伤。

案例： 已满十六周岁未满十八周岁的未成年人曾某、洪某以及张某均系某技工学校的学生。某年11月30日晚，曾某在学校教学楼楼梯的拐角处被一男生撞了一下，未看清对方是何人，但怀疑是本校男生张某所为，遂怀恨在心。12月2日晚11时左右，曾某纠集同学洪某以及同为该校学生的曾某某、陈某来到张某所在的学生宿舍B幢308室，由曾某指认后，四人均上前殴打被害人张某。洪某挥拳猛击张某的鼻梁和左眼下睑各一下，致张某左侧鼻骨向内塌陷、左上颌前梨状孔缘皮质中断，受轻伤。12月3日，洪某向学校保卫科投案。次年3月5日，曾某到公安机关投案。

想一想： 曾某、洪某、曾某某、陈某的行为是否构成故意伤害罪？人民法院应该如何处理？

五、与赌博有关的犯罪

（一）赌博罪

赌博罪是指以盈利为目的，聚众赌博或者以赌博为业的行为。所谓聚众赌博，是指组织、招引多人进行赌博，本人从中抽头渔利的行为。这种人俗称"赌头"。赌头可能参与赌博也可能不参与赌博，可能是一个人也可能是多个人。所谓以赌博为业，是指嗜赌成性，一贯赌博，以赌博所得为其生活和挥霍的主要来源的行为，这种人俗称"赌棍"。赌棍有的无正当职业，专事赌博；有的有业不就，主要从事赌博；有的有正当职业，

但以赌博为第二职业，赌博输赢的数额大大超过其正当收入的数额。

不以盈利为目的，进行带有少量财物输赢的娱乐活动，不以赌博罪论处。

犯赌博罪的，处三年以下有期徒刑、拘役或者管制，并处罚金。

(二)开设赌场罪

开设赌场罪是指开设和经营赌场，提供赌博的场所及用具，供他人在其中进行赌博，本人从中盈利的行为。开设赌场主要有两种方式：一种是以盈利为目的，以行为人为中心，在行为人支配下设立、承包、租赁专门用于赌博的场所；另一种是以盈利为目的，在计算机网络上建立赌博网站，或者为赌博网站担任代理，接受投注。开设赌场盈利也主要有两种方式：一种是开设赌场者不直接参加赌博，以收取场地、用具使用费或者抽头获利；另一种是开设赌场直接参加赌博，或者雇用人员与顾客赌博获利。

提供棋牌室等娱乐场所，只收取正常的场所和服务费用的经营行为，不以开设赌场罪论处。

犯开设赌场罪的，处五年以下有期徒刑、拘役或者管制，并处罚金；情节严重的，处五年以上十年以下有期徒刑，并处罚金。

知识窗

"聚众赌博"的界限认定

以盈利为目的，有下列情形之一的，属于《刑法》规定的"聚众赌博"：

(1)组织3人以上赌博，抽头渔利数额累计达到5000元以上的；

(2)组织3人以上赌博，赌资数额累计达到5万元以上的；

(3)组织3人以上赌博，参赌人数累计达到20人以上的；

(4)组织中华人民共和国公民10人以上赴境外赌博，从中收取回扣、介绍费的。

六、聚众斗殴罪

聚众斗殴罪是指聚集多人攻击身体，或者相互攻击对方身体的行为。所谓聚众，一般是指人数众多，至少不得少于三人。所谓斗殴，主要是指采用暴力相互搏斗。

案例：喻强于某年10月开始到某步行街的"银河列车"电玩城玩赌博机，总共输了一万多元。同年11月23日上午11时，他又到"银河列车"电玩城打翻牌机，打到下午两三点的时候，身上的两千多元现金都输光了。他不服气，找到服务员赊账。服务员看到他"当时很凶"，赊了200元给他。200元很快又输光了，他又找服务员赊账，这一次，服务员以概不赊账为由拒绝了他。喻强觉得服务员不给面子，当晚10时，喻强电话指挥周万红、刘光路、汪朝中等人，到"银河列车"电玩城霸占赌博机寻衅滋事，敲诈电玩城老板。电玩城经理陈连军见状，电话邀约了赵双富、王俊、曾云川等人携带砍刀、棍棒等凶器，一起赶到现场，与周万红一伙持械群殴。混战中，周万红、汪朝中受伤，电玩城经理陈连军和4个"拆场子"的被砍死，最终酿成5死2伤血案。

想一想：喻强等人、电玩城经理陈连军等人的行为是否构成聚众斗殴罪？人民法院应当如何处理？

在现实生活中，聚众斗殴多表现为流氓团伙之间互相殴斗，少则几人、十几人，多则几十人、上百人，他们往往约定时间、地点、拿刀动棒，大打出手，而且往往造成伤亡和社会秩序混乱。斗殴起因或者为争夺势力范围，或者为哥们出气进行报复，或者为争夺女人发生矛盾等，总之是要显示自己一伙人的"威风""煞气"，为压倒对方而置公共秩序于不顾。

是否构成聚众斗殴罪，应注意区分该罪与群众中因民事纠纷而互相斗殴或者结伙械斗的界限，注意区分该罪与聚众扰乱公共场所秩序、交通秩序罪的界限。

聚众斗殴的，对首要分子和其他积极参加的，处三年以下有期徒刑、拘役或者管制；有下列情形之一的，对首要分子和其他积极参加的，处三年以上十年以下有期徒刑：

(1)多次聚众斗殴的；

(2)聚众斗殴人数多、规模大，社会影响恶劣的；

(3)在公共场所或者交通要道聚众斗殴，造成社会秩序严重混乱的；

(4)持械聚众斗殴的。

聚众斗殴，致人重伤、死亡的，依照故意伤害罪、故意杀人罪定罪处罚。

七、组织、领导、参加黑社会性质组织罪

组织、领导、参加黑社会性质组织罪，是指组织、领导、参加以暴力、威胁或者其他手段有组织地进行违法犯罪活动，称霸一方，为非作歹，欺压残害群众，严重破坏经济和社会生活秩序的黑社会性质组织的行为。组织黑社会性质组织，是指倡导、发起、策划、安排、建立黑社会性质组织。领导黑社会性质组织，是指在黑社会性质组织中处于领导地位，对该组织的活动进行策划、决策、指挥、协调。参加黑社会性质组织，是指加入黑社会性质组织，成为其成员，并参加其活动。

组织、领导黑社会性质组织的，处七年以上有期徒刑，并处没收财产；积极参加的，处三年以上七年以下有期徒刑，可以并处罚金或者没收财产；其他参加的，处三年以下有期徒刑、拘役、管制或者剥夺政治权利，可以并处罚金。

阅读延伸

黑社会性质组织

黑社会性质组织，是指三人以上的不特定多数人，以获取非法的经济、政治利益为目的，用犯罪手段，按照企业化或者帮会等方式组成的犯罪组织。

黑社会性质组织应当同时具备以下特征：

(1)形成了比较稳定的犯罪组织，人数较多，有明确的组织者和领导者，骨干成员基本固定；

(2)有组织地通过违法犯罪活动或者其他手段获取经济利益，具有一定的经济实力，并用以支持该组织的活动；

(3)以暴力、威胁或者其他手段，有组织地多次进行违法犯罪活动，为非作歹，欺压残害群众；

(4)通过实施违法犯罪活动，利用国家工作人员的包庇或者纵容，称霸一方，在一定区域或者行业内，形成非法控制或者重大影响，严重破坏经济、社会生活秩序。

案例： 李发林，男，曾被判处有期徒刑三次。刑满释放后，李发林纠集24名社会闲散人员，结成以其为首、以白文龙等人为骨干、以任春光等人为成员的黑社会性质组织，在邯郸市区以及邯山区的饭店、医院、住宅小区等公共场所，以暴力、威胁等手段，进行聚众斗殴、故意伤害、故意毁坏财物、寻衅滋事等违法犯罪活动，以此来壮大名气。该组织先后作案30余起，致伤22人。该组织通过敲诈勒索、强迫交易等非法手段敛取钱财，仅强迫交易工程项目款就多达300多万元。

想一想：李发林及其纠集的 24 名成员分别犯了什么罪？人民法院应当如何处理？

八、信用卡诈骗罪

信用卡诈骗罪是诈骗犯罪的一种，是指以非法占有为目的，违反信用卡管理法规，利用信用卡进行诈骗活动，骗取财物数额较大的行为。

根据《刑法》第一百九十六条的规定，有下列情形之一，进行信用卡诈骗活动，数额较大的，处五年以下有期徒刑或者拘役，并处二万元以上二十万元以下罚金；数额巨大或者有其他严重情节的，处五年以上十年以下有期徒刑，并处五万元以上五十万元以下罚金；数额特别巨大或者有其他特别严重情节的，处十年以上有期徒刑或者无期徒刑，并处五万元以上五十万元以下罚金或者没收财产：

(1)使用伪造的信用卡，或者使用以虚假的身份证明骗领的信用卡的；

(2)使用作废的信用卡的；

(3)冒用他人信用卡的；

(4)恶意透支的。

盗窃信用卡并使用的，依照盗窃罪定罪处罚。

知识窗

1. 有以下情形之一的，应当认定为"以非法占有为目的"：

(1)明知没有还款能力而大量透支，无法归还的；

(2)肆意挥霍透支的资金，无法归还的；

(3)透支后逃匿，改变联系方式，逃避银行催收的；

(4)抽逃、转移资金，隐匿财产，逃避还款的；

(5)使用透支的资金进行违法犯罪活动的；

(6)其他非法占有资金、拒不归还的行为。

2. 恶意透支是指持卡人以非法占有为目的，超过规定限额或者规定期限透支，并且经发卡银行催收后超过三个月仍不归还的行为。

3. 恶意透支，数额在一万元以上不满十万元的，应当认定为"数额较大"；数额在十万元以上不满一百万元的，应当认定为"数额巨大"；数额在一百万元以上的，应当认定为"数额特别巨大"。

案例： 某年 8 月 26 日，王某向中国农业银行申请办理了一张信用卡。从 9 月 29 日开始至 11 月 12 日，王某使用该信用卡消费本金 19954.22 元，至最后还款日期，王某未向银行还款。中国农业银行随后多次通过电话、信函、上门催收等方式联系王某还款，但王某一直未还。

想一想： 王某的行为是否构成信用卡诈骗罪？人民法院应当如何处理？

九、敲诈勒索罪

敲诈勒索罪是指以非法占有为目的，对被害人使用威胁、要挟等方法，非法占用数额较大的公私财物的行为。所谓威胁，是指行为人以恶害通告被害人，迫使被害人处分财物的行为。所谓要挟，是指行为人抓住被害人的某些把柄或者制造某种借口，迫使被害人交付财物的行为。

敲诈勒索公私财物，数额较大或者多次敲诈勒索的，处三年以下有期徒刑、拘役或者管制，并处或者单处罚金；数额巨大或者有其他严重情节的，处三年以上十年以下有期徒刑，并处罚金；数额特别巨大或者有其他特别严重情节的，处十年以上有期徒刑，并处罚金。

📺 知识窗

1. 敲诈勒索公私财物价值二千元至五千元以上、三万元至十万元以上、三十万元至五十万元以上的，应当分别认定为"数额较大""数额巨大""数额特别巨大"。

2. 敲诈勒索公私财物，具有下列情形之一的，"数额较大"的标准可以按照以上标准的百分之五十确定：

(1)曾因敲诈勒索受过刑事处罚的；

(2)一年内曾因敲诈勒索受过行政处罚的；

(3)对未成年人、残疾人、老年人或者丧失劳动能力人敲诈勒索的；

(4)以将要实施放火、爆炸等危害公共安全犯罪或者故意杀人、绑架等严重侵犯公民人身权利犯罪相威胁敲诈勒索的；

(5)以黑恶势力名义敲诈勒索的；

(6)利用或者冒充国家机关工作人员、军人、新闻工作者等特殊身份敲诈勒索的；

(7)造成其他严重后果的。

3. 二年内敲诈勒索三次以上的，应当认定为"多次敲诈勒索"。

案例：某年3月，何某将从网络下载的女教师头像照片与淫秽照片通过电脑进行修改拼接，打印后装到信封里分别邮寄给44名女教师，以将淫秽照片公开为要挟，要求44名女教师分别汇款2000元或者3000元到指定银行账户上。至案发，44名女教师均未向何某汇款。

想一想：何某的行为是否构成敲诈勒索罪？人民法院应当如何处理？

十、故意毁坏财物罪

故意毁坏财物罪是指故意毁灭或者损坏公私财物，数额较大或者有其他严重情节、特别严重情节的行为。所谓毁灭，是指用焚烧、摔砸等方法使物品全部丧失其价值或者使用价值。所谓损坏，是指使物品部分丧失其价值或者使用价值。所谓严重情节，是指毁坏重要物品损失严重的，毁坏手段特别恶劣的，毁坏急需物品引起严重后果的，动机卑鄙企图嫁祸于人的等。所谓特别严重情节，是指毁坏个人财物，导致他人精神失常的；破坏生产、经营设备设施，造成停产或者经营停止，引起重大损失的；破坏手段极其恶劣的等。

故意毁坏公私财物，数额较大或者有其他严重情节的，处三年以下有期徒刑、拘役或者罚金；数额巨大或者有其他特别严重情节的，处三年以上七年以下有期徒刑。

十一、强奸罪

强奸罪是指以暴力、胁迫或者其他手段，违背妇女意志，强行与其发生性交的行为。所谓暴力手段，是指直接对被害妇女采取殴打、捆绑、堵嘴、卡脖子、按倒等危害人身安全或者人身自由，使妇女不能抗拒的手段。所谓胁迫手段，是指对被害妇女进行威胁、恫吓，达到精神上强制的手段。如扬言行凶报复、揭发隐私、加害亲属，利用迷信进行恐吓、欺骗，利用教养关系、从属关系、职权进行挟制、迫害等，迫使妇女忍辱屈从，不敢抗拒。所谓其他手段，是指采用暴力、胁迫以外的使被害妇女无法抗拒的手段。如用酒灌醉或者用药物麻醉的方法强奸妇女；利用妇女熟睡之机进行强奸；冒充妇女的丈夫或者情夫进行强奸；利用妇女患重病之机进行强奸；假冒治病强奸妇女；组织利用会道门、邪教组织或者利用迷信奸淫妇女等。

犯强奸罪的，处三年以上十年以下有期徒刑。奸淫不满十四周岁的幼女的，以强奸论，从重处罚。强奸妇女、奸淫幼女，有下列情形之一的，处十年以上有期徒刑、无期徒刑或者死刑：

(1) 强奸妇女、奸淫幼女情节恶劣的；

(2) 强奸妇女、奸淫幼女多人的；

(3) 在公共场所当众强奸妇女、奸淫幼女的；

(4) 二人以上轮奸的；

(5) 奸淫不满十周岁的幼女或者造成幼女伤害的；

(6) 致使被害人重伤、死亡或者造成其他严重后果的。

> **知识窗**
>
> 对明知妇女是不能正确表达自己意志的精神病人或者有严重痴呆的人，而与之发生性交行为的，不管犯罪分子采取什么手段，被害妇女是否表示"同意"或者"反抗"，都应视为违背妇女意志，构成强奸罪。对患有间歇性精神病的妇女，在精神病没有发作期间，同意与之发生性交行为的，不构成强奸罪。对确实不知道妇女是青春型精神病患者，在妇女的勾引下与之发生性交行为的，一般不宜以强奸罪论处。对确实不知道妇女患有较轻微的痴呆症，在女方自愿或者在女方主动要求下与之发生性交行为的，不宜以犯罪论处。

> **案例：** 一天傍晚，小池(男)在逛街时遇到被害人陈某某(女)及其同学后，相约到小黄(男)家中喝酒。酒后，陈某某在小黄家二楼的卧室休息时，小池、大池(男)、小黄用绳子对被害人实施捆绑。因被害人挣扎，没有捆绑成功。此后，三个被告人趁陈某某酒醉，先后对其进行奸淫。本案的特殊情况是：(1)小池、大池、小黄以及被害人陈某某均是未成年人，年龄都在十四周岁至十八周岁之间；(2)大池虽参与了奸淫，但与陈某某的性交行为未成功。
>
> **想一想：** 大池的行为是否构成强奸罪？人民法院应当如何处理？

十二、非法持有毒品罪

非法持有毒品罪是指明知是鸦片、海洛因、甲基苯丙胺(冰毒)或者其他毒品，而非法持有且数量较大的行为。

我国《刑法》规定，非法持有鸦片一千克以上、海洛因或者甲基苯丙胺五十克以上或者其他毒品数量大的，处七年以上有期徒刑或者无期徒刑，并处罚金；非法持有鸦片二百克以上不满一千克、海洛因或者甲基苯丙胺十克以上不满五十克或者其他毒品数量较大的，处三年以下有期徒刑、拘役或者管制，并处罚金；情节严重的，处三年以上七年以下有期徒刑，并处罚金。

> **案例：** 韩某，一时失足，染上了毒瘾。想摆脱，自己又没能力，一直依赖着毒品度日，天天过着人鬼难分的生活，毒品是他身上每天必带的东西。某日，公安民警从外出的韩某身上搜出了16.6克海洛因。归案后，韩某认罪态度良好。

想一想：韩某的行为是否构成非法持有毒品罪？请详细说明理由。

十三、传播淫秽物品罪

传播淫秽物品罪是指以传播淫秽的书刊、影片、音像、图片或者其他淫秽物品为表现形式，扰乱国家对淫秽物品的管理秩序，危害广大人民特别是青少年的身心健康的行为。所谓淫秽物品，是指具体描绘性行为或者露骨地宣扬色情的淫秽性的书刊、影片、录像带、录音带、图片以及其他物品。传播方式既可以是直接传播赤裸裸的淫秽物品，也可以改头换面，在艺术品中故意加入淫秽情节，或者在小说中故意加入淫秽描写等。有关人体生理、医学知识的科学著作、电子信息和声讯台语音信息不是淫秽物品，包含色情内容的有艺术价值的文学、艺术作品也不应该视为淫秽物品。

传播淫秽的书刊、影片、音像、图片或者其他淫秽物品，情节严重的，处二年以下有期徒刑、拘役或者管制。向不满十八周岁的未成年人传播淫秽物品的，从重处罚。

📖 知识窗

以牟利为目的，利用互联网、移动通信终端制作、复制、出版、贩卖、传播淫秽电子信息，具有下列情形之一的，依照《刑法》规定，以制作、复制、出版、贩卖、传播淫秽物品牟利罪定罪处罚：

(一)制作、复制、出版、贩卖、传播淫秽电影、表演、动画等视频文件20个以上的；

(二)制作、复制、出版、贩卖、传播淫秽音频文件100个以上的；

(三)制作、复制、出版、贩卖、传播淫秽电子刊物、图片、文章、短信息等200件以上的；

(四)制作、复制、出版、贩卖、传播的淫秽电子信息，实际被点击数达到1万次以上的；

(五)以会员制方式出版、贩卖、传播淫秽电子信息，注册会员达200人以上的；

(六)利用淫秽电子信息收取广告费、会员注册费或者其他费用，违法所得1万元以上的；

(七)数量或者数额虽未达到第(一)项至第(六)项规定的标准，但分别达到其中两项以上标准一半以上的；

(八)造成严重后果的。

不以牟利为目的，利用互联网或者移动通信终端传播淫秽电子信息，具有下列情形之一的，依照《刑法》的规定，以传播淫秽物品罪定罪处罚：

1. 数量达到上述第(一)项至第(五)项规定的标准两倍以上的；

2. 数量分别达到上述第(一)项至第(五)项两项以上标准的；

3. 造成严重后果的。

案例：某年11月，冷继超申请注册成为"幼香阁"淫秽论坛网站会员，网名为"chao107"，因其在该网站点击频率高，于次年2月升级为该网站的版主，负责管理该网站的"幼男电影下载区""幼男图片上传区"两个淫秽版块。至案发时，冷继超在其管理的版块中共发布和编辑淫秽色情图片1233张，两个版块的页面访问量达24601次。8月11日，冷继超被公安机关抓获。

想一想：冷继超的行为是否构成传播淫秽物品罪？人民法院应当如何处理？

十四、侮辱罪

侮辱罪是指使用暴力或者以其他方法，公然贬损他人人格，破坏他人名誉，情节严重的行为。

关于侮辱罪的界限认定，应注意以下几个方面。

第一，侮辱他人的行为，可能使用暴力，也可能采用言语文字。使用暴力进行侮辱，仅指作为侮辱的手段而言，如以粪便泼人、以墨涂人、强剪头发、强迫他人做有辱人格的动作等，而不是指殴打、伤害身体健康的暴力。如果行为人有伤害他人身体健康的故意和行为，则应以故意伤害罪论处。采用言语进行侮辱，是指用恶毒刻薄的语言对被害人进行嘲笑、辱骂，使其当众出丑，难以忍受，如口头散布被害人的生活隐私、生理缺陷

等。采用文字进行侮辱，是指以大字报、小字报、图画、漫画、信件、书刊或者其他公开的文字等方式泄漏他人隐私，诋毁他人人格，破坏他人名誉。

第二，侮辱行为必须公然进行。所谓公然，是指当着第三者甚至众人的面，或者利用可以使不特定人或者多数人听到、看到的方式，对他人进行侮辱。公然并不一定要求被害人在场。如果仅仅面对被害人进行侮辱，没有第三者在场，也不可能被第三者知悉，则不构成侮辱罪。因为只有第三者在场，才能使被害人的外部名誉受到破坏。

第三，侮辱对象必须是特定的人。特定的人既可以是一人，也可以是数人，但必须是具体的，可以确认的。在大庭广众之中进行无特定对象的谩骂，不构成侮辱罪。死者不能成为本罪的侮辱对象，但如果行为人表面上是侮辱死者，实际上是侮辱死者家属的，则应认定为侮辱罪。

第四，公然侮辱他人的行为必须达到情节严重的程度。也就是说，虽然有公然侮辱他人的行为，但不属于情节严重的，则只属于一般的民事侵权行为。所谓情节严重，主要是指手段恶劣、后果严重等情形。如强令被害人当众爬过自己的胯下；当众撕光被害人的衣服；给被害人抹黑脸、挂破鞋、戴绿帽，强拉其游街示众；当众胁迫被害人吞食或者向其身上泼洒粪便等污秽之物；当众胁迫被害人与尸体进行接吻、手淫等猥亵行为；因公然侮辱他人致其精神失常或者自杀身亡；多次侮辱他人，使其人格、名誉受到极大损害；对执行公务的人员、妇女甚至外宾进行侮辱，造成恶劣的影响等。

第五，要划清合法行为与侮辱行为的界限。即要划清正当的舆论监督与文字侮辱的界限；划清正当的文字创作与贬损人格、破坏名誉的界限；划清当事人所在单位依职权对个人的政绩、品德等所做的考核、评价、审查行为与侮辱行为的界限；划清通过正当、合法的渠道向有关部门反映、举报、揭发不道德行为、违法行为直至犯罪行为与侮辱行为的界限；划清出于善意的批评（包括对国家工作人员和各级领导的批评行为）与恶意的侮辱行为的界限等。

我国《刑法》规定，以暴力或者其他方法公然侮辱他人，情节严重的，处三年以下有期徒刑、拘役、管制或者剥夺政治权利。

十五、诽谤罪

诽谤罪是指故意捏造并散布虚构的事实，足以贬损他人人格，破坏他人名誉，情节严重的行为。关于诽谤罪的界限认定，应注意以下几个方面：

第一，须有捏造某种事实的行为，即诽谤他人的内容完全是虚构的。如果散布的不是凭空捏造的，而是客观存在的事实，即使有损于他人的人格、名誉，也不构成诽谤罪。

第二，须有散布捏造事实的行为。所谓散布，就是在社会公开地扩散。散布的方式基本上有两种：一种是言语散布；另一种是文字，即用大字报、小字报、图画、报刊、图书、书信等方法散布。

第三，诽谤行为必须是针对特定的人进行的，但不一定要指名道姓，只要从诽谤的内容上知道被害人是谁，就可以构成诽谤罪。如果行为人散布的事实没有特定的对象，不可能贬损某人的人格、名誉，就不能以诽谤罪论处。

第四，捏造事实诽谤他人的行为必须属于情节严重的，才能构成本罪。虽有捏造事实诽谤他人的行为，但没有达到情节严重的程度，则不能以本罪论处。所谓情节严重，这里主要是指多次捏造事实诽谤他人，捏造事实造成他人人格、名誉严重损害，捏造事实诽谤他人造成恶劣影响，诽谤他人致其精神失常或者导致被害人自杀等。

我国《刑法》规定，捏造事实诽谤他人，情节严重的，处三年以下有期徒刑、拘役、管制或者剥夺政治权利。

案例：某年8月，杨某到一私企总经理黄某的办公室，向黄某提出借款50万元的要求。黄某因与杨某素不相识，不同意借款给杨某，还向派出所报了警。派出所派人将杨某驱赶出了该企业。杨某为此怀恨在心，并伺机报复。此后，杨某将道听途说的内容，以该企业女员工曹乙男朋友的名义，编写成大字报称：黄某与该企业三名女性时某、曹甲、曹乙（曹甲、曹乙系姐妹俩）有不正当两性关系，其中与时某有一私生子；黄某在汽车里同女人乱搞，被某镇联防队抓住罚款；请有关领导挽救一下黄某，不要让他再破坏自己与曹乙的恋爱关系等。11月18日凌晨，杨某把写有上述内容的4张大字报分别贴在黄某公司的大门外、该公司员工公寓大门外、该镇政府大门外以及该镇菜市场大门外。黄某在早上发现大字报后，即派人揭下，在了解到大字报系杨某所为后，遂向法院提起自诉，要求追究杨某诽谤罪的刑事责任。

想一想：杨某的行为是否构成诽谤罪？人民法院应当如何处理？

十六、寻衅滋事罪

寻衅滋事罪是指肆意挑衅，随意殴打、骚扰他人，或者任意损毁、占用公私财物，或者在公共场所起哄闹事，严重破坏社会秩序的行为。

《刑法》第二百九十三条规定："有下列寻衅滋事行为之一，破坏社会秩序的，处五年以下有期徒刑、拘役或者管制：

(1)随意殴打他人，情节恶劣的；

(2)追逐、拦截、辱骂、恐吓他人，情节恶劣的；

(3)强拿硬要或者任意损毁、占用公私财物，情节严重的；

(4)在公共场所起哄闹事，造成公共场所秩序严重混乱的。

纠集他人多次实施前款行为，严重破坏社会秩序的，处五年以上十年以下有期徒刑，可以并处罚金。"

关于寻衅滋事罪的客观行为方式，具体可以理解为：

(1)随意殴打他人，情节恶劣的。随意殴打他人，是指出于耍威风、取乐等不健康动机，无故、无理殴打相识或者素不相识的人。情节恶劣的，这里主要是指随意殴打他人手段残忍的，多次随意殴打他人的，造成被殴打人自杀等严重后果的等。

(2)追逐、拦截、辱骂、恐吓他人，情节恶劣的。追逐、拦截、辱骂、恐吓他人，是指出于取乐、寻求精神刺激等不健康动机，无故无理追赶、拦挡、侮辱、谩骂、恐吓他人，多表现为追逐、拦截、辱骂、恐吓妇女。情节恶劣的，这里主要是指经常性追逐、拦截、辱骂、恐吓他人的，使用凶器追逐、拦截他人的，造成他人轻微伤、轻伤结果或者导致他人自杀的，追逐、拦截残疾人、儿童等弱势群体的，造成恶劣影响或者激起民愤的等。

(3)强拿硬要或者任意损毁、占用公私财物，情节严重的。强拿硬要或者任意损毁、占用公私财物，是指以蛮不讲理的流氓手段，强行索要市场、商店的商品以及他人的财物，或者随心所欲地损坏、毁灭、占用公私财物。情节严重的，这里主要是指强拿硬要或者任意损毁、占用的公私财物数量大的，造成恶劣影响的，多次强拿硬要或者任意损毁、占用公私财物的，造成公私财物受到严重损失的等。

(4)在公共场所起哄闹事，造成公共场所秩序严重混乱的。在公共场所起哄闹事，是指出于取乐、寻求精神刺激等不健康动机，在公共场所无事生非、制造事端，扰乱公共场所秩序。造成公共场所秩序严重混乱的，这里是指公共场所正常的秩序受到破坏，引起群众惊慌、逃离等严重混乱局面的。

> **案例：** 某日 12 时左右，被告人杨卫因赌资与赵某发生纠纷，遂打电话纠集多人到场解决矛盾。杨卫找赵某未果，却看到赵某的朋友李某在旁，遂上前殴打李某，致被害人李某左腰部、臀部等处被打伤。经法医鉴定，李某之伤已构成轻伤。案发后，被告人杨卫主动到公安机关投案自首，并赔偿被害人经济损失 9000 元。
>
> **想一想：** 杨卫的行为是否构成寻衅滋事罪？人民法院应当如何处理？

十七、绑架罪

绑架罪是指以勒索财物或者满足其他不法要求为目的，使用暴力、胁迫或者其他方法，绑架他人或者绑架他人作为人质的行为。所谓暴力，是指行为人直接对被害人进行捆绑、堵嘴、蒙眼、装麻袋等人身强制或者对被害人进行伤害、殴打等人身攻击手段。所谓胁迫，是指对被害人实行精神强制或者对被害人及其家属以实施暴力相威胁。所谓其他方法，是指除暴力、胁迫以外的方法，如利用药物、醉酒等方法使被害人处于昏迷状态等。这三种犯罪手段都是使被害人处于不能反抗或者不敢反抗的境地，将被害人非法绑架离开其住所或者所在地，并置于行为人的直接控制之下，使其失去行动自由的行为。法律只要求行为人具有其中一种手段就构成本罪。

犯绑架罪的，处十年以上有期徒刑或者无期徒刑，并处罚金或者没收财产；情节较轻的，处五年以上十年以下有期徒刑，并处罚金。杀害被绑架人的，或者故意伤害被绑架人，致人重伤、死亡的，处无期徒刑或者死刑，并处没收财产。以勒索财物为目的偷盗婴幼儿的，依照绑架罪的规定处罚。

十八、虐待罪

虐待罪是指经常以打骂、禁闭、捆绑、冻饿、有病不给治疗、强迫过度体力劳动等方式，对共同生活的家庭成员进行肉体上和精神上的摧残、折磨、迫害，情节恶劣的行为。关于虐待罪的界限认定，应注意以下几个方面：

第一，虐待罪侵犯的对象只能是共同生活的家庭成员，非共同生活的家庭成员不能成为该罪的侵犯对象，这是此种犯罪行为本身的性质所决定的。

第二，要有对被害人肉体和精神进行摧残、折磨、迫害的行为。这种行为，就方式而言，既包括积极的作为，如殴打、捆绑、禁闭、讽刺、谩骂、侮辱、限制自由、强迫超负荷劳动等，又包括消极的不作为，如有病不给治疗、不给吃饱饭、不给穿暖衣等；就内容而言，既包括肉体的摧残，如冻饿、禁闭、有病不给治疗等，又包括精神上的迫害，如讽刺、谩骂、侮辱人格、限制自由等。

第三，虐待行为必须具有经常性、一贯性。这是构成本罪虐待行为的一个必要特征。偶尔的打骂、冻饿、赶出家门，不能认定为虐待行为。

第四，虐待行为必须是情节恶劣的行为。所谓情节恶劣的行为，是指虐待动机卑鄙、手段残酷、持续时间较长、屡教不改的行为，被害人是年幼、年老、病残者、孕妇、产妇的行为等。对于一般家庭纠纷的打骂或者曾有虐待行为，但情节轻微，后果不严重的，不构成虐待罪。有的父母教育子女方法简单、粗暴，有时甚至打骂、体罚，这种行为是错误的，应当批评教育，但只要不是有意对被害人在肉体上和精神上进行摧残和折磨，就不应以虐待罪论处。

虐待家庭成员，情节恶劣的，处二年以下有期徒刑、拘役或者管制。致使被害人重伤、死亡的，处二年以上七年以下有期徒刑。

案例： 某年，被告人钟某某与贾一某相识并同居生活，次年生了女儿贾二某。后来钟某某与贾一某产生矛盾，贾一某离开了钟某某。为迫使贾一某回来与其共同生活，钟某某经常对他们六岁的女儿贾二某殴打折磨，摧残虐待，致使贾二某肢体多处受伤，身患重病。数月后，贾二某因间质性肺炎死亡。

想一想： 钟某某的行为是否构成虐待罪？人民法院应当如何处理？

第五节　刑事诉讼

为了保证准确、及时地查明犯罪事实，正确应用法律，惩罚犯罪分子，保障无罪的人不受刑事追究，教育公民自觉遵守法律，积极同犯罪行为做斗争，维护社会主义法制，尊重和保障人权，保护公民的人身权利、财产权利、民主权利和其他权利，保障社会主义建设事业的顺利进行，《中华人民共和国刑事诉讼法》（以下简称《刑事诉讼法》）于 1979 年 7 月 1 日第五届全国人民代表大会第二次会议通过，自 1980 年 1 月 1 日起施行。后来，随着形势的发展和需要，1996 年 3 月 17 日第八届全国人民代表大会第四次会议对其进行了第一次修正，2012 年 3 月 14 日第十一届全国人民代表大会第五次会议对其进行了第二次修正，2018 年 10 月 26 日第十三届全国人民代表大会常务委员会第六次会议对其进行了第三次修正。

想一想

在我们的生活中，你所知道的犯罪分子是怎样受到应有的惩罚的？

一、刑事诉讼概述

（一）刑事诉讼的概念

刑事诉讼是指人民法院、人民检察院和公安机关（包括国家安全机关），在当事人及其他诉讼参与人的参加下，依照法律规定的程序，解决被追诉者刑事责任问题的活动。

(二)刑事诉讼的国家机关和当事人

1. 公检法职能

公安机关是国家的治安机关，负责维护社会治安和社会秩序。在刑事诉讼中，公安机关负责刑事案件的侦查、拘留、执行逮捕和预审。比如，讯问犯罪嫌疑人、证人和被害人；勘验作案现场；检查、搜查犯罪嫌疑人；搜查可能隐藏罪犯、罪证的处所；扣留物证、书证，进行鉴定；对应当逮捕的在逃犯罪嫌疑人，发布通缉令，采取有效措施，追捕归案等。国家安全机关依照法律规定，办理危害国家安全的刑事案件，行使与公安机关相同的职权。

人民检察院是国家的法律监督机关，代表国家行使检察权。在刑事诉讼的侦查阶段，检察院有权决定是否逮捕犯罪嫌疑人和是否对犯罪嫌疑人提起公诉；有权监督公安机关的侦查、监管活动是否合法。在审判阶段，检察机关派人出庭支持公诉，并且监督法院的审判活动是否合法。检察机关对于国家工作人员的职务犯罪行使侦查权，对人民法院的民事和行政判决、裁定行使检察权。

人民法院是国家的审判机关，代表国家行使审判权。在刑事案件的审判阶段，人民法院负责对案件进行审判，有权决定被告人的行为是否适用刑罚以及适用哪一种刑罚。

《刑事诉讼法》规定，人民法院、人民检察院和公安机关进行刑事诉讼，应当分工负责，互相配合，互相制约，以保证准确有效地执行法律。除法律特别规定的以外，其他任何机关、团体和个人都无权行使以上权力。

2. 当事人的诉讼权利和义务

刑事诉讼当事人，是指同案件有直接利害关系而参加刑事诉讼的人员，包括被害人、自诉人、犯罪嫌疑人、被告人、附带民事诉讼的原告人和被告人。

(1) 当事人共同的诉讼权利。

当事人依法在诉讼中享有的共同的诉讼权利主要有：①以本民族语言文字进行诉讼；②申请回避；③对于驳回申请回避的决定，有权申请复议一次；④对侦查、检察、审判人员侵犯其诉讼权利或者人身侮辱的行为，有权提出控告；⑤有权参加法庭调查、质证和辩论，发表意见；⑥申请通知新的证人到庭，调取新的物证，申请重新鉴定或者勘验；⑦对生效裁判提出申诉。

(2) 当事人共同的诉讼义务。

当事人依法在诉讼中承担的共同的诉讼义务主要有：①依法行使诉讼权利；②遵守诉讼秩序；③如实陈述；④如实举证；⑤依法履行生效的判决书、裁定书和附带民事诉讼调解书。

📖 **知识窗**

附带民事诉讼当事人共同的诉讼权利和义务

附带民事诉讼当事人包括附带民事诉讼原告人和附带民事诉讼被告人。

1. 附带民事诉讼当事人共同的诉讼权利主要有：(1)申请回避；(2)参加附带民事诉讼部分的事实调查和辩论；(3)委托诉讼代理人；(4)对附带民事诉讼部分的裁判提出上诉。

附带民事诉讼原告人或者人民检察院可以申请人民法院采取保全措施。人民法院采取保全措施，适用民事诉讼法的有关规定。

2. 附带民事诉讼当事人共同的诉讼义务主要有：(1)如实陈述案情；(2)接受调查和审判；(3)执行附带民事诉讼的裁判。

(三)刑事诉讼的受案范围

刑事诉讼的受案范围，是指人民法院主管刑事案件的权限范围，包括公诉案件和自诉案件。公诉案件，是指人民检察院提起公诉的各类刑事案件；自诉案件，是指由被害人本人或者其近亲属向人民法院起诉的案件。

📺 **知识窗**

自诉案件受案范围

1. 告诉才处理的案件：(1)侮辱、诽谤案(但是严重危害社会秩序和国家利益的除外)；(2)暴力干涉婚姻自由案；(3)虐待案；(4)侵占案。

2. 被害人有证据证明的轻微刑事案件：(1)故意伤害案(轻伤)；(2)非法侵入住宅案；(3)侵犯通信自由案；(4)重婚案；(5)遗弃案；(6)生产、销售伪劣商品案；(7)侵犯知识产权案；(8)属于刑法分则第四章、第五章规定的，对被告人可能判处三年有期徒刑以下刑罚的案件。以上八类案件，被害人直接向人民法院起诉的，人民法院应当依法受理。对于其中证据不足、可由公安机关受理的，或者认为被告人可能判处三年有期徒刑以上刑罚的，应当移送公安机关立案侦查。被害人向公安机关控告的，公安机关应当受理。

3. 被害人有证据证明对被告人侵犯自己人身、财产权利的行为应当依法追究刑事责任，而公安机关或者人民检察院已经做出不予追究的书面决定的案件。即公安机关、人民检察院已经做出不立案、撤销案件、不起诉等书面决定的案件。

案例：李某，男，38岁，农民。由于李某一贯游手好闲、好吃懒做，并有小偷小摸行为，因此曾多次受到村主任徐某的批评教育。于是，李某对村主任徐某怀恨在心。某日夜间，李某写了一张诽谤徐某有男女关系问题的大字报，贴在村委会的院墙上。为了搞臭徐某，李某勾结本村对村主任有成见的张某和王某，于十天后的一个夜间，又写了三张与上次同样内容的大字报贴在村委会院墙上。村主任徐某在忍无可忍的情况下，向某县人民法院提起了刑事自诉。

想一想：某县人民法院应该受理此案吗？

(四)刑事强制措施

刑事强制措施，是指公安机关、人民检察院和人民法院为保证刑事诉讼的顺利进行，依法对刑事案件的犯罪嫌疑人、被告人的人身自由进行限制或者剥夺的各种强制性方法。我国的刑事强制措施包括拘传、取保候审、监视居住、拘留、逮捕五种。

1. 拘传

拘传是指人民法院、人民检察院和公安机关对未被羁押的犯罪嫌疑人、被告人，依法强制其到案接受讯问的一种强制措施。

拘传通常是对经合法传唤拒不到案的犯罪嫌疑人、被告人采用。如果犯罪嫌疑人抗拒拘传，可以使用械具，迫使其到案。

人民法院、人民检察院和公安机关对犯罪嫌疑人、被告人拘传的时间最长不得超过十二个小时；案情特别重大、复杂，需要采取拘留、逮捕措施的，拘传持续的时间不得超过二十四个小时。

2. 取保候审

取保候审是指人民法院、人民检察院和公安机关对未被逮捕或者逮捕后需要变更强制措施的犯罪嫌疑人、被告人，为防止其逃避侦查、起诉和审判，责令其提出保证人或者交纳保证金，并出具保证书，保证随传随到，对其不予羁押或者暂时解除羁押的一种强制措施。

《刑事诉讼法》第六十七条规定："人民法院、人民检察院和公安机关对有下列情形之一的犯罪嫌疑人、被告人，可以取保候审：（一）可能判处管制、拘役或者独立适用附加刑的；（二）可能判处有期徒刑以上刑罚，采取取保候审不致发生社会危险性的；（三）患有严重疾病、生活不能自理，怀孕或者正在哺乳自己婴儿的妇女，采取取保候审不致发生社会危险性的；（四）羁押期限届满，案件尚未办结，需要采取取保候审的。取保候审由公安机关执行。"

《公安机关办理刑事案件程序规定》规定："对累犯，犯罪集团的主犯，以自伤、自残办法逃避侦查的犯罪嫌疑人，严重暴力犯罪以及其他严重犯罪的犯罪嫌疑人不得取保候审。"但犯罪嫌疑人具有《刑事诉讼法》第六十七条第一款第三项、第四项规定情形的除外。《人民检察院刑事诉讼规则》规定："人民检察院对于严重危害社会治安的犯罪嫌疑人，以及其他犯罪性质恶劣、情节严重的犯罪嫌疑人不得取保候审。"

人民法院、人民检察院和公安机关对犯罪嫌疑人、被告人取保候审最长不得超过十二个月。

3. 监视居住

监视居住是指人民法院、人民检察院和公安机关责令犯罪嫌疑人、被告人不得擅自离开住处或者指定的居所，并对其活动予以监视和控制的一种强制措施。

《刑事诉讼法》第七十四条规定："人民法院、人民检察院和公安机关对符合逮捕条件，有下列情形之一的犯罪嫌疑人、被告人，可以监视居住：（一）患有严重疾病、生活不能自理的；（二）怀孕或者正在哺乳自己婴儿的妇女；（三）系生活不能自理的人的唯一扶养人；（四）因为案件的特殊情况或者办理案件的需要，采取监视居住措施更为适宜的；（五）羁押期限届满，案件尚未办结，需要采取监视居住措施的。对符合取保候审条件，但犯罪嫌疑人、被告人不能提出保证人，也不交纳保证金的，可以监视居住。监视居住由公安机关执行。"

人民法院、人民检察院和公安机关对犯罪嫌疑人、被告人监视居住最长不得超过六个月。

4. 拘留

拘留是指公安机关、人民检察院在案件侦查过程中，依法临时剥夺某些现行犯或者重大嫌疑分子人身自由的一种强制措施。

《刑事诉讼法》第八十二条规定："公安机关对于现行犯或者重大嫌疑分子，如果有下列情形之一的，可以先行拘留：（一）正在预备犯罪、实行犯罪或者在犯罪后即时被发觉的；（二）被害人或者在场亲眼看见的人指认他犯罪的；（三）在身边或者住处发现有犯罪证据的；（四）犯罪后企图自杀、逃跑或者在逃的；（五）有毁灭、伪造证据或者串供可能的；（六）不讲真实姓名、住址，身份不明的；（七）有流窜作案、多次作案、结伙作案重大嫌疑的。"

公安机关对被拘留的人，认为需要逮捕的，应当在拘留后的三日以内，提请人民检察院审查批准。在特殊情况下，提请审查批准的时间可以延长一日至四日。对于流窜作案、多次作案、结伙作案的重大嫌疑分子，提请审查批准的时间可以延长至三十日。人民检察院应当自接到公安机关提请批准逮捕书后的七日以内，做出批准逮捕或者不批准逮捕的决定。人民检察院不批准逮捕的，公安机关应当在接到通知后立即释放，并且将执行情况及时通知人民检察院。对于需要继续侦查，并且符合取保候审、监视居住条件的，依法取保候审或者监视居住。

5. 逮捕

逮捕是指人民法院、人民检察院和公安机关，为了防止犯罪嫌疑人、被告人实施妨碍刑事诉讼的行为，逃避侦查、起诉、审判或者发生社会危险性，而依法在一定时间内完全剥夺其人身自由，予以羁押的一种强制措施。

《刑事诉讼法》第八十一条规定："对有证据证明有犯罪事实，可能判处徒刑以上刑罚的犯罪嫌疑人、被告人，采取取保候审尚不足以防止发生下列社会危险性的，应当予以逮捕：（一）可能实施新的犯罪的；（二）有危害国家安全、公共安全或者社会秩序的现实危险的；（三）可能毁灭、伪造证据，干扰证人作证或者串供的；（四）可能对被害人、举报人、控告人实施打击报复的；（五）企图自杀或者逃跑的。""对有证据证明有犯罪事实，可能判处十年有期徒刑以上刑罚的，或者有证据证明有犯罪事实，可能判处徒刑以上刑罚，曾经故意犯罪或者身份不明的，应当予以逮捕。被取保候审、监视居住的犯罪嫌疑人、被告人违反取保候审、监视居住规定，情节严重的，可以予以逮捕。"

逮捕犯罪嫌疑人、被告人后，提请批准逮捕的公安机关、批准或者决定逮捕的人民检察院或者人民法院，应当在二十四小时之内进行讯问。对于发现不应当逮捕的，应当立即释放。立即释放的，应当发给释放证明。

二、立案、侦察和提起公诉

（一）立案

立案是指人民检察院、公安机关发现犯罪事实或者犯罪嫌疑人，或者人民法院、人民检察院、公安机关对于报案、控告、举报和自首的材料以及自诉人起诉的材料，按照各自的管辖范围进行审查后，决定作为刑事案件进行侦查或者审判的一种诉讼活动。

《刑事诉讼法》第一百一十二条规定："人民法院、人民检察院或者公安机关对于报案、控告、举报和自首的材料，应当按照管辖范围，迅速进行审查，认为有犯罪事实需要追究刑事责任的时候，应当立案；认为没有犯罪事实，或者犯罪事实显著轻微，不需要追究刑事责任的时候，不予立案，并且将不立案的原因通知控告人。控告人如果不服，可以申请复议。"

1. 立案的条件

立案必须同时具备两个条件：一是有犯罪事实，称为事实条件；二是需要追究刑事责任，称为法律条件。

有犯罪事实，是指客观上存在着某种危害社会的犯罪行为。这是立案的首要条件。如果没有犯罪事实存在，也就谈不到立案的问题了。

需要追究刑事责任，是指依法应当追究犯罪行为人的刑事责任。这是立案必须具备的另一个条件。只有存在依法需要追究行为人刑事责任的犯罪事实，才具有立案的价值。

只有当有犯罪事实发生，并且依法需要追究行为人刑事责任时，才有必要而且应当立案。

2. 不予立案的几种情形

(1)情节显著轻微、危害不大，不认为是犯罪的。

(2)犯罪已过追诉时效期限的。

(3)经特赦令免除刑罚的。

(4)依照刑法告诉才处理的犯罪，没有告诉或者撤回告诉的。

(5)犯罪嫌疑人、被告人死亡的。

(6)其他法律规定免予追究刑事责任的。

(二)侦查

侦查是指公安机关和人民检察院为查明案情，证实和抓获犯罪嫌疑人，追究犯罪嫌疑人刑事责任，依法采取的一系列专门调查工作和有关强制性措施。所谓专门调查工作，是指为完成侦查任务依法进行的一系列工作，包括讯问犯罪嫌疑人，询问证人，勘验、检查，搜查，查封、扣押物证、书证，鉴定，通缉等。所谓有关强制性措施，包括两类：一类是专门调查工作如讯问、搜查、扣押、通缉等本身所含有的强制性；另一类是专门针对犯罪嫌疑人适用的拘传、取保候审、监视居住、拘留和逮捕等强制措施。

侦查的主要任务是查明案件事实。刑事诉讼可分为侦查、起诉和审判三大阶段，侦查活动主要在侦查阶段进行，但在起诉阶段和审判阶段，如果认为案件事实尚需进一步查明，依法可以进行补充侦查。

知识窗

对犯罪嫌疑人逮捕后的侦查羁押期限

《刑事诉讼法》第一百五十六条规定："对犯罪嫌疑人逮捕后的侦查羁押期限不得超过二个月。案情复杂、期限届满不能终结的案件，可以经上一级人民检察院批准延长一个月。"

第一百五十七条规定："因为特殊原因，在较长时间内不宜交付审判的特别重大复杂的案件，由最高人民检察院报请全国人民代表大会常务委员会批准延期审理。"

第一百五十八条规定："下列案件在本法第一百五十六条规定的期限届满不能侦查终结的，经省、自治区、直辖市人民检察院批准或者决定，可以延长二个月：(一)交通十分不便的边远地区的重大复杂案件；(二)重大的犯罪集团案件；(三)流窜作案的重大复杂案件；(四)犯罪涉及面广，取证困难的重大复杂案件。"

第一百五十九条规定："对犯罪嫌疑人可能判处十年有期徒刑以上刑罚，依照本法第一百五十八条规定延长期限届满，仍不能侦查终结的，经省、自治区、直辖市人民检察院批准或者决定，可以再延长二个月。"

第一百六十条规定："在侦查期间，发现犯罪嫌疑人另有重要罪行的，自发现之日起依照本法第一百五十六条的规定重新计算侦查羁押期限。"

(三)提起公诉

提起公诉是指人民检察院对监察机关、公安机关侦查终结、移送起诉的案件，以及自行侦查终结、移送起诉的案件，经审查认为犯罪嫌疑人符合法定的起诉条件，代表国家将其提交人民法院审判的一种诉讼活动。

提起公诉是人民检察院的一项专门权力，其他任何机关、团体和个人都不得行使。人民检察院作为国家的控诉机关，应当谨慎地行使控诉权，保证犯罪行为受到应有的惩罚，无罪的人不受刑事追究，以保护人权。

1. 提起公诉的条件

《刑事诉讼法》第一百七十六条规定："人民检察院认为犯罪嫌疑人的犯罪事实已经查清，证据确实、充分，依法应当追究刑事责任的，应当作出起诉决定，按照审判管辖的规定，向人民法院提起公诉，并将案卷材料、证据移送人民法院。"根据这一规定，人民检察院决定提起公诉的案件，必须同时具备以下三个条件。

第一，犯罪嫌疑人的犯罪事实已经查清。犯罪事实是对犯罪嫌疑人正确定罪和处刑的基础，只有查清犯罪事实，才能正确定罪量刑。因此，人民检察院提起公诉，必须首先查清犯罪嫌疑人的犯罪事实。

第二，证据确实、充分。

第三，依法应当追究犯罪嫌疑人的刑事责任。

2. 审查起诉

审查起诉是指人民检察院对侦查机关移送起诉或者免予起诉的案件，审查决定是否起诉的活动。

审查起诉的主要内容是：①对移送审查的案件进行全面审查并依法作出提起公诉或者不起诉的决定；②对侦查机关的侦查活动进行监督，纠正违法情况；③复查被害人、犯罪嫌疑人的申诉；④对侦查机关认为不起诉的决定有错误而要求复议、提请复核的进行复议、复核。

审查起诉是实现人民检察院公诉职能的一项最基本的准备工作，也是人民检察院对侦查活动实行法律监督的一项重要手段。因此，它对保证人民检察院正确地提起公诉，发现和纠正侦查活动中的违法行为，具有重要意义。

> 📖 **知识窗**
>
> **人民检察院审查起诉的期限**
>
> 《刑事诉讼法》第一百七十二条规定："人民检察院对于监察机关、公安机关移送起诉的案件，应当在一个月以内作出决定，重大、复杂的案件，可以延长十五日；犯罪嫌疑人认罪认罚，符合速裁程序适用条件的，应当在十日以内作出决定，对可能判处的有期徒刑超过一年的，可以延长至十五日。人民检察院审查起诉的案件，改变管辖的，从改变后的人民检察院收到案件之日起计算审查起诉期限。"

三、审判程序

（一）第一审程序

1. 第一审程序的概念

第一审程序是指人民法院对人民检察院提起公诉、自诉人提起自诉的案件，在公诉人、当事人和其他诉讼参与人的参加下，调查核对各种证据，查明案件事实，并根据有关的法律规定，解决被告人是否有罪、犯的什么罪、应不应该判刑以及判处什么刑罚的问题，从而使犯罪分子受到应有的惩罚，保障无罪的人不受刑事追究。根据起诉主体的不同，第一审刑事案件可以分为公诉案件和自诉案件。

2. 第一审程序流程

第一审程序流程如图 7-1 所示。

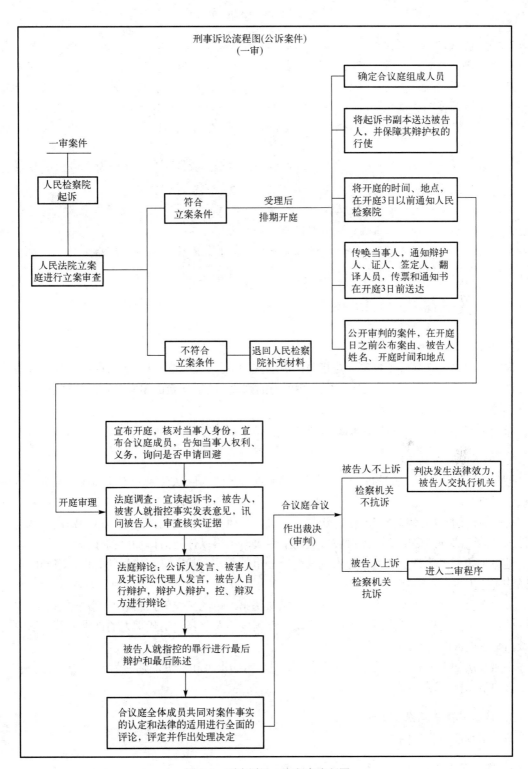

图 7-1 刑事诉讼一审程序流程图

第一审程序的期限

《刑事诉讼法》第二百零八条规定："人民法院审理公诉案件，应当在受理后二个月以内宣判，至迟不得超过三个月。对于可能判处死刑的案件或者附带民事诉讼的案件，以及有本法第一百五十八条规定情形之一的，经上一级人民法院批准，可以延长三个月；因特殊情况还需要延长的，报请最高人民法院批准。人民法院改变管辖的案件，从改变后的人民法院收到案件之日起计算审理期限。人民检察院补充侦查的案件，补充侦查完毕移送人民法院后，人民法院重新计算审理期限。"

第二百一十二条规定："人民法院审理自诉案件的期限，被告人被羁押的，适用本法第二百零八条第一款、第二款的规定；未被羁押的，应当在受理后六个月以内宣判。"

第二百二十条规定："适用简易程序审理案件，人民法院应当在受理后二十日以内审结；对可能判处的有期徒刑超过三年的，可以延长至一个半月。"

第二百二十五条规定："适用速裁程序审理案件，人民法院应当在受理后十日以内审结；对可能判处的有期徒刑超过一年的，可以延长至十五日。"

(二)第二审程序

1. 第二审程序的概念

第二审程序又称上诉审程序，是指第一审法院的上一级法院根据上诉人的上诉或者人民检察院的抗诉，就第一审人民法院尚未发生法律效力的判决、裁定认定的事实和适用法律进行审理时，所应当遵循的步骤和方式方法。

第一审程序是第二审程序的前提和基础，第二审程序是第一审程序的继续和发展。

2. 上诉、抗诉的期限

被告人、自诉人和他们的法定代理人，不服地方各级人民法院第一审的判决、裁定，有权用书状或者口头向上一级人民法院上诉。被告人的辩护人和近亲属，经被告人同意，可以提出上诉。附带民事诉讼的当事人和他们的法定代理人，可以对地方各级人民法院第一审的判决、裁定中的附带民事诉讼部分，提出上诉。对被告人的上诉权，不得以任何借口加以剥夺。

地方各级人民检察院认为本级人民法院第一审的判决、裁定确有错误的时候，应当向上一级人民法院提出抗诉。

被害人及其法定代理人不服地方各级人民法院第一审的判决的，自收到判决书后五日以内，有权请求人民检察院提出抗诉。人民检察院自收到被害人及其法定代理人的请求后五日以内，应当做出是否抗诉的决定并且答复请求人。

不服判决的上诉和抗诉的期限为十日，不服裁定的上诉和抗诉的期限为五日，从接到判决书、裁定书的第二日起算。

3. 第二审程序流程

第二审程序流程如图 7-2 所示。

4. 第二审人民法院对上诉、抗诉案件的处理

《刑事诉讼法》第二百三十六规定："第二审人民法院对不服第一审判决的上诉、抗诉案件，经过审理后，应当按照下列情形分别处理：(一)原判决认定事实和适用法律正确、量刑适当的，应当裁定驳回上诉或者抗诉，维持原判；（二）原判决认定事实没有错误，但适用法律有错误，或者量刑不当的，应当改判；（三）原判决事实不清楚或者证据不足的，可以在查清事实后改判；也可以裁定撤销原判，发回原审人民法院重新审判。原审人民法院对于依照前款第三项规定发回重新审判的案件作出判决后，被告人提出上诉或者人民检察院提出抗诉的，第二审人民法院应当依法作出判决或者裁定，不得再发回原审人民法院重新审判。"

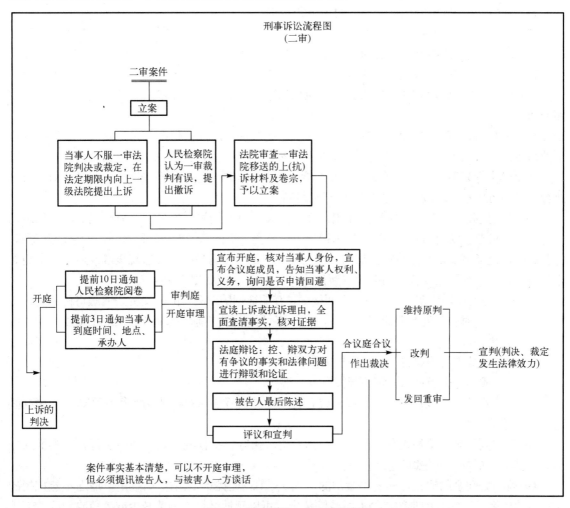

图 7-2　刑事诉讼二审程序流程图

第二审程序的期限

《刑事诉讼法》第二百四十三条规定："第二审人民法院受理上诉、抗诉案件，应当在二个月以内审结。对于可能判处死刑的案件或者附带民事诉讼的案件，以及有本法第一百五十八条规定情形之一的，经省、自治区、直辖市高级人民法院批准或者决定，可以延长二个月；因特殊情况还需要延长的，报请最高人民法院批准。最高人民法院受理上诉、抗诉案件的审理期限，由最高人民法院决定。"

第二百四十一条规定："第二审人民法院发回原审人民法院重新审判的案件，原审人民法院从收到发回的案件之日起，重新计算审理期限。"

刑罚执行是指有行刑权的司法机关将人民法院发生法律效力的判决和裁定所确定的刑罚付诸实施的刑事司法活动。

判决和裁定在发生法律效力后执行。以下三种情况是发生法律效力的判决和裁定：

(1)已过法定期限没有上诉、抗诉的判决和裁定；

(2)终审的判决和裁定；

(3)最高人民法院核准的死刑的判决和高级人民法院核准的死刑缓期二年执行的判决。

在刑罚执行的具体过程中，应针对不同的具体情况，分别处理。

(1)第一审人民法院判决被告人无罪、免除刑事处罚的，如果被告人在押，在宣判后应当立即释放。

(2)最高人民法院判处和核准的死刑立即执行的判决，应当由最高人民法院院长签发执行死刑的命令。下级人民法院接到最高人民法院执行死刑的命令后，应当在七日以内交付执行。人民法院在交付执行死刑前，应当通知同级人民检察院派人临场监督。死刑采用枪决或者注射等方法执行。死刑可以在刑场或者指定的羁押场所内执行。

(3)被判处死刑缓期二年执行的罪犯，在死刑缓期执行期间，如果没有故意犯罪，死刑缓期执行期满，应当予以减刑的，由执行机关提出书面意见，报请高级人民法院裁定；如果故意犯罪，情节恶劣，查证属实，应当执行死刑的，由高级人民法院报请最高人民法院核准；对于故意犯罪未执行死刑的，死刑缓期执行的期间重新计算，并报最高人民法院备案。

(4)对被判处死刑缓期二年执行、无期徒刑、有期徒刑的罪犯，由公安机关依法将该罪犯送交监狱执行刑罚。对被判处有期徒刑的罪犯，在被交付执行刑罚前，剩余刑期在三个月以下的，由看守所代为执行。

(5)对被判处拘役的罪犯，由公安机关执行。

(6)对未成年犯应当在未成年犯管教所执行刑罚。

(7)对被判处管制、宣告缓刑、假释或者暂予监外执行的罪犯，依法实行社区矫正，由社区矫正机构负责执行。

(8)对被判处剥夺政治权利的罪犯，由公安机关执行。执行期满，应当由执行机关书面通知本人及其所在单位、居住地基层组织。

(9)被判处罚金的罪犯，期满不缴纳的，人民法院应当强制缴纳；如果由于遭遇不能抗拒的灾祸等原因缴纳确实有困难的，经人民法院裁定，可以延期缴纳、酌情减少或者免除。

(10)没收财产的判决，无论附加适用或者独立适用，都由人民法院执行；在必要的时候，可以会同公安机关执行。

思考与练习

一、选择题

1. 刑法的基本原则是刑法的灵魂和核心，它包括(　　)。

    A. 罪刑法定原则   B. 适用刑法人人平等原则

    C. 罪责刑相适应原则   D. 等价有偿原则

2. 我国刑法规定要完全负刑事责任的年龄是（　　）。

    A. 十八周岁以上　　　　　　　　B. 十六周岁以上

    C. 十四周岁以上　　　　　　　　D. 十二至十六周岁

3. 甲上学途中被乙殴打致伤，第二天，甲准备了木棒等武器在上学途中将乙打伤。甲的行为属于（　　）。

    A. 正当防卫　　　B. 紧急避险　　　C. 故意伤害　　　D. 防卫过当

4. 我国刑罚分为主刑和附加刑两大类。下面属于主刑的是（　　）。

    A. 管制　　　　　B. 罚金　　　　　C. 剥夺政治权利　　　D. 没收财产

5. 适用缓刑应同时具备的条件有（　　）。

    A. 被判处拘役的犯罪分子

    B. 被判处三年以下有期徒刑的犯罪分子

    C. 犯罪情节较轻，有悔罪表现，没有再犯罪的危险

    D. 累犯和犯罪集团的首要分子

6. 我国刑法规定被判处无期徒刑的犯罪分子，经过减刑后，其实际执行的刑期，不得少于（　　）。

    A. 十五年　　　　B. 十年　　　　　C. 二十年　　　　　D. 十三年

7. 我国刑法规定的剥夺政治权利主要是指剥夺（　　）。

    A. 选举权和被选举权

    B. 担任国家机关职务的权利

    C. 言论、出版、集会、结社、游行、示威自由的权利

    D. 担任国有公司、企业、事业单位和人民团体领导职务的权利

8. 诈骗罪是比较严重的罪行之一。诈骗行为从形式上说包括（　　）。

    A. 虚构事实　　　　　　　　　　B. 隐瞒真相

    C. 故意非法损害他人身体　　　　D. 乘人不备，出其不意，公然对财物行使有形力

9. 对刑事案件的侦查、拘留、执行逮捕和（　　），由公安机关负责。

    A. 批准逮捕　　　B. 提起公诉　　　C. 预审　　　　　D. 审判

10. 下列属于自诉案件受案范围的有（　　）。

    A. 诽谤案　　　　　　　　B 虐待案　　　　　　　　C 侵占案

    D. 抢劫案　　　　　　　　E. 暴力干涉婚姻自由案

二、判断题

1. 审判的时候已满七十五周岁的人，不适用死刑，但以特别残忍手段致人死亡的除外。

        （　　）

2. 刑罚只能适用于犯罪分子，只能由国家审判机关依照法定程序决定，并且必须由刑法明文规定。　　　　　　　　　　　　　　　　　　　　　　　　　　　　　　（　　）

3. 在特殊情况下，对于醉酒的人犯罪，可以减轻处罚。　　　　　　　　　（　　）

4. 自首是指犯罪以后自动投案，如实供述自己罪行的行为，对于自首的犯罪分子，可以免除处罚。　　　　　　　　　　　　　　　　　　　　　　　　　　　　　　　（　　）

5. 抢劫罪是指以非法占有为目的，公开夺取数额较大的公私财物的行为。　（　　）

6. 人民法院审判案件，实行两审终审制。　　　　　　　　　　　　　　　（　　）

7. 某国驻华使馆一外交官，涉嫌犯罪且依照我国刑法规定应当追究刑事责任，但该外交官

依照有关国际条约和我国的有关法律规定却享有外交豁免权。因此，对其涉嫌犯罪的问题，我国应当通过外交途径解决。 （　　）

8．王某涉嫌故意杀人罪。在法庭审理期间，王某声称侦查人员曾对其实施刑讯逼供。经法院查明，情况属实。因此，根据王某的有罪供述找到的杀人凶器，不能作为定案的根据。（　　）

9．高某伤害案，因为案件事实尚未查清，所以侦查机关有权拒绝告诉受聘请的律师犯罪嫌疑人涉嫌的罪名。 （　　）

10．办理未成年人犯罪案件不得使用警械。 （　　）

三、简答题

1．什么是犯罪？犯罪具有哪些特征？

2．什么是正当防卫？正当防卫的成立需有哪些严格的限定条件？

3．我国刑法对特殊人员的刑事责任能力有哪些规定？

4．提起公诉必须具备什么条件？

5．生效的判决和裁定有哪些？

附录 A　学生伤害事故处理

 学习目标

　　通过学习，希望学生在校学习期间能够注意防范和避免伤害事故发生；万一发生伤害事故，希望学生知道学校承担责任的条件和情形、学校无法律责任的条件和情形，知道伤害事故的处理程序和规则，从而能够客观理智地解决和处理伤害事故。

 导入案例

　　小明、小军、小文三人均系某校小学五年级学生。某日下午放学后，三人在学校操场玩耍时，在相互追逐打闹的过程中，小军不小心将正在操场花台边看书的三年级女生刘薇撞倒在地，造成刘薇左小臂骨折，花费医疗费 7600 元。

　　想一想：(1)对刘薇的损失，除小军应当承担赔偿责任，小明、小文是否应当承担赔偿责任？(2)学校是否应当承担赔偿责任？

　　学生在学校学习和生活期间，学校的举办者应当提供符合安全标准的校舍、场地、其他教育教学设施和生活设施。在学校实施的教育教学活动或者学校组织的校外活动中，以及在学校负有管理责任的校舍、场地、其他教育教学设施、生活设施内，造成在校学生人身损害后果的事故时，学校应当及时采取措施救助受伤害学生。未成年学生的父母或

议一议
　　学生在学校受到伤害，都应当由学校承担责任吗？

者其他监护人(以下称为"监护人")应当依法履行监护职责，配合学校对学生进行安全教育、管理和保护工作。学校对未成年学生不承担监护职责，但法律有规定的或者学校依法接受委托承担相应监护职责的情形除外。

一、学生伤害事故与责任承担

　　学生伤害事故的责任，应当根据相关当事人的行为与损害后果之间的因果关系依法确定。因学校、学生或者其他相关当事人的过错造成的学生伤害事故，相关当事人应当根据其行为过错程度的比例及其与损害后果之间的因果关系承担相应的责任。当事人的行为是损害后果发生的主要原因，应当承担主要责任；当事人的行为是损害后果发生的非主要原因，应当承担相应的责任。

(一)学校应当依法承担相应责任的情形

　　学校未依法履行职责，因下列情形之一造成学生伤害事故，应当依法承担相应的责任：

第一，学校的校舍、场地、其他公共设施，以及学校提供给学生使用的学具，教育教学和生活设施、设备不符合国家规定的标准，或者有明显不安全因素的；

第二，学校的安全保卫、消防、设施设备管理等安全管理制度有明显疏漏，或者管理混乱，存在重大安全隐患，而未及时采取措施的；

第三，学校向学生提供的药品、食品、饮用水等不符合国家或者行业的有关标准、要求的；

第四，学校组织学生参加教育教学活动或者校外活动，未对学生进行相应的安全教育，并未在可预见的范围内采取必要的安全措施的；

第五，学校知道教师或者其他工作人员患有不适宜担任教育教学工作的疾病，但未采取必要措施的；

第六，学校违反有关规定，组织或者安排未成年学生从事不宜未成年人参加的劳动、体育运动或者其他活动的；

第七，学生有特异体质或者特定疾病，不宜参加某种教育教学活动，学校知道或者应当知道，但未予以必要的注意的；

第八，学生在校期间突发疾病或者受到伤害，学校发现，但未根据实际情况及时采取相应措施，导致不良后果加重的；

第九，学校教师或者其他工作人员体罚或者变相体罚学生，或者在履行职责过程中违反工作要求、操作规程、职业道德或者其他有关规定的；

第十，学校教师或者其他工作人员在负有组织、管理未成年学生的职责期间，发现学生行为具有危险性，但未进行必要的管理、告诫或者制止的；

第十一，对未成年学生擅自离校等与学生人身安全直接相关的信息，学校发现或者知道，但未及时告知未成年学生的监护人，导致未成年学生因脱离监护人的保护而发生伤害的；

第十二，学校有未依法履行职责的其他情形的。

(二)学生或者未成年学生监护人应当依法承担相应责任的情形

学生或者未成年学生监护人由于过错，有下列情形之一，造成学生伤害事故，应当依法承担相应的责任：

第一，学生违反法律法规的规定，违反社会公共行为准则、学校的规章制度或者纪律，实施按其年龄和认知能力应当知道具有危险或者可能危及他人的行为的；

第二，学生行为具有危险性，学校、教师已经告诫、纠正，但学生不听劝阻、拒不改正的；

第三，学生或者其监护人知道学生有特异体质，或者患有特定疾病，但未告知学校的；

第四，未成年学生的身体状况、行为、情绪等有异常情况，监护人知道或者已被学校告知，但未履行相应监护职责的；

第五，学生或者未成年学生监护人有其他过错的。

(三)学校以外的组织者和经营者应当依法承担相应责任的情形

学校安排学生参加活动，因提供场地、设备、交通工具、食品及其他消费与服务的经营者，或者学校以外的活动组织者的过错造成的学生伤害事故，有过错的当事人应当依法承担相应的责任。

(四)致害人应当依法承担相应责任的情形

因学校教师或者其他工作人员做出的与其职务无关的个人行为，或者因学生、教师及其他个人故意实施的违法犯罪行为，造成学生人身损害的，由致害人依法承担相应的责任。

(五)学校无法律责任的情形

1. 意外因素

因下列意外因素之一造成的学生伤害事故，学校已履行了相应职责，行为并无不当的，无法律责任：

第一，地震、雷击、台风、洪水等不可抗的自然因素造成的；

第二，来自学校外部的突发性、偶发性侵害造成的；

第三，学生有特异体质、特定疾病或者异常心理状态，学校不知道或者难于知道的。

第四，学生自杀、自伤的；

第五，在对抗性或者具有风险性的体育竞赛活动中发生意外伤害的；

第六，其他意外因素造成的。

2. 超越学校管理职责范围

下列超越学校管理职责范围发生的造成学生人身损害后果的事故，学校行为并无不当的，不承担事故责任，事故责任应当按有关法律法规或者其他有关规定认定：

第一，在学生自行上学、放学、返校、离校途中发生的；

第二，在学生自行外出或者擅自离校期间发生的；

第三，在放学后、节假日或者假期等学校工作时间以外，学生自行滞留学校或者自行到校发生的；

第四，其他在学校管理职责范围外发生的。

二、学生伤害事故处理程序

根据《学生伤害事故处理办法》的有关规定，造成在校学生人身损害后果的事故的处理，按下列程序进行：

第一，发生学生伤害事故，学校应当及时救助受伤害学生，并应当及时告知未成年学生的监护人；有条件的，应当采取紧急救援等方式救助。

第二，发生学生伤害事故，情形严重的，学校应当及时向主管教育行政部门及有关部门报告；属于重大伤亡事故的，教育行政部门应当按照有关规定及时向同级人民政府和上一级教育行政部门报告。学校的主管教育行政部门应学校要求或者认为必要，可以指导、协助学校进行事故的处理工作，尽快恢复学校正常的教育教学秩序。

第三，发生学生伤害事故，学校与受伤害学生或者学生家长可以通过协商方式解决；双方自愿，可以书面请求主管教育行政部门进行调解。成年学生或者未成年学生的监护人也可以依法直接向人民法院提起诉讼。

第四，教育行政部门收到调解申请，认为必要的，可以指定专门人员进行调解，并应当在受理申请之日起60日内完成调解。经教育行政部门调解，双方就事故处理达成一致意见的，应当在调解人员的见证下签订调解协议，结束调解；在调解期限内，双方不能达成一致意见，或者调解过程中一方提起诉讼，人民法院已经受理的，应当终止调解。调解结束或者终止，教育行政部门应当书面通知当事人。

第五，对经调解达成的协议，一方当事人不履行或者反悔的，双方可以依法提起诉讼。

第六，事故处理结束，学校应当将事故处理结果书面报告主管的教育行政部门；重大伤亡事故的处理结果，学校主管的教育行政部门应当向同级人民政府和上一级教育行政部门报告。

三、学生伤害事故损害的赔偿

对发生学生伤害事故负有责任的组织或者个人，应当按照法律法规的有关规定，承担相应的损害赔偿责任。学生伤害事故赔偿的范围与标准，按照有关行政法规、地方性法规或者最高人民法院司法解释中的有关规定确定。

第一，学校对学生伤害事故负有责任的，根据责任大小，适当予以经济赔偿，但不承担解决户口、住房、就业等与救助受伤害学生、赔偿相应经济损失无直接关系的其他事项。学校无责任的，如果有条件，可以根据实际情况，本着自愿和可能的原则，对受伤害学生给予适当的帮助。

第二，因学校教师或者其他工作人员在履行职务中的故意或者重大过失造成的学生伤害事故，学校予以赔偿后，可以向有关责任人员追偿。

第三，未成年学生对学生伤害事故负有责任的，由其监护人依法承担相应的赔偿责任。学生的行为侵害学校教师及其他工作人员以及其他组织、个人的合法权益，造成损失的，成年学生或者未成年学生的监护人应当依法予以赔偿。

四、学生伤害事故责任者的处理

第一，发生学生伤害事故，学校负有责任且情节严重的，教育行政部门应当根据有关规定，对学校直接负责的主管人员和其他直接责任人员，分别给予相应的行政处分；有关责任人的行为触犯刑律的，应当移送司法机关依法追究刑事责任。

第二，学校管理混乱，存在重大安全隐患的，主管的教育行政部门或者其他有关部门应当责令其限期整顿；对情节严重或者拒不改正的，应当依据法律法规的有关规定，给予相应的行政处罚。

第三，教育行政部门未履行相应职责，对学生伤害事故的发生负有责任的，由有关部门对直接负责的主管人员和其他直接责任人员分别给予相应的行政处分；有关责任人的行为触犯刑律的，应当移送司法机关依法追究刑事责任。

第四，违反学校纪律，对造成学生伤害事故负有责任的学生，学校可以给予相应的处分；触犯刑律的，由司法机关依法追究刑事责任。

第五，受伤害学生的监护人、亲属或者其他有关人员，在事故处理过程中无理取闹，扰乱学校正常教育教学秩序，或者侵犯学校、学校教师或者其他工作人员的合法权益的，学校应当报告公安机关依法处理；造成损失的，可以依法要求赔偿。